袖珍防水工技术手册

叶　刚　主编

金 盾 出 版 社

内 容 提 要

本手册是一本简明、实用、信息量大、便于携带的技术读物。书中根据现场施工的需要，简明扼要地介绍了防水工基础知识、常用建筑防水材料、常用施工机具、卷材防水屋面施工、涂膜防水屋面施工、其他防水屋面施工、密封与堵漏施工、厕浴间防水施工、地下防水工程施工简介等内容。

书中除介绍常规的施工方法之外，还介绍了较多新的、成熟的施工工艺，收集了很多经验性的资料，并配有插图和各种表格，方便施工人员快速查找。

图书在版编目(CIP)数据

袖珍防水工技术手册/叶刚主编. —北京：金盾出版社，2009.12

ISBN 978-7-5082-6049-5

Ⅰ. 袖… Ⅱ. 叶… Ⅲ. 建筑防水－工程施工－技术手册 Ⅳ. TU761.1－62

中国版本图书馆 CIP 数据核字(2009)第 189789 号

金盾出版社出版、总发行

北京太平路 5 号(地铁万寿路站往南)

邮政编码：100036 电话：68214039 83219215

传真：68276683 网址：www.jdcbs.cn

责任编辑：陆云南

正文印刷：北京外文印刷厂

装订：北京东杨庄装订厂

各地新华书店经销

开本：880×1230 1/64 印张：7.75 字数：306 千字

2009 年 12 月第 1 版第 1 次印刷

印数：1～11 000 册 定价：19.00 元

前　言

防水是各类建筑物的重要功能之一。建筑防水工程技术是保证工程结构不受水侵蚀的一项专门技术。近年来，随着防水新材料、新技术、新施工工艺的不断更新，对防水工的整体素质提出了更高的要求，建筑防水工程技术水平成为制约建筑企业产品质量、经济效益和发展速度的重要要素之一。为适应建筑业的高速、可持续发展，大力提高防水工的技术素质是当务之急，也是保证工程质量必不可少的条件。

本手册是根据中华人民共和国劳动和社会保障部、建设部颁布的《国家职业标准》中《防水工》的工种要求，结合新颁布的有关技术规范、质量验收规范和防水技术最新发展，针对目前防水工人的实际情况和施工现场的实际需要，在吸收、借鉴国内外先进经验的基础上编写的，供防水工人技能培训、技能鉴定和现场施工查阅使用。

本手册的编写以简明实用、信息量大、便于携带、方便查找为宗旨，不仅内容丰富、实用，且配有各种插图和表格，使其更加通俗易懂、一目了然。书中重点介绍了防水工基础知识、常用建筑防水材料、常用施工机具、卷材防水屋面施工、涂膜防水屋面施工、其他防水屋面施工、密封与堵漏施工、厕浴间防水施工、地下防水工程施工简介等内容。书中除介绍常规的施工方法之外，还介绍了较多新的、成熟的施工工艺，收集了很多经验性的资料，读者一书在手，可以满足防水工程施工的常规需要。

本书由叶刚主编，参加编写工作的有：张颖、刘卫东、刘国民、叶昕、王新菊、鲍凤英、曹文达、高忠民等同志。在编写的过程中，得到了北京城建集团有关施工单位的大力帮助与指导，并参考了有关文献，在此一并表示衷心感谢。

由于作者水平有限，不足之处在所难免，欢迎读者提出宝贵意见和建议。

编　者

目　　录

1　常 用 数 据

2 基础知识

3 常用建筑防水材料

4 常用施工机具

6 卷材防水屋面施工

7 涂膜防水屋面施工

9 密封与堵漏

10 厕浴间防水施工

11 地下工程防水施工简介

1 常用数据

1.1 常用计量单位及其换算

1.1.1 法定计量单位(一)

量的名称	单位名称	符号	换算关系
长度	米 分米 厘米 毫米	m dm cm mm	1m=10dm =100cm =1000mm
质量(重量)	千克(公斤) 吨	kg t	1t=1000kg
体积	升	L、l	$1L=1dm^3=10\times10\times10cm^3$
时间	秒 分 时 天	s min h d	1min=60s 1h=60min 1d=24h
电流	安	A	
电压	伏	V	
功率	瓦	W	
平面角	秒 分 度	″ ′ °	1′=60″ 1°=60′
旋转速度	转/分	r/min	1r/min=(1/60)r/s
频　　率	赫[兹]	Hz	

1.1.2　法定计量单位(二)

量的名称	习用非法定计量单位 名称	符号	法定计量单位 名称	符号	换算关系
力	千克力(公斤力) 吨力	kgf tf	牛[顿] 千牛	N kN	1kgf=9.80665N 1tf=9.80665kN
线分布力	千克力每米	kgf/m	牛每米	N/m	1kgf/m=9.80665 N/m
面分布力、压强	千克力每平方米	kgf/m^2	牛每平方米(帕)	N/m^2 (Pa)	$1kgf/m^2=9.80665$ Pa(N/m^2)
	吨力每平方米	tf/m^2	千牛每平方米(千帕)	kN/m^2 (kPa)	$1tf/m^2=9.80665$ kN/m^2(kPa)
应力、强度	千克力每平方毫米	kgf/mm^2	牛每平方毫米(兆帕)	N/mm^2 (MPa)	$1kgf/mm^2=9.80665$ N/mm^2(MPa)
	千克力每平方厘米	kgf/cm^2	兆帕	MPa	$1kgf/cm^2=0.0980665$ N/mm^2(MPa)
弹性模量	千克力每平方厘米	kgf/cm^2	兆帕	MPa	$1kgf/cm^2=0.0980665$ MPa
力矩、弯矩、转矩	千克力米	kgf·m	牛·米	N·m	1kgf·m=9.80665 N·m
	吨力米	tf·m	千牛·米	kN·m	1tf·m=9.80665 kN·m

1.1.3 常用长度单位换算

单位	毫米 (mm)	厘米 (cm)	米 (m)	市尺	英寸 (in)	英尺 (ft)
1毫米	1	0.1	0.001	0.003	0.03937	0.00328
1厘米	10	1	0.01	0.03	0.3937	0.0328
1米	1000	100	1	3	39.3721	3.2808
1市尺	333.3333	33.3333	0.3333	1	13.1234	1.0936
1英寸	25.4	2.54	0.0254	0.0762	1	0.0833
1英尺	304.8	30.48	0.3048	0.9144	12	1

1.1.4 常用重量单位换算

单位	克 (g)	千克 (kg)	吨 (t)	市斤	盎司	磅 (lb)
1克	1	0.001		0.002	0.0353	0.0022
1公斤	1000	1	0.001	2	35.274	2.2046
1吨		1000	1	2000	35274	2204.6
1市斤	500	0.5		1	17.637	1.1023
1盎司	28.35	0.0234		0.0567	1	0.0625
1磅	453.59	0.4536		0.9072	16	1

1.1.5 常用面积单位换算

单位	平方米 (m^2)	公亩 (a)	市亩	平方英尺 (ft^2)	平方码 (yd^2)	英亩 (acre)
1平方米	1	0.01	0.0015	10.7639	1.19600	0.00025
1公亩	100	1	0.15	1076.39	119.6	0.02471
1市亩	666.666	6.66667	1	7175.9261	793.34	0.16441
1平方英尺	0.0929	0.00093	0.000139	1	0.11111	0.00002
1平方码	0.83612	0.00836	0.00125	8.99991	1	0.00021
1英亩	4046.85	40.4685	6.07029	43559.888	4840.0346	1

1.1.6 常用体积、容积单位换算

单位	立方厘米 (cm^3)	升 (L)	立方米 (m^3)	立方英寸 (in^3)	立方英尺 (ft^3)	加仑
1立方厘米	1	0.001	0.000001	0.061024	0.000035	0.000264
1升	1000	1	0.001	61.0237	0.035	0.264
1立方米	1000000	1000	1	61023.7	35.000525	263.99165
1立方英寸	16.387075	0.016387	0.000016	1	0.00058	0.004326
1立方英尺	28571.428	28.571428	0.028571	1728	1	7.542857
1加仑	3787.8787	3.787879	0.003788	231.160420	0.132576	1

1.2 常用符号、代号

1.2.1 建材、设备代号

符号	含义
	一、土建材料
∟	角钢
[	槽钢
I	工字钢
—	扁钢、钢板
□	方钢
e	偏心距
M	门
n	螺栓孔数目
C	材料强度等级表示法：混凝土强度等级
M	材料强度等级表示法：砂浆强度等级
MU	材料强度等级表示法：砖、石、砌块强度等级
S	材料强度等级表示法：钢材强度等级
T	材料强度等级表示法：木材强度等级
β	高厚比
λ	长细比
	二、电气材料设备
DG	电线管
G	焊接钢管
VG	硬塑料管

续表

符号	含 义
B	灯具安装方式表示法：壁装式
D	灯具安装方式表示法：吸顶式
G	灯具安装方式表示法：管吊式
L	灯具安装方式表示法：链吊式
R	灯具安装方式表示法：嵌入式
X	灯具安装方式表示法：线吊式
ϕ	圆形材料直径
″	英寸
#	号
@	每个、每样间距(如钢筋间距)
C	窗
c	保护层厚度
	三、给水排水材料设备
DN	公称直径(毫米)
d	管螺纹(英寸)
P_g	管线承受压力,如 1.6N/mm^2
S	输送液体、气体管类型表示法：上水管
TF	输送液体、气体管类型表示法：通风管
X	输送液体、气体管类型表示法：下水管
XF	输送液体、气体管类型表示法：循环水管
Y	输送液体、气体管类型表示法：油管
YI	输送液体、气体管类型表示法：乙炔管
YQ	输送液体、气体管类型表示法：氧气管
YS	输送液体、气体管类型表示法：压缩空气管
Z	输送液体、气体管类型表示法：蒸气管
ZK	输送液体、气体管类型表示法：真空管
ZQ	输送液体、气体管类型表示法：沼气管

1.2.2 常用构件代号

序号	名　称	代号	序号	名　称	代号
1	板	B	26	屋面框架梁	WKL
2	屋面板	WB	27	檩条	LT
3	空心板	KB	28	屋架	WJ
4	槽形板	CB	29	托架	TJ
5	折板	ZB	30	天窗架	CJ
6	密肋板	MB	31	框架	KJ
7	楼梯板	TB	32	刚架	GJ
8	盖板或沟盖板	GB	33	支架	ZJ
9	挡雨板或檐口板	YB	34	柱	Z
10	吊车安全走道板	DB	35	框架柱	KZ
11	墙板	QB	36	构造柱	GZ
12	天沟板	TGB	37	承台	CT
13	梁	L	38	设备基础	SJ
14	屋面梁	WL	39	桩	ZH
15	吊车梁	DL	40	挡土墙	DQ
16	单轨吊车梁	DDL	41	地沟	DG
17	轨道连接	DGL	42	柱间支撑	ZC
18	车挡	CD	43	垂直支撑	CC
19	圈梁	QL	44	水平支撑	SC
20	过梁	GL	45	梯	T
21	连系梁	LL	46	雨篷	YP
22	基础梁	JL	47	阳台	YT
23	楼梯梁	TL	48	梁垫	LD
24	框架梁	KL	49	预埋件	M
25	框支梁	KZL	50	天窗端壁	TD

续表

序号	名　称	代号	序号	名　称	代号
51	钢筋网	W	53	基础	J
52	钢筋骨架	G	54	暗柱	AZ

注：1. 预制钢筋混凝土构件、现浇钢筋混凝土构件、钢构件和木构件，一般可直接采用本表中的构件代号。在绘图中，当需要区别上述构件的材料种类时，可在构件代号前加注材料代号，并在图纸中加以说明。

2. 预应力钢筋混凝土构件的代号，应在构件代号前加注"Y-"，如 Y-DL 表示预应力钢筋混凝土吊车梁。

1.2.3　常用塑料名称及代号

项　次	名　　称	代　号
1	苯乙烯-丁二烯嵌段物	SBS
2	无规聚丙烯	APP
3	乙烯-醋酸乙烯	EVA
4	聚氯乙烯	PVC
5	聚乙烯	PE
6	聚乙烯醇	PVA
7	高密度聚乙烯	HDPE
8	低密度聚乙烯	LDPE
9	聚丙烯	PP
10	聚异丁烯	PIB
11	聚氯乙烯-醋酸乙烯酯	PVCA
12	丙烯酸酯-丙烯腈-苯乙烯	AAS
13	丙烯腈-丁二烯-苯乙烯	ABS
14	苯乙烯-丙烯腈共聚物	PSB
15	苯乙烯-丙烯腈	SAN

续表

项次	名称	代号
16	环氧树脂	EP
17	二甲基乙酰胺	DMA
18	甲基丙烯酸甲酯	MMA
19	三聚氰胺甲醛树脂	MF
20	丙烯腈-氯化聚乙烯-苯乙烯	ACS
21	丙烯腈-苯乙烯-丙烯酸	ASA
22	邻苯二甲酸二丙烯酯	DAP

1.2.4 常用橡胶名称、代号及特点

名称	代号	特点
乙丙橡胶	EPM (EPDM)	二元乙丙橡胶(EPM)是乙烯和丙烯的共聚物,三元乙丙橡胶(EPDM)是乙烯、丙烯和少量二烯烃的共聚物。乙丙橡胶耐臭氧性好、耐候性好,耐热、耐寒、耐老化、耐化学腐蚀性好,弹性大。但粘着性差,硫化速度慢,耐油性不好
丁苯橡胶	SBR	是丁二烯和苯乙烯的共聚物。耐热、耐磨、耐老化性能优于天然橡胶,但弹性、耐撕裂性、自粘性差、硫化速度较慢
丁基橡胶	HR (BU)	是异丁烯与少量异戊二烯(或丁二烯)的共聚体。透气性小,耐臭氧老化性能佳,耐候性、耐寒性、耐热性好,但弹性低,硫化速度慢,粘着性和耐油性能不好

续表

名　称	代　号	特　　点
氯丁橡胶	CR	是氯丁二烯的弹性高聚物。耐臭氧、耐热、耐老化、耐油、耐溶剂较好，粘着性、不透气性优于天然橡胶，但弹性较低，不耐浓硫酸和浓硝酸
丁腈橡胶	NBR	是丁二烯与丙烯腈的弹性共聚物。是一种很好的耐油橡胶，耐热、耐老化、耐磨性能好，抗水性好，但耐寒性差，强度及抗撕裂性能低
氯化聚乙烯橡胶	CPE (CM)	是聚乙烯经氯化而制成的一种弹性材料。其耐候性、耐臭氧性、耐热性优良，但耐油性、弹性、压缩变形性能稍差
氯磺化聚乙烯橡胶	CSPE (CSM)	是聚乙烯经氯化、磺化而制成的一种弹性体，具有优越的耐候性、耐热性、耐低温性、耐燃性及耐腐蚀性，是一种综合性能良好的合成弹性材料
硅橡胶	SR	是指分子主链中含有硅氧结构的合成橡胶，由环状有机硅氧烷开环聚合或以适当的比例共聚而制得，其最大的特点是耐热性好，能耐300℃高温，−90℃也不失去弹性，同时还具有良好的耐候性、耐臭氧性
聚硫橡胶	PS	为分子主链中含有硫的一种橡胶。可分为液体和固化两类。其特点是耐油、耐溶剂、耐臭氧性能优良，但强度较差

续表

名　称	代　号	特　点
丙烯酸酯橡胶	AC	是以丙烯酸烷基酯为主体，与其他不饱和单体的乳液共聚物，具有优越的耐油性，耐热、耐臭氧、耐气候性良好，但耐寒性差，不耐水及水蒸气，弹性、耐磨性、贮存稳定性差
聚氨酯橡胶（聚氨甲基酸酯橡胶）	PU	是由聚酯或聚醚和异氰酸盐反应而得。有优良的耐磨性、强度和弹性，延伸性好，还具有良好的耐油、耐低温及耐臭氧老化等性能

1.3　防水工程常用数据

1.3.1　建筑工程主要材料用量参考数据(不含室外工程)

工程名称	结构类型	每平方米材料消耗			
		钢材(kg)	水泥(kg)	木材(m^3)	砖(块)
多层住宅	砖混	20～22	135～145	0.04～0.05	245～255
多层住宅	内浇外砌	26～27	175～185	0.04～0.05	125～135
多层住宅	全装配	32～33	225～235	0.04～0.05	40～45
高层住宅	内浇外挂	44～49	215～225	0.03～0.04	10～20
高层住宅	框架	39～44	205～215	0.04～0.05	10～20
高层住宅	滑升	49～54	215～225	0.04～0.05	10～20
高层住宅	全装配	60～65	220～230	0.03～0.04	10～20
中小学	砖混	20～23	150～160	0.04～0.05	240～250

续表

工程名称	结构类型	每平方米材料消耗			
		钢材(kg)	水泥(kg)	木材(m^3)	砖(块)
教学楼	砖混	23～26	160～170	0.04～0.05	250～260
教学楼	框架	45～50	210～230	0.04～0.05	10～20
图书馆	框架	40～50	210～230	0.05～0.06	50～70
办公楼	砖混	25～27	160～170	0.04～0.05	270～280
办公楼	框架（15层以下）	55～65	210～220	0.05～0.06	10～20
办公楼	框架（16～20层）	65～80	230～250	0.07～0.08	10～15
办公楼	框架（21～25层）	80～95	260～280	0.08～0.09	5～10
实验楼	砖混	27～30	170～180	0.05～0.06	260～270
实验楼	框架	50～55	220～240	0.06～0.07	10～20
医院	砖混	25～26	240～260	0.05～0.06	300～320
医院	框架	55～60	260～270	0.08～0.09	15～20
商业楼	砖混	25～28	160～180	0.05～0.06	220～240
商业楼	框架	50～55	230～250	0.06～0.07	15～20
旅馆	砖混	22～24	150～160	0.04～0.05	220～230
旅馆	框架	60～65	220～240	0.08～0.09	20～30
高层饭店	框架	85～95	270～300	0.09～0.10	10～15
礼堂		40～45	180～200	0.10～0.12	180～190
剧场		45～50	200～220	0.11～0.13	160～180
体育馆		55～65	220～240	0.10～0.12	160～180
铸工车间	吊车20t以内	45～50	200～220	0.04～0.05	
锻工车间	吊车20t以内	45～55	180～200	0.05～0.06	

续表

工程名称	结构类型	每平方米材料消耗			
		钢材(kg)	水泥(kg)	木材(m^3)	砖(块)
机修车间	吊车 10t 以内	35～45	160～170	0.05～0.06	
焊接车间	吊车 20t 以内	45～50	160～170	0.05～0.06	
电镀车间	框架	35～45	150～160	0.04～0.05	
纺织车间		40～45	170～190	0.06～0.07	
服装加工车间		25～30	160～180	0.05～0.06	
食品加工车间	框架	45～50	220～240	0.05～0.06	
木工车间		20～25	120～140	0.04～0.05	

1.3.2 每立方米混凝土中工程量比例

结构类型	模板(m^2)	钢筋(kg)	混凝土(m^3)
设备基础	3.2	27	1.015
毛石混凝土条形基础	4.4	—	0.758
钢筋混凝土条形基础	4.4	59	1.011
无筋柱基础	1.9	—	1.02
有筋柱基础	1.9	22.5	1.014
基础梁	8.1	8.2	1.014
墙(厚 20cm)	11.3	62	1.015
挡土墙(厚 50cm)	4.79	3.78	1.015
6m 高以内的柱	10	124	1.015
6m 高以上的柱	8.33	165.4	1.015
单梁、连系梁	8.1	113	1.014
圈梁	6.85	55	1.014

续表

结构类型	模板(m^2)	钢筋(kg)	混凝土(m^3)
肋形板	12	84.5	1.011
平板(厚 8cm)	12	60	1.011
楼梯(每平方米)	2.3	11	0.197
阳台(每平方米)	1.4	14	0.157
雨篷(每平方米)	1.2	11	0.15
台阶(每平方米)	1.4	—	0.13
栏板(每延米)	1.86	4	0.075
无梁板	4.4	67.5	1.011

1.3.3 防水工程常用材料重量

类别	名称	自重	备注
木材(kN/m^3)	杉木	4	随含水率而不同
	冷杉、云杉、红松、华山松、樟子松、铁杉、杨木、枫杨	4～5	随含水率而不同
	马尾松、云南松、油松、赤松、广东松、桤木、柳木、秦岭落叶松	5～6	随含水率而不同
	东北落叶松、榆木、桦木、水曲柳、苦楝、木荷、臭椿	6～7	随含水率而不同
	锥木(栲木)、石栎、槐木、乌墨	7～8	随含水率而不同
	青冈栎(褚木)、栎木(柞木)、桉树、木麻黄	8～9	随含水率而不同

续表

类别	名称	自重	备注
木材 (kN/m^3)	普通木板条、椽檩木料	5	随含水率而不同
	锯末	2～2.5	加防腐剂为 $3kN/m^3$
	木丝板	4～5	
	软木板	2.5	
	刨花板	6	
胶合板材 (kN/m^3)	胶合三夹板(杨木)	0.019	
	胶合三夹板(椴木)	0.022	
	胶合三夹板(水曲柳)	0.028	
	胶合五夹板(杨木)	0.03	
	胶合五夹板(椴木)	0.034	
	胶合五夹板(水曲柳)	0.04	
	隔音板(按 10mm 厚计)	0.03	常用厚度为 13mm、20mm
	木屑板(按 10mm 厚计)	0.12	常用厚度为 6mm、10mm
金属及矿产 (kN/m^3)	铸铁	72.5	
	钢	78.5	
	黄铜、青铜	85	
	铝合金	28	
	锌	70.5	
	铅	114	
	锡	73.5	
	石棉	10	压实
	石垩(高岭土)	22	
	石膏	13～14.5	粗块堆放 $\varphi=30°$，细块 $\varphi=40°$
	石膏粉	9	

续表

类别	名　称	自重	备　注
土、砂、砂砾、岩石(kN/m^3)	黏土	13.5	干,松,空隙比为1.0
	砂土	12.2	干,松
	砂土	17	干,细砂
	卵石	16～18	干
	黏土夹卵石	17～18	干,松
	砂夹卵石	15～17	干,松
	砂岩	23.6	
	页岩	28	
	页岩	14.8	片石堆置
	花岗岩	15.4	片石堆置
	石灰石	26.4	
	石灰石	15.2	片石堆置
	滑石	27.1	
	碎石子	14～15	堆置
砖及砌块(kN/m^3)	普通砖	18	240mm×115mm×53mm(684块/m^3)
	普通砖	19	机器制
	缸砖	21～21.5	230mm×110mm×65mm(609块/m^3)
	耐火砖	19～22	230mm×110mm×65mm(609块/m^3)

续表

类别	名称	自重	备注
砖及砌块(kN/m³)	耐酸瓷砖	23～25	230mm×113mm×65mm (590块/m³)
	灰砂砖	18	砂∶白灰=92∶8
	煤渣砖	17～18.5	
	矿渣砖	18.5	硬矿渣∶烟灰∶石灰=75∶15∶10
	焦砟砖	12～14	
	焦砟空心砖	10	290mm×290mm×140mm (85块/m³)
	水泥空心砖	9.8	290mm×290mm×140mm (85块/m³)
	水泥空心砖	10.3	300mm×250mm×110mm (121块/m³)
	蒸压粉煤灰砖	14～16	干容重
	蒸压粉煤灰加气混凝土砌块	5.5	
	混凝土空心小砌块	11.8	390mm×190mm×190mm
	碎砖	12	堆置
	水泥花砖	19.8	200mm×200mm×24mm (1042块/m³)

续表

类别	名　　称	自重	备　　注
砖及砌块(kN/m³)	瓷面砖	19.8	150mm×150mm×8mm (5556 块/m³)
	马赛克	0.12	厚 5mm
石灰、水泥、灰浆及混凝土(kN/m³)	生石灰粉	11	堆置，$\varphi=35°$
	熟石灰膏	13.5	
	石灰砂浆、混合砂浆	17	
	灰土	17.5	石灰：土=3：7，夯实
	纸筋石灰泥	16	
	石灰三合土	17.5	石灰、砂子、卵石
	水泥	12.5	轻质松散，$\varphi=20°$
	水泥砂浆	20	
	石膏砂浆	12	
	碎砖混凝土	18.5	
	素混凝土	22～24	振捣或不振捣
	矿渣混凝土	20	
	钢筋混凝土	24～25	
	碎砖钢筋混凝土	20	
沥青	石油沥青	10～11	根据相对密度
	煤沥青	13.4	
砌体(kN/m³)	浆砌细方石	26.4	花岗岩，方整石块
	浆砌细方石	22.4	砂岩
	浆砌毛方石	24.8	花岗岩，上下面大致平整

续表

类别	名称	自重	备注
砌体 (kN/m^3)	浆砌毛方石	24	石灰石
	干砌毛石	20	石灰石
	浆砌普通砖	18	
	浆砌缸砖	21	
	浆砌耐火砖	22	
	土坯砖砌体	16	
	黏土砖空斗砌体	13	全斗
	粉煤灰泡沫砌块砌体	8～8.5	粉煤灰∶电石渣∶废石膏=74∶22∶4
	三合土	17	灰∶砂∶土=1∶1∶9～1∶1∶4
隔墙与墙面 (kN/m^2)	双面抹灰板条隔墙	0.9	每面抹灰厚16～24mm，龙骨在内
	C型轻钢龙骨隔墙	0.27	两层12mm纸面石膏板，无保温层
	贴瓷砖墙面	0.5	包括水泥砂浆打底，共厚25mm
	水泥粉刷墙面	0.36	20mm厚，水泥粗砂
	水磨石墙面	0.55	25mm厚，包括打底
	石灰粗砂粉刷	0.34	20mm厚
	外墙拉毛墙面	0.7	包括25mm水泥砂浆打底

续表

类别	名　　称	自重	备　　注
屋顶（kN/m^2）	黏土平瓦屋面	0.55	按实际面积计算，下同
	水泥平瓦屋面	0.5～0.55	
	小青瓦屋面	0.9～1.1	
	冷摊瓦屋面	0.5	
	石板瓦屋面	0.46	厚 6.3mm
	石棉板瓦	0.18	仅瓦自重
	波形石棉瓦	0.2	1820mm×725mm×8mm
	白铁皮	0.06	24 号
	瓦楞铁	0.05	26 号
	有机玻璃屋面	0.06	厚 1.0mm
	玻璃屋面	0.3	9.5mm 夹丝玻璃，框架自重在内
	玻璃砖顶	0.65	框架自重在内
	油毡防水层（包括改性沥青防水卷材）	0.05	一层油毡刷油两遍
		0.25～0.3	四层做法，一毡两油上铺小石子
		0.3～0.35	六层做法，二毡三油上铺小石子

续表

类别	名　称	自重	备　注
顶棚（kN/m^2）	钢丝网抹灰吊顶	0.45	
	砂子灰板条顶棚	0.55	吊木在内，平均灰厚25mm
	苇箔抹灰顶棚	0.48	吊木龙骨在内
	松子板顶棚	0.25	吊木在内
	三夹板顶棚	0.18	吊木在内
	木丝板吊顶棚	0.26	厚25mm，吊木及盖缝条在内
	隔声纸板顶棚	0.17	厚10mm，吊木及盖缝条在内
	隔声纸板顶棚	0.20	厚20mm，吊木及盖缝条在内
	V形轻钢龙骨吊顶	0.12	一层9mm厚纸面石膏板，无保温层
		0.17	一层9mm厚纸面石膏板，有厚50mm的岩棉板保温层
		0.20	二层9mm厚纸面石膏板，无保温层
	V形轻钢龙骨及铝合金龙骨吊顶	0.1～0.12	一层矿棉吸音板厚1.5mm，无保温层

续表

类别	名称	自重	备注
地面(kN/m²)	地板格栅	0.2	仅格栅自重
	硬木地板	0.2	厚25mm,剪刀撑、钉子等自重在内,不包括格栅自重
	松木地板	0.18	
	小瓷砖地面	0.55	包括水泥粗砂打底
	水泥花砖地面	0.6	砖厚25mm,包括水泥粗砂打底
	水磨石地面	0.65	10mm面层,20mm水泥砂浆打底
	缸砖地面	3.3	60mm砂垫层,115mm面层,侧铺
	黑砖地面	1.5	砂垫层,平铺
杂项(kN/m²)	普通玻璃	25.5	
	岩棉	0.5～2.5	
	玻璃钢	14～22	
	矿渣棉	1.2～1.5	
	膨胀蛭石	0.8～2	
	聚氯乙烯板(管)	13.6～16	
	石棉板	13	含水率不大于3%
	乳化沥青	9.8～10.5	
	软性橡胶	9.3	
	建筑垃圾	15	

1.3.4 防水工程费用

1.3.4.1 江西省防水工程造价计算表

按直接费为计算基础

序号	项　目	计　算　式
(一)	直接费	
(1)	定额直接费	
(2)	其他直接费	(1)×其他直接费费率
(3)	流动施工津贴	按有关规定标准计取
(4)	夜间施工增加费	按有关规定标准计取
(5)	施工安全防护增加费	按实际发生额计取
(二)	间接费	
(6)	施工管理费	(1+2+4)×费率
(7)	远程工程增加费	(1+2+4)×费率
(8)	临时设施费	(1+2+4)×费率
(9)	劳动保险费	(1+2+4)×费率
(三)	计划利润	(1+2+4)×费率
(四)	材差	按有关规定
(五)	税金	[(一)+(6)+(7)+(三)+(四)]×当地税率
(六)	造价组成	(一)+(二)+(三)+(四)+(五)

1.3.4.2 三毡四油-砂卷材屋面定额直接费

（计量单位：m²）

项目		单位	单价(元)	数量	合价(元)
人工	综合工日	工日	23	0.083	1.91
材料	10 号石油沥青	kg	1.50	6.09	9.14
	350 号石油沥青油毡	m^2	2.25	3.52	7.92
	冷底子油(30：70)	kg	0.68	0.49	0.33
	木柴	kg	0.32	3.65	1.17
	粒砂	t	54.89	0.10	5.49
	铁钉	kg	3.14	0.003	0.01
	钢筋(φ10 以内)	kg	3.00	0.05	0.15
机械	垂直运输机械费	元			0.21
定额直接费		元			26.33

1.3.4.3 三元乙丙橡胶卷材屋面(冷贴)定额直接费

（计量单位：m²）

项目		单位	单价(元)	数量	合价(元)
人工	综合工日	工日	23	0.092	2.12
材料	1.2mm 厚三元乙丙橡胶卷材	m^2	30	1.15	34.50
	胶粘剂(CS-404)	kg	30	0.404	12.12
	铁钉	kg	3.14	0.0023	0.01
	钢筋(φ10 以内)	kg	3.00	0.0438	0.13
	CSPE 嵌缝油膏(330ml)	支	7.00	0.50	3.50
	107 胶素水泥浆	m^3	797	0.0001	0.08
	银色着色剂	kg	10	0.202	2.02
	二甲苯	kg	5.00	0.27	1.35

续表

项目		单位	单价(元)	数量	合价(元)
材料	乙酸乙酯	kg	10	0.0505	0.51
	丁基胶粘剂	kg	15	0.0956	1.43
	聚氨酯甲料(A液)	kg	12	0.1621	1.95
	聚氨酯乙料(B液)	kg	12	0.3113	3.74
机械	垂直运输机械费	元			0.20
	定额直接费	元			63.66

1.3.4.4 聚氨酯涂膜防水屋面(2mm厚)定额直接费

(计量单位:m^2)

项目		单位	单价(元)	数量	合价(元)
人工	综合工日	工日	23	0.051	1.17
材料	二甲苯	kg	5.00	0.13	0.65
	石渣(保护层用料)	m^3	26.65	0.0031	0.08
	聚氨酯涂料(A液)	kg	12.00	1.06	12.72
	聚氨酯涂料(B液)	kg	12.00	1.65	19.80
机械	垂直运输及其他机械	元			0.25
	定额直接费	元			34.67

1.3.4.5 江西省建筑安装工程费率

工程类别		取费基础	其他直接费(%)	间接费(%)				计划利润(%)
				施工管理费	临时设施费		劳动保险费	
					25km以内	25km以外		
一般土建工程	一类	定额直接费	3.03	10.60	2.20	3.50	2.54	8.07
	二类		2.73	9.54	1.98	3.15	2.29	7.97
	三类		2.03	7.10	1.47	2.35	1.27	7.69
	四类		1.52	5.20	1.10	1.75	0.64	7.49

1.3.4.6 示例

现以表1.3.4.2三毡四油-砂卷材屋面为例，得出防水工程总费用为35.14元/m²，其计算过程如下（以二类企业为基数）：

(1)直接费：

①定额直接费：26.33元/m²

②其他直接费：①×2.73%＝26.33×2.73%＝0.72元/m²

③流动施工津贴：①×2%＝26.33×2%＝0.52元/m²

④夜间施工增加费：①×1%＝26.33×1%＝0.26元/m²

⑤施工安全防护增加费：①×1%＝26.33×1%＝0.26元/m²

注：③、④、⑤三项费用暂以此数计算，实际应按当地规定计取。

(2)间接费：

⑥施工管理费：(①＋②＋④)×9.54%＝(26.33＋0.72＋0.26)×9.54%＝27.31×9.54%＝2.61元/m²

⑦远程工程增加费：此项费用不发生。

⑧临时设施费：25km以内(①＋②＋④)×1.98%＝(26.33＋0.72＋0.26)×1.98%＝27.31×1.98%＝0.54元/m²

⑨劳动保险费：(①＋②＋④)×2.29%＝(26.33＋0.72＋0.26)×2.29%＝27.31×2.29%＝0.63元/m²

(3)计划利润：(①＋②＋④)×7.97%＝(26.33＋0.72＋0.26)×7.97%＝27.31×7.97%＝2.18元/m²

(4)税金：[(1)＋⑥＋⑦＋(3)＋(4)]×3.28%＝[28.10＋2.61＋0＋2.18＋0]×3.28%＝1.08元/m^2

其中：(1)直接费＝26.33＋0.72＋0.53＋0.26＋0.26＝28.10

(5)防水工程总费用：1＋2＋3＋4＋5＝28.10＋3.78＋2.18＋0＋1.08＝35.14元/m^2

从以上可以看出，防水工程总费用与定额直接费相比，约增加34%。这个比例一般在30%～50%之间浮动。

1.3.5 卷材防水屋面材料用量参考

卷材种类	卷材(m^2/m^2)	基层处理剂(kg/m^2)	基层胶粘剂(kg/m^2)	接缝胶粘剂(kg/m^2)	密封材料(kg/m^2)	备注
沥青油毡	3.6	0.45	0.7			三毡四油
三元乙丙丁橡胶	1.15～1.2	0.2	0.4	0.1	0.01	
LYX-603氯化聚乙烯	1.15～1.2	0.2	0.4	0.05	0.01	
氯化聚乙烯橡胶共混	1.15～1.2	0.15	0.45	0.1	0.01	
PVC卷材	1.1	0.4			0.01	焊接法施工
热熔卷材	1.15～1.2	0.1			0.01	
冷粘贴改性卷材	1.15～1.2	0.06	0.45		0.01	热熔法施工
聚氯乙烯	1.15	0.4	1～1.1		0.01	

1.3.6 沥青防水卷材热法施工参考用量

施工做法	每 100m² 材料用量						
	350 号油毡 (m²)	沥青玛帝脂 (m³)	冷底子油 (kg)	绿豆砂 (m³)	沥青 (kg)	溶剂 (kg)	填料 (kg)
冷底子油一道			(49)		15	34	
二毡三油一砂	240	(0.70)		0.52	578		192
每增一毡一油	120	(0.15)			124		41

注:1. 本表参考《全国统一建筑工程基础定额》(GJD-101—1995)有关内容编制。

2. 冷底子油的配比按沥青∶溶剂=3∶7(质量比)计算;沥青玛帝脂的配比按沥青∶填料=75∶25(质量%)计算,玛帝脂的相对密度以 1.1 计算。

3. 根据玛帝脂熬制方法不同,尚应考虑其他辅助用料,如煤或木柴等。

1.3.7 改性沥青卷材热熔法施工参考用量

施工做法	每 100m² 材料用量					
	卷材 (m²)	冷底子油 (kg)	沥青 (kg)	溶剂 (kg)	汽油 (kg)	液化气 (瓶)
冷底子油一道		(49)	15	34		
铺贴单层改性沥青卷材	120				40	0.7

注:燃料品种视选用机具而定,一般任选其中一种备料。汽油牌号为 70 号。

1.3.8 涂膜防水屋面材料参考用量

涂料名称	要求厚度(mm)	涂料(kg/m²)	增强胎体(m²/m²)	密封材料(kg/m²)
聚氨酯涂料(固含量95%)	2	2.3~2.6		0.2
丙烯胶涂料(固含量65%)	2	3.2~4.0	2.4	0.2
硅橡胶涂料(固含量50%)	2	3.8~4.5	2.4	0.2
高聚物改性水乳型涂料(固含量50%)	3	6.2	2.4	0.1
PVC改性涂料	3	3.5~4	2.4	0.1
水乳型再生胶改性沥青涂料(固含量50%)	3	6.2	2.4	0.1
沥青基防水涂料(固含量50%)	8	12~15	2.4	0.1

1.3.9 水乳型或溶剂型薄质防水涂料的厚度与用量参考

层次	一层做法	二层做法		
	一毡两涂(一毡四胶)	二布三涂(二布六胶)	一布一毡三涂(一布一毡六胶)	一布一毡三涂(一布一毡八胶)
增强材料	聚酯毡一层	玻璃纤维布二层	聚酯毡、玻璃纤维布各一层	聚酯毡、玻璃纤维布各一层

续表

层次	一层做法	二层做法		
	一毡两涂（一毡四胶）	二布三涂（二布六胶）	一布一毡三涂（一布一毡六胶）	一布一毡三涂（一布一毡八胶）
胶料总量（kg/m^2）	2.4	3.2	3.4	5.0
涂膜总厚度(mm)	1.5	1.8	2.0	3.0
第一遍（kg/m^2）	刷涂料0.6	刷涂料0.6	刷涂料0.6	刷涂料0.6
第二遍（kg/m^2）	刷涂料0.4 铺毡一层 毡面刷涂料0.4	刷涂料0.4 铺玻璃布一层 布面刷涂料0.3	刷涂料0.4 铺毡一层 毡面刷涂料0.3	刷涂料0.6
第三遍（kg/m^2）	刷涂料0.5	刷涂料0.4	刷涂料0.5	刷涂料0.4 铺毡一层 刷涂料0.3
第四遍（kg/m^2）	刷涂料0.5	刷涂料0.4 铺玻璃布一层 刷涂料0.3	刷涂料0.4 铺玻璃布一层 刷涂料0.3	刷涂料0.6

续表

层次	一层做法	二层做法		
	一毡两涂(一毡四胶)	二布三涂(二布六胶)	一布一毡三涂(一布一毡六胶)	一布一毡三涂(一布一毡八胶)
第五遍(kg/m^2)		刷涂料0.4	刷涂料0.4	刷涂料0.4 铺玻璃布一层 布面刷涂料0.3
第六遍(kg/m^2)		刷涂料0.4	刷涂料0.4	刷涂料0.6
第七遍(kg/m^2)				刷涂料0.6
第八遍(kg/m^2)				刷涂料0.6

1.3.10　反应型薄质防水涂料的厚度与用量参考

层　次	纯涂层		一层做法
	二涂	二涂	一毡二涂(一毡三胶)
胎体增强材料			聚酯毡或化纤毡
涂料总量(kg/m^2)	1.2～1.5	1.8～2.2	2.4～2.8
涂膜总厚度(mm)	1.0	1.5	2.0
第一遍(kg/m^2)	刮涂料0.6～0.7	刮涂料0.9～1.1	刮涂料0.8～0.9

续表

层次	纯涂层		一层做法
	二涂	二涂	一毡二涂（一毡三胶）
第二遍(kg/m^2)	刮涂料 0.6～0.8	刮涂料 0.9～1.1	刮涂料 0.4～0.5 铺毡一层 刮涂料 0.4～0.5
第三遍(kg/m^2)			刮涂料 0.8～0.9

1.3.11 平瓦和波形瓦屋面材料用量

1.3.11.1 黏土平瓦屋面主要材料用量参考($100m^2$)

黏土平瓦 1822 块；脊瓦 29 块；麻刀灰 0.4m^3；1∶2.5 水泥砂浆 0.11m^3。

1.3.11.2 石棉波瓦屋面主要材料用量参考($100m^2$)

小波石棉瓦(1820×720)103 块；小波脊瓦(850×360)15 块；固定件 200 套；麻刀灰 0.03m^3；油灰 3kg。

2 基础知识

2.1 相关的法律、法规及职业道德知识

2.1.1 法律、法规及标准各自的地位及相互关系

项目	内容	发布形式或代号
建筑法律	建筑法律一般是全国人民代表大会及其常务委员会对建筑管理活动的宏观规定，侧重于对政府机关、社会团体、企事业单位的组织、职能、权利、义务等，以及建筑产品生产组织管理和生产基本程序进行规定，是建筑法律体系的最高层次，具有最高法律效力	以主席令形式公布。如《中华人民共和国建筑法》
建筑行政法规	建筑行政法规是对法律条款进一步细化，是国务院根据有关法律中授权条款和管理全国建筑行政工作的需要制定的，是法律体系中第二层次	以国务院令形式公布
建筑部门规章	建筑部门规章是国务院各部委根据法律、行政法规颁布的建筑行政规章，其中综合规章主要由建设部发布。部门规章对全国有关行政管理部门具有约束力，但它的效力低于行政法规	以部委令发布
地方性建筑法规	地方性建筑法规是省、自治区、直辖市人民代表大会及其常务委员会，根据本行政区的特点，在不与宪法、法律、行政法规相抵触的情况下制定的行政法规，仅在地方性法规所辖行政区域内有法律效力	以地方政府或行政管理部门令发布

续表

项目	内　容	发布形式或代号
国家标准	国家标准是需要在全国范围内统一的技术要求，由国务院标准化行政主管部门制定发布，分为强制性标准和推荐性标准，代号分别为："GB"、"GB/ T"。国家标准由代号、发布顺序、发布的年号组成，国家工程建设标准代号为 GB 5××××或 GB/ T 5××××	如《建筑施工验收统一标准》(GB 50300—2001)
行业标准	行业标准是需要在某个行业范围内统一的，而又没有国家标准的技术要求，由国务院有关行政主管部门制定，并报国务院标准化行政主管部门备案	如建设行业标准(CJ)
地方标准	地方标准是对没有国家标准和行业标准，但又需要在省、市、自治区、直辖市范围内统一的产品的安全和卫生要求，由省、市、自治区、直辖市行政主管部门制定，并报国务院标准化行政主管部门备案	

2.1.2 《中华人民共和国建筑法》的主要内容

2.1.2.1 建筑工程施工许可

建筑工程开工前，必须申领施工许可证。申请领取施工许可证，应当具备下列条件：

(1)已经办理该建筑工程用地批准手续。

(2)在城市规划区的建筑工程，已经取得规划许可证。

(3)需要拆迁的，其拆迁进度符合施工要求。

(4)已经确定建筑施工企业。

(5)有满足施工需要的施工图纸及技术资料。

(6)有保证工程质量和安全的具体措施。

(7)建设资金已经落实。

(8)法律、行政法规规定的其他条件。

2.1.2.2 从业资格

从事建筑活动的建筑施工企业、勘察单位、设计单位和工程监理单位,应当具备下列条件:

(1)有符合国家规定的注册资本。

(2)有与其从事的建筑活动相适应的具有法定执业资格的专业技术人员。

(3)有从事相关建筑活动所应有的技术装备。

(4)法律、行政法规规定的其他条件。

2.1.2.3 建筑工程发包与承包

建设工程发包与承包有两种方式:招标投标和直接发包。提倡招标投标,限制直接发包。建筑工程发包与承包的招标投标活动必须采用书面形式,遵循公开、公正、平等竞争的原则,择优选择承包单位。

2.1.2.4 建筑工程监理

业主通过合同将自己对承包商建筑活动的监督管理权授予了具有相应资质条件的监理单位,承包商必须接受监理单位的监督与管理。

工程监理单位不得与材料、构配件和设备供应单位有隶属关系或其他利害关系;更不得与承包单位串通牟取非法利益。

2.1.2.5 建筑工程安全生产管理

施工现场的安全生产由施工单位负责,劳务承包企业必须服从施工总承包企业的安全生产统一管理。

2.1.2.6 建筑工程质量管理

建筑工程勘察、设计、施工的质量必须符合国家有关建筑工程安全标准的要求。国家对从事建筑活动的单位推行质量体系认证制度。

2.1.3 《建设工程安全生产管理条例》的有关内容

2.1.3.1 建设单位的安全责任

建设单位应当在工程概算中确定并提供安全作业环境和安全施工措施费用;不得要求勘察、设计、监理、施工企业违反国家法律、法规及强制性标准规定,不得任意压缩合同约定的工期;有义务向施工单位提供工程所需的有关资料,有责任将安全施工措施报送有关部门备案。

2.1.3.2 施工单位的安全责任

施工单位在建设工程安全生产中处于核心地位,《条例》在第四章中根据《建筑法》的规定,针对实践中施工现场存在的主要问题,对施工单位的安全责任做了全面、具体的规定,包括施工单位的资质条件、安全责任制度、安全教育培训制度、安全资金的保障制度、作业人员的安全保障措施、施工单位主要负责人和项目负责人的安全责任、施工总承包和分包单位的安全生产责任等。认真贯彻落实这些规定的制度和措施,对减少事故隐患,防止事故的发生,有着重要作用。

2.1.3.3 安全管理制度

(1)安全施工措施和拆除工程的备案制度。

(2)健全安全生产制度。

(3)特种作业人员持证上岗制度。

(4)专项工程专家论证制度。

(5)消防安全责任制度。

(6)施工单位管理人员考核任职制度。

(7)施工自升式架设设施使用登记制度。

(8)意外伤害保险制度。

(9)危及施工安全的工艺、设备、材料淘汰制度。

(10)生产安全事故应急救援制度。

(11)生产安全事故报告制度。

2.1.4 《中华人民共和国劳动法》的主要内容

2.1.4.1 劳动者的权利

(1)平等就业和选择职业的权利;(2)取得劳动报酬的权利;(3)休息休假的权利;(4)获得职业安全卫生保护的权利;(5)接受职业技能培训的权利;(6)享有社会保险和福利的权利;(7)提请劳动争议处理的权利。

2.1.4.2 劳动者必须履行的义务

(1)完成劳动任务;(2)提高职业技能;(3)执行职业安全卫生规程;(4)遵守劳动纪律和职业道德。

2.1.4.3 劳动合同

(1)劳动合同的签订原则。劳动合同的订立,是用人单位与劳动者之间为建立劳动关系,明确双方权利和义务,通过双方自愿协商,达成一致协议的法律行为。因此,订立劳动合同必须遵循以下三项原则:合法原则、平等自愿原则、协商一致原则。劳动合同以书面形式订立。

(2)劳动合同的内容。劳动合同内容主要有以下七个方面：

a. 合同期限；b. 工作内容；c. 劳动保护和劳动条件；d. 劳动报酬；e. 劳动纪律；f. 合同终止的条件；g. 违反劳动合同的责任。

(3)劳动合同的变更。是指劳动合同的双方当事人对已生效的劳动合同条款进行修改或增减。如果企业生产经营发生变化，或者劳动者本身情况发生变化，使劳动合同继续履行发生困难，就需要对劳动合同的部分内容进行修改。

(4)劳动合同的终止。是指合同期满或者其他特殊情况出现时，当事人结束劳动合同履行的法律行为。

(5)劳动合同的解除。用人单位单方解除劳动合同有四种情况：

第一，劳动合同当事人双方协商一致，同意解除劳动合同时，用人单位可以解除劳动合同。

第二，劳动者有下列四种情形之一的，用人单位可以解除劳动合同：

a. 在试用期间被证明不符合录用条件的；b. 严重违反劳动纪律或者用人单位规章制度的；c. 严重失职，徇私舞弊，对用人单位利益造成重大损害的；d. 被依法追究刑事责任的。

第三，用人单位在有下列三种情形之一时，可以解除劳动合同，但要提前 30 日以书面形式通知劳动者本人：

a. 劳动者患病或非因工负伤，医疗期满后不能从事原工作,也不能从事由用人单位另行安排的工作的;b. 劳动者不能胜任工作,经过培训、调整工作岗位,仍不能胜任工作的;c. 劳动合同订立时所依据的客观情况发生重大变化,致使原劳动合同无法履行,经当事人协商不能就变更劳动合同达成协议的。

第四,用人单位在濒临破产法定整顿期间或者因为生产经营情况发生严重困难,确需裁减人员的,可以解除劳动合同。但应当提前 30 日向工会或者全体职工说明情况,并向劳动行政部门报告。为了防止用人单位无故大量裁减人员,《劳动法》规定,用人单位在六个月内录用人员时,应当优先录用被裁减的人员。但是,为了保护职工的合法权益,对于处于特殊情况的职工(劳动者患职业病或者因工负伤并被确认丧失或者部分丧失劳动能力的;患病或负伤,在规定的医疗期内的;女职工在孕期、产期、哺乳期内的;法律、行政法规规定的其他情形),用人单位不得擅自解除劳动合同。

劳动者解除劳动合同也有两种情况:

第一,劳动者可以解除劳动合同,但应当提前 30 日以书面形式通知用人单位。

第二,劳动者在有下列三种情形之一时,可以随时通知用人单位解除劳动合同,不需提前 30 日以书面形式通知用人单位:

a. 在试用期内的;b. 用人单位以暴力、威胁、非法限制人身自由的手段强迫劳动的;c. 用人单位未按劳动合同规定支付劳动报酬或者提供劳动条件的。

2.1.4.4 劳动工资和劳动安全卫生

(1)劳动工资。工资分配应当遵循按劳分配原则,实行同工同酬。国家实行最低工资保障制度,保障劳动者能够获得基本的生活需要的工资。

用人单位必须按时将工资支付给劳动者本人,不得非法延时,否则,需承担相应赔偿责任。劳动者在法定休假日和婚、丧假期间,以及依法参加社会活动期间,用人单位应当依法支付工资。

(2)劳动安全卫生。劳动安全是指在生过程中,防止发生中毒、触电、机械外伤、车祸、坠落、塌陷、爆炸、火灾等危及劳动人身安全的事故,而采取的有效措施。

2.1.4.5 社会保险、福利和劳动争议处理

(1)社会保险。劳动者在下列情形下,依法享受社会保险待遇:退休;患病;负伤;因工伤或者患职业病;失业;生育。相应的险种为生育保险、养老保险、疾病医疗保险、伤残保险、失业保险等。

(2)社会福利。社会福利是除工资和社会保险以外,国家为全体公民(劳动者)提供的各种福利性补贴和举办的各种福利事业的总称,是社会为职工提供的一种生活待遇。

(3)劳动争议处理。劳动争议也叫劳动纠纷。是指劳动关系双方当事人在执行劳动法律、法规或者履行劳动法律、法规或者履行劳动合同、集体合同的过程中,由于对相互间因权利和义务产生分歧而引起的争议。分为个人劳动争议、团体劳动争议和集体合同争议三种类型。

劳动争议处理,是指法律、法规授权的专门机构对劳动

关系双方当事人之间发生的劳动争议进行调解、仲裁和审判的活动。劳动争议处理的基本形式是：依法向劳动争议调解委员会申请调解；向劳动争议仲裁委员会申请仲裁；向人民法院提起诉讼；当事人自行协商解决。

2.1.5 建筑施工环境保护规定

2.1.5.1 防大气污染要求

(1)施工现场主要道路必须进行硬化处理。施工现场应采取覆盖、固化、绿化、洒水等有效措施，做到不泥泞、不扬尘。施工现场的材料存放区、大模板存放区等场地必须平整夯实。

(2)遇有四级风以上天气不得进行土方回填、转运及其他可能产生扬尘污染的施工。现场裸露的土方应用网织布覆盖。

(3)施工现场应配备相应的洒水设备，及时洒水，减少扬尘污染。

(4)建筑物内的施工垃圾清运必须采用封闭式专用垃圾道或封闭式容器吊运，严禁凌空抛撒。施工现场应设密闭式垃圾站，施工垃圾、生活垃圾分类存放，并按规定及时清运消纳。清运施工垃圾时，应适当洒水降尘。

(5)水泥和其他易飞扬的细颗粒建筑材料应密闭存放，使用过程中应采取有效措施防止扬尘。施工现场土方应集中堆放，采取覆盖或固化等措施。

(6)从事土方、渣土和施工垃圾的运输，必须使用密闭式运输车辆。施工现场出入口处设置冲洗车辆的设施，出场时必须将车辆清理干净，不得将泥沙带出现场。

(7)市政道路施工铣刨作业时，应采用冲洗等措施，控制扬尘污染。灰土和无机料拌和，应采用预拌进场，碾压过程中要洒水降尘。

(8)施工现场使用的热水锅炉、炊事炉灶及冬施取暖锅炉等必须使用清洁燃料。工地锅炉和生活锅灶需符合消烟除尘标准，应采用各种行之有效的消烟除尘技术，减少烟尘对大气的污染。施工机械、车辆尾气排放应符合环保要求。

(9)拆除旧有建筑时，应随时洒水，减少扬尘污染。渣土要在拆除施工完成之日起三日内清运完毕，并应遵守拆除工程的有关规定。

(10)尽量采用冷防水新技术、新材料。需熬热沥青的工程应采用消烟节能沥青锅，不得在施工现场敞口熔融沥青或者焚烧油毡、油漆及其他会产生有毒有害烟尘和恶臭气体的物质。

2.1.5.2 防治水污染与施工废水处理

(1)有条件的施工现场应采用废水集中回收利用系统。妥善处理泥浆水，未经处理的泥浆水不得直接排入城市排水设施和河流。

(2)搅拌机前台、混凝土输送泵及运输车辆清洗处应当设置沉淀池，废水不得直接排入市政污水管网，经二次沉淀后循环使用或用于洒水降尘。沉淀池应定期清掏。高层、多层大面积水磨石废水及外墙水刷石废水应挖排水沟经沉淀池沉淀后方能排入下水道。

(3)搅拌站、洗车台等集中用水场地除设沉淀池外，还应设一定坡度，不得有积水。现场道路应高出施工地面20～30cm，两侧设置畅通的排水沟，以保证现场不积水。

(4)工地食堂废水凡接入下水道的必须设置隔油隔物池，专人负责定期掏油，防止污染。附近无下水道的应选择适当地点挖渗坑，不得让污水横流。

(5)现场存放油料，必须对库房进行防渗漏处理，储存和使用都要采取措施，防止油料泄漏而污染土壤水体。

2.1.5.3 施工噪声治理

(1)施工现场应遵照《中华人民共和国建筑施工场界噪声限值》制定降噪措施。在城市市区范围内，建筑施工过程中使用的设备，可能产生噪声污染的，施工单位应按有关规定向工程所在地的环保部门申报。

(2)因生产工艺要求必须连续作业或者特殊需要，确需在22时至次日6时期间进行施工的，建设单位和施工单位应当在施工前到工程所在地的区、县建设行政主管部门提出申请，经批准后方可进行夜间施工。建设单位应当会同施工单位做好周边居民工作，并公布施工期限。

(3)离居民区较近和要求宁静的施工现场，对强噪声机械如发电机、空压机、搅拌机、砂轮机、电焊机、电锯、电刨等，应设置封闭式隔声房，使噪声控制在最低限度。

(4)对无法隔声的外露机械如塔吊、电焊机、打桩机、振捣棒等应合理安排施工时间，一般不超过晚上22时，减轻噪声扰民。特殊情况需连续作业时，需申报当地环保部门批准，并妥善做好周围居民工作，方可施工。

(5)施工现场尽量保持安静，现场机械车辆少发动、少鸣笛，施工操作人员不要大声喧闹和发出刺耳的敲击、撞击声，做到施工不扰民。进行夜间施工作业的，应采取措施，最大限度减少施工噪声，可采用隔声布、低噪声振捣棒等方法。

(6)采用新技术、新材料、新工艺降低施工噪声，如采用自动密实混凝土技术等。

(7)随时对施工现场的噪声进行监测，除城市基础设施工程和抢险救灾工程以外，进行夜间施工作业产生的噪声超过规定标准的，对影响范围内的居民由建设单位适当给予经济补偿。

(8)施工人员做好个人防护，戴耳塞、耳罩、头盔等防噪声用品。

2.1.5.4 防固体垃圾污染措施

(1)土方运输装载必须低于槽帮 15cm，并采取有效措施封闭严密，杜绝运输途中扬尘和遗撒污染道路和环境。

(2)运土车车轮不准带土出场，必须在工地大门口对车轮采取清洁措施。

(3)施工垃圾应及时清运到指定的消纳场所，不准随地乱倒。清理施工垃圾，必须搭设密闭式专用垃圾道或者采用容器吊运，严禁随意抛撒。建设工程施工现场应当设置密闭式垃圾站用于存放施工垃圾，施工垃圾应当按照规定及时清运消纳。

2.1.6 职业道德基本规范

2.1.6.1 热爱本职，忠于职守

“热爱本职”是指热爱自己现在所从事的工作。其中特

别包含着我们所提倡的“干一行,爱一行”精神。

“忠于职守”是指忠实地履行自己的职业责任,尽到本职工作所应尽到的责任。“热爱本职,忠于职守”是社会主义职业道德的一项基本要求。

建筑行业的工作环境较差,甚至有很多还是繁重的体力劳动,立体交叉作业多,危险性大,而且工作流动性大,条件艰苦,要做到热爱建筑业没有很高的思想觉悟和高尚的道德品质,是很难做到的。

2.1.6.2 遵章守法,安全生产

生产必须安全,安全要促进生产,只有这样才能保证企业正常生产和经济效益的最大化。建筑从业人员遵章守法、安全生产主要应表现在以下两个方面:

(1)遵守工作纪律。要按时上班、按时交接,工作时服从调配、听从指挥,在工作时间不做任何与工作无关的事情。

(2)遵守相关的操作规程。遵守相关的操作规程是安全生产的基本要求,违反操作规程随意操作,轻者影响工作质量,严重者会引起生产秩序的混乱或停顿,甚至出现重大事故。

2.1.6.3 尊师爱徒,团结互助

尊师爱徒是工人的美德。徒弟应尊敬师傅,虚心学习,主动接受师傅的教育、帮助和指点;师傅要关心、爱护、帮助青年人,尽心地传、帮、带,从而形成尊师爱徒、团结互助的美德,代代相传。

“尊师爱徒,团结互助”对建筑行业尤为重要,建筑作业是多工种、多单位的立体交叉作业,没有相互之间的理解、

支持和配合，很难想象工程能顺利地进行下去。

2.1.6.4 艰苦奋斗，勤俭节约

建筑业是一个劳动条件相对较差的行业，加上施工环境相对恶劣，生活条件也较差，所以树立我为人民吃苦的精神，对建筑业的职工尤为重要。

此外，建筑业是一个财力、物力、人力巨大消耗的行业，树立"艰苦奋斗，勤俭节约"的思想，不仅可以纯洁人的灵魂，而且对于企业的高效、优质、低耗运作以及提高企业的经济效益有相当重要的作用。

2.1.6.5 钻研技术，勇于创新

企业在市场上要生存，就要有竞争力，而竞争力主要取决于产品的质量以及对用户负责的精神。企业的每一位职工如能不断地钻研技术，勇于创新，不断地学习新知识、新技术、新工艺，改革创新、开拓进取，就一定能够高效、优质地完成企业交给的生产任务，创造较好的经济效益和社会效益。

2.1.7 防水工职业标准

2.1.7.1 初级工职业标准

(1)基本要求：

①职业道德。包括职业道德基本知识和职业守则。

②基础知识。主要有：识图知识和房屋构造基本知识；常用防水材料知识；常用工具、机械知识；卷材防水施工知识；涂膜防水施工知识；防水工程渗漏防治知识；安全生产知识和有关的法律知识等。

(2)初级工的工作要求见下表：

初级工的工作要求

职业功能	工作内容	技能要求	相关知识
一、工前准备	(一)识图	1. 能够正确识读建筑的图示和图例 2. 能够正确识读房屋防水工程构造图 3. 能够正确识读地下工程构造图	1. 建筑识图知识 2. 建筑施工图、防水节点构造知识
	(二)材料准备	1. 能够正确选择常用防水材料 2. 能够正确搬运、贮存常用防水材料	1. 常用卷材的品种、技术指标、质量要求和用途 2. 常用沥青的名称、性能、质量、标号 3. 常用沥青玛帝脂的配合比
	(三)工具准备	能够正确选用常用工具	手工工具的种类和用途
二、防水施工	(一)防水卷材的施工	1. 能够按配料单调制沥青玛帝脂及冷底子油和熔沥青 2. 能够按要求正确铺贴平面、立面的卷材	1. 熔沥青的操作知识 2. 冷底子油的操作工艺 3. 防水施工对基层处理要求的知识 4. 卷材铺贴的顺序、方法和质量要求
	(二)沥青制品的铺筑	1. 能够涂刷防潮沥青和嵌填伸缩缝 2. 能够拌制沥青砂浆、沥青混凝土并进行铺贴	1. 防潮沥青和嵌填伸缩缝的涂刷方法 2. 沥青砂浆和沥青混凝土的配制方法

续表

职业功能	工作内容	技能要求	相关知识
三、检查修补	(一)检查	1. 能够进行卷材防水外观质量检查 2. 能够进行卷材防水的蓄水、淋水试验	沥青基卷材防水工程质量检查方法
	(二)修补	能够进行防水层的修补	沥青基卷材防水的修补知识

2.1.7.2 中级工职业标准

(1)基本要求:同初级工。

(2)中级工的工作要求见下表:

中级工的工作要求

职业功能	工作内容	技能要求	相关知识
一、工前准备	(一)识图	能够正确识读防水节点	节点图基本知识
	(二)安全检查	能够进行场地设备、工具的安全检查	1. 防水安全操作知识 2. 熬制沥青、运输玛帝脂及操作安全规定
	(三)材料准备	1. 能够正确使用防水卷材、防水涂料 2. 能够正确使用建筑密封材料	1. 防水卷材的技术指标和用途 2. 沥青、玛帝脂的技术指标和试验知识 3. 合成高分子防水涂料的技术指标知识 4. 改性沥青密封材料技术性能和使用方法 5. 合成高分子密封材料技术性能和使用方法

续表

职业功能	工作内容	技能要求	相关知识
二、防水施工	(一)防水卷材施工	1. 能够进行常见屋面卷材防水的铺贴 2. 能够进行地下工程防水卷材的铺贴	1. 热粘法、冷粘法、自粘法、热熔法铺贴防水卷材的施工程序和方法 2. 节点构造做法及要求 3. 地下防水工程的施工程序和方法 4. 地下防水工程的细部构造做法
	(二)涂料防水施工	1. 能够进行沥青类防水涂料的施工操作 2. 能够进行高聚物改性沥青类防水涂料的施工操作 3. 能够进行合成高分子防水涂料的施工操作	1. 防水涂料的操作工艺顺序和操作要点 2. 防水涂料施工的质量验收标准
	(三)墙面和地面防水施工	能够进行墙面和地面的防水施工操作	1. 墙面和地面防水工程的施工程序和方法 2. 墙面和地面防潮、隔热层的做法
	(四)建筑防水施工管理	1. 能够做好班组管理工作 2. 能够进行防水工程工料核算	1. 班组管理知识 2. 防水工程工料计算方法

续表

职业功能	工作内容	技能要求	相关知识
三、检查修补	(一)工程的质量检查与防治	1. 能够对防水工程成品进行自检 2. 能够进行屋面防水渗漏检查与防治 3. 能够进行地下工程防水渗漏检查与防治	1. 防水工程质量标准 2. 屋面防水渗漏检查与防治方法 3. 地下工程防水渗漏检查与防治方法
	(二)成品保护	能够做好防水工程成品的保护工作	成品保护的措施与方法

2.2 防水工须知

2.2.1 防水工程的重要性

防水工程是保证建筑物及构筑物的结构不受水的侵蚀,内部空间不受水危害的一项分部工程。它涉及地下室、墙身、楼地面、屋顶等诸多部位,不仅受到外界气候和环境的影响,还与地基不均匀沉降和主体结构的变位密切相关。

建筑防水工程的质量直接影响到建筑的使用功能和寿命。各种状态的水对建筑物不同部位造成的渗漏或损坏,不同程度地影响到人民生活和生产能否正常进行,所以,在设计合理使用年限内,防止雨水及生产、生活用水的渗漏和地下水的侵蚀,确保建筑结构、室内装潢和产品不受污损,为人们提供一个舒适和安全的空间环境,是防水工程的重要任务。

2.2.2 防水工程的分类

2.2.2.1 按设防部位分类

可分为屋面防水、地下防水、外墙防水、卫生间和地面防水、贮水池和贮液池防水等。

2.2.2.2 按设防方法分类

一般可分为材料防水和构造防水两大类,或采取材料防水与构造防水相结合的方法。

2.2.2.3 按材料性能分类

基本上可分为刚性防水和柔性防水两大类。

2.2.2.4 按材料品种分类

一般可分为卷材防水、涂膜防水、刚性材料防水、建筑密封材料防水、堵漏材料防水和瓦类材料防水等。

2.2.3 防水工程术语

2.2.3.1 防水构造术语

(1)女儿墙:房屋外墙高出屋面的短墙。

(2)压顶:露天的墙顶上用砖、瓦、石料、混凝土、钢筋混凝土、镀锌铁皮等筑成的覆盖层。

(3)檐沟:屋面檐口处的排水沟。

(4)天沟:屋面上的排水沟。

(5)防水层:为了防止雨水进入屋面,地下水渗入墙体、地下室及地下构筑物,室内用水渗入楼面及墙面等而设的材料层。

(6)防潮层:为了防止地面以下土壤中的水分进入砖墙而设置的材料层。

(7)渗漏:建筑物的屋面、地面、墙面及管线外表面,在水压作用下若出现水滴或水流称为漏水;若只出现润湿(湿斑)称为渗水。漏水和渗水现象统称为渗漏。

(8)防水层合理使用年限:屋面防水层能满足正常使用要求的年限。

(9)一道防水设防:具有单独防水能力的一道防水层次。

(10)泛水:屋面与突出屋面结构连接处的防水构件或构造称为泛水。

(11)变形缝:将建筑物用垂直的缝分为几个单独部分,使各部分能独立变形。这种垂直分开的缝称为变形缝。

(12)施工缝:混凝土施工不能连续作业时,留置的临时间断处称为施工缝。

(13)分格缝:为了减少裂缝,在屋面找平层、刚性防水层、刚性保护层上预先留设的缝。刚性保护层仅在表面上做成V形槽,称为表面分格缝。

(14)加强带:在原留设伸缩缝或后浇带的部位,留出一定宽度,采用膨胀率大的混凝土与相邻混凝土同时浇筑的部位。

(15)诱导缝:通过适当减少钢筋对混凝土的约束等方法在混凝土结构中设置的易开裂的部位。

2.2.3.2 防水卷材术语

(1)沥青防水卷材(油毡):以原纸、织物、纤维毡、塑料膜等材料为胎基,浸涂石油沥青、矿物粉料或塑料膜为隔离材料,制成的防水卷材。

(2)高聚物改性沥青防水卷材:以高分子聚合物改性石油沥青为涂盖层,聚酯毡、玻纤毡或聚酯玻纤复合为胎基,细砂、矿物粉料或塑料膜为隔离材料,制成的防水卷材。

(3)合成高分子防水卷材:以合成橡胶、合成树脂或两者共混为基料,加入适量的助剂和填料,经混炼压延或挤出等工序加工而成的防水卷材。

(4)基层处理剂:在防水层施工前,预先涂刷在基层上的涂料。

2.2.3.3 防水工程施工方法

(1)满粘法:铺贴防水卷材时,卷材与基层采用全部粘结的施工方法。

(2)空铺法:铺贴防水卷材时,卷材与基层在周边一定宽度内粘结,其余部分不粘结的施工方法。

(3)点粘法:铺贴防水卷材时,卷材或打孔卷材与基层采用点状粘结的施工方法。

(4)条粘法:铺贴防水卷材时,卷材与基层采用条状粘结的施工方法。

(5)热粘法:以热熔胶粘剂将卷材与基层或卷材之间粘结的施工方法。

(6)冷粘法:在常温下采用胶粘剂(带)将卷材与基层或卷材之间粘结的施工方法。

(7)热熔法:将热熔型防水卷材底层加热熔化后,进行卷材与基层或卷材之间粘结的施工方法。

(8)自粘法:采用带有自粘胶的防水卷材进行粘结的施工方法。

(9)焊接法:采用热风或热楔焊接进行热塑性卷材粘合搭接的施工方法。

2.2.3.4 防水涂料和密封材料术语

(1)高聚物改性沥青防水涂料:以石油沥青为基料,用高分子聚合物进行改性,配制成的水乳型或溶剂型防水涂料。

(2)合成高分子防水涂料:以合成橡胶或合成树脂为主要成膜物质,配制成的单组分或多组分防水涂料。

(3)聚合物水泥防水涂料:以丙烯酸酯等聚合物乳液和水泥为主要原料,加入其他外加剂制得的双组分水性建筑防水涂料。

(4)塑料防水板防水层:采用由工厂生产的具有一定厚度和抗滑能力的高分子薄板或土工膜,铺设在初期支护与内衬砌间的防水层。

(5)胎体增强材料:用于涂膜防水层中的化纤无纺布、玻璃纤维网布等,作为增强层的材料。

(6)密封材料:能承受接缝位移以达到气密、水密目的而嵌入建筑接缝中的材料。

(7)遇水膨胀止水条:具有遇水膨胀性能的遇水膨胀腻子条和遇水膨胀橡胶条的统称。

(8)止水带(片):地下防水工程受水压作用时,在防水混凝土结构中与变形缝垂直的方向设置的橡胶、塑料或金属带,叫止水带(片)。

(9)背衬材料:用于控制密封材料的嵌填深度,防止密封材料和接缝底部粘结而设置的可变形材料。

2.2.3.5 防水屋面术语

(1)架空屋面:在屋面防水层上采用薄型制品架设一定高度的空间,起到隔热作用的屋面。

(2)蓄水屋面:在屋面防水层上蓄积一定高度的水,起到隔热作用的屋面。

(3)种植屋面:在屋面防水层上铺以种植介质,并种植植物,起到隔热作用的屋面。

(4)倒置式屋面:将保温层设置在防水层上的屋面。

(5)压型钢板:以镀锌钢板为基材,经成型机轧制,并敷以各种防腐耐蚀涂层与彩色烤漆而制成的轻型屋面材料。

2.2.3.6 防水材料性能术语

(1)抗渗性能:混凝土抵抗压力水渗透的性能。

(2)强度等级:混凝土结构件强度的技术指标。它是指标准试件在压力作用下直到破坏时,单位面积上所能承受的最大应力。是用来作为评定混凝土质量的技术指标。

(3)温度应力:由于温度变化,结构或构件产生伸或缩,当伸或缩受到限制时,结构或构件内部便产生应力,称为温度应力。

(4)接缝位移:在屋盖系统中,因温度、外力引起接缝间隙的变化。

(5)拉伸-压缩循环性:反映密封材料在使用过程中,因温度变化引起接缝位移而经受周期性拉、压循环后，保持密封的能力。

(6)平衡含水率：材料在自然环境中，其孔隙中所含有的水分与空气湿度达到平衡时，这部分水的质量占材料干质量的百分比。

2.2.3.7 质量通病术语

(1)翘边、皱褶：卷材翘边是指卷材边变形产生不规则弯曲；皱褶是指卷材基胎产生收缩变形表面不平整。

(2)蜂窝：混凝土局部酥松，砂浆少、石子多，石子之间出现空隙形成的蜂窝状孔洞。

(3)孔洞：混凝土结构内有空腔，局部没有混凝土或蜂窝特别大。

(4)麻面：混凝土表面局部缺浆、粗糙或有许多小凹坑，但无露筋现象。

(5)裂缝：混凝土硬化过程中，由于混凝土脱水，引起收缩，或者受温度高低的温差影响，引起胀缩不均匀而产生的裂缝。

2.2.4 防水工安全操作知识

2.2.4.1 一般规定

(1)材料存放于专人负责的库房，严禁烟火并挂有醒目的警告标志和防火措施。

(2)施工现场和配料场地应通风良好，操作人员应穿软底鞋、工作服，工作时扎紧袖口，并应佩戴手套及鞋套。涂刷处理剂和胶粘剂时，必须戴防毒口罩和防护眼镜。外露皮肤应涂擦防护膏。操作时严禁用手直接揉擦皮肤。

(3)患有皮肤病、眼病、刺激过敏者,不得参加防水作业。施工过程中发生恶心、头晕、过敏等,应停止作业。

(4)用热玛帝脂粘铺卷材时,浇油和铺毡人员,应保持一定距离,浇油时,檐口下方不得有人行走或停留。

(5)使用液化气喷枪及汽油喷灯时,点火时不准将火嘴对人。汽油喷灯加油不得过满,打气不能过足。

(6)装卸溶剂(如苯、汽油等)的容器,必须配软垫,不准猛推猛撞。使用容器后,其容器盖必须及时盖严。

(7)高处作业屋面周围边缘和预留洞口,必须按“洞口、临边”防护规定进行安全防护。

(8)防水卷材采用热熔粘结,使用明火(如喷灯)操作时,应申请办理用火证,并设专人看火。应配置灭火器材,操作场地周围 30cm 以内不准有易燃物。

(9)雨、雪、霜天应待屋面干燥后施工。六级以上大风应停止室外作业。

(10)下班清洗工具,未用完的溶剂必须装入容器内,并将桶盖盖严。

2.2.4.2 熬油(沥青)

(1)熬油灶必须距建筑物 10m 以上,上方不得有电线,地下 5m 以内不得有电缆,炉灶应设在建筑物的下风方向。

(2)炉灶附近严禁放置易燃、易爆物品,并应配备锅盖或铁板、灭火器、砂袋等消防器材。

(3)加入锅内的沥青不得超过锅容量的 3/4。

(4)熬油的作业人员应严守岗位,注意沥青温度变化,随着沥青温度变化慢火升温。当熬制到由白烟转黄烟到红烟时,应立即停火。着火时应用锅盖或铁板覆盖。地面着火应用灭火器、干砂等扑灭,严禁浇水。

(5)配制、贮存、涂刷冷底子油的地点严禁烟火,并不得在 30m 以内进行电焊、气焊等明火作业。

2.2.4.3 热沥青运送

(1)装运油的桶、壶,应用铁皮咬口制成,严禁用锡焊桶、壶,并应设桶、壶盖。

(2)运输设备及工具,必须牢固可靠,竖直提升时,平台的周围应有防护栏杆,提升时应拉牵引绳,防止油桶摇晃,吊运时油桶下方 10m 半径范围内严禁站人。

(3)不允许两人抬送沥青,桶内装油不得超过桶高的 2/3。

(4)在坡度较大的屋面操作,应穿防滑鞋,设置防滑梯,清扫屋面上的砂粒等。油桶下设桶垫,必须放置平稳。

2.2.4.4 劳动保护

(1)劳动保护基本要求。

①从事有毒、有害作业的工人要定期进行体检,并配备必要的劳动保护用品。

②对可能存在毒物危害的现场应按规定采取防护措施,防护设施要安全有效。

③患有皮肤病、眼结膜病、外伤及有过敏反应者,不得从事有毒物危害的作业。

④按规定使用防护用品,加强个人防护。

⑤不得在有毒物危害作业的场所内吸烟、吃食物,饭前

班后必须洗手、漱口。

⑥应避免疲劳作业、带病作业以及其他与作业者的身体条件不适合的作业，注意劳逸结合。

⑦搞好工地卫生，加强工地食堂的卫生管理，严防食物中毒。

⑧作业场所应通风良好，可视情况和作业需要分别采用自然通风和局部机械通风方法。

⑨凡有职业性接触毒物的作业场所，必须采取措施限制毒物浓度符合国家规定标准。

⑩有害作业场所，每天应搞好场内清洁卫生。

⑪当作业场所有害毒物的浓度超过国家规定标准时，应立即停止工作并报告上级处理。

(2)劳动防护用品。

①使用单位应建立健全劳动防护用品的购买、验收、保管、发放、使用、更换、报废等管理制度；并应按照劳动防护用品的使用要求，在使用前对其防护功能进行必要的检查。

②使用单位应到定点经营单位或生产企业购买特种劳动防护用品。购买的劳动防护用品需经本单位的安全技术部门验收。

③使用劳动防护用品的单位应为劳动者免费提供符合国家规定的劳动防护用品。使用单位不得以货币或其他物品替代应当配备的劳动防护用品。

④使用单位应教育本单位劳动者按照劳动防护用品使用规则和防护要求正确使用劳动防护用品。

2.3 识图常识

2.3.1 施工图的一般要求

2.3.1.1 图幅尺寸

尺寸代号	幅面代号				
	A0	A1	A2	A3	A4
$b\times l$	841×1189	594×841	420×594	297×420	210×297
c	10			5	
a	25				

2.3.1.2 图框

图框即图纸的边框，用粗实线绘制。图纸幅面可以横式使用，也可以立式使用。一般 A0～A3 幅面的图纸宜横式使用，如图 2-1 所示；必要时也可采用图 2-2 所示的立式；A4 图纸一般宜立式使用，如图 2-3 所示。

2.3.1.3 图标、图签

图标是说明设计单位、工程名称、图名、图号等的标志。它画在图框线内图幅的右下角，图标的形式及规格如图 2-4 所示。

图签是供需要会签的图纸使用，其尺寸为 75mm×20mm，栏内应填写会签人员所代表的专业、姓名、日期。其形式见图 2-5。

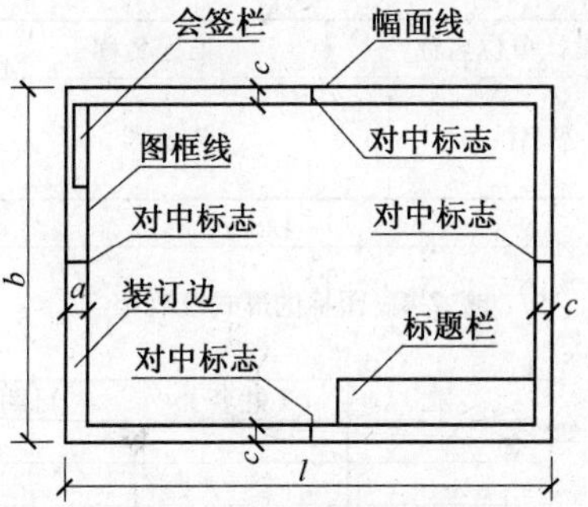

图 2-1 A0～A3 横式幅面

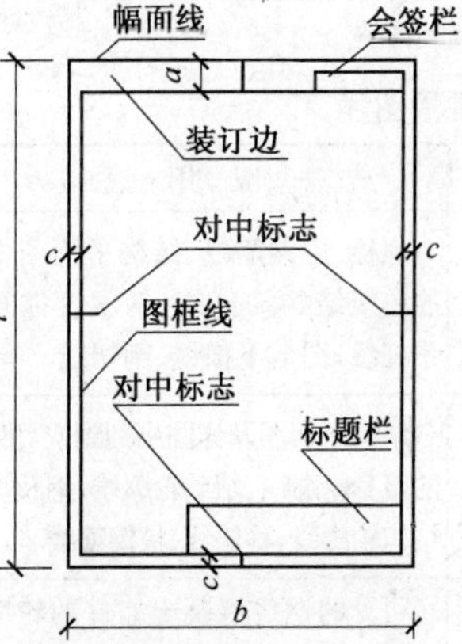

图 2-2 A0～A3 立式幅面

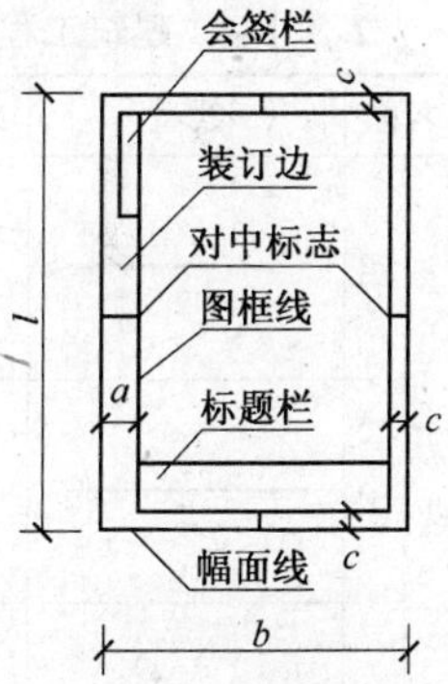

图 2-3 A4 幅面

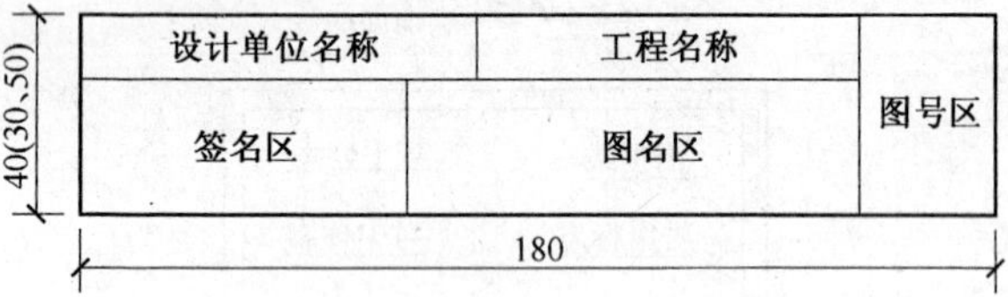

图 2-4 图标的形式及规格

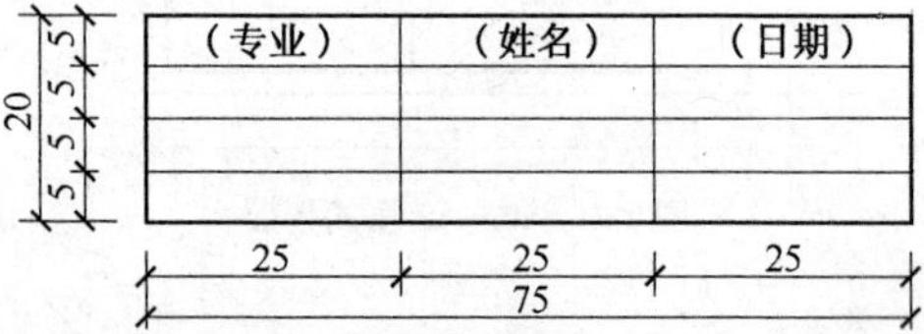

图 2-5 图签

2.3.1.4 建筑工程图常用图线

名称		线型	线宽	一 般 用 途
实线	粗	————	b	螺栓、主钢筋线、结构平面图中的单线结构构件线、钢木支撑及系杆线，图名下横线、剖切线
	中	————	$0.5b$	结构平面图及详图中剖到或可见的墙身轮廓线、基础轮廓线、钢及木结构轮廓线、箍筋线、板钢筋线
	细	————	$0.25b$	可见的钢筋混凝土构件的轮廓线、尺寸线、标注引出线，标高符号线，索引符号线

续表

名称		线型	线宽	一般用途
虚线	粗		b	不可见的钢筋、螺栓线，结构平面图中不可见的单线结构构件线及钢、木支撑线
	中		$0.5b$	结构平面图中的不可见构件、墙身轮廓线及钢、木构件轮廓线
	细		$0.25b$	基础平面图中的管沟轮廓线、不可见的钢筋混凝土构件轮廓线
单点长画线	粗		b	柱间支撑、垂直支撑、设备基础轴线图中的中心线
	细		$0.25b$	定位轴线、对称线、中心线
双点长画线	粗		b	预应力钢筋线
	细		$0.25b$	原有结构轮廓线
折断线		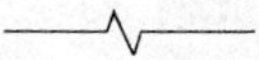	$0.25b$	断开界线
波浪线			$0.25b$	断开界线

2.3.1.5 字体

工程图中的汉字应采用长仿宋字。字母和数字的书写应符合下表的规定。

拉丁字母、阿拉伯数字、罗马数字书写规则

		一般字体	窄体字
字母高	大写字母	h	h
	小写字母(上下均无延伸)	$(7/10)h$	$(10/14)h$
小写字母向上或向下延伸部分		$(3/10)h$	$(4/14)h$
笔画宽度		$(1/10)h$	$(1/14)h$
间隔	字母间	$(2/10)h$	$(2/16)h$
	上下行底线间最小间隔	$(14/10)h$	$(20/14)h$
	文字间最小间隔	$(4/10)h$	$(6/14)h$

注:表中 h 为字高。

2.3.1.6 比例

我们看到的施工图都是经过缩小(或放大)后绘成的建筑物或零部件图,所绘制的图样的大小与实物的大小之比称为比例。比例应用阿拉伯数字表示,如 1∶5、1∶20 等分别表示图上 1mm 代表实物的 5mm 和 20mm。一张工程图可以只用一个比例时,应将比例书写在图标内。一张图内有多个比例时,则每个图样下均应标注比例。

2.3.1.7 符号

(1)索引符号。施工图某一局部或构件如需另画详图,应以索引符号索引,如图 2-6 和图 2-7 所示。

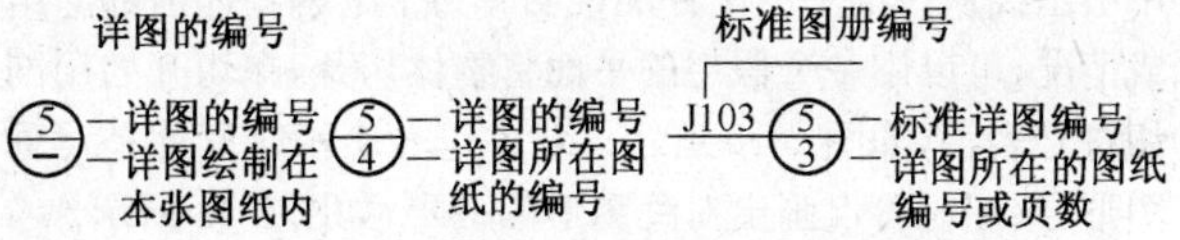

图 2-6 索引符号

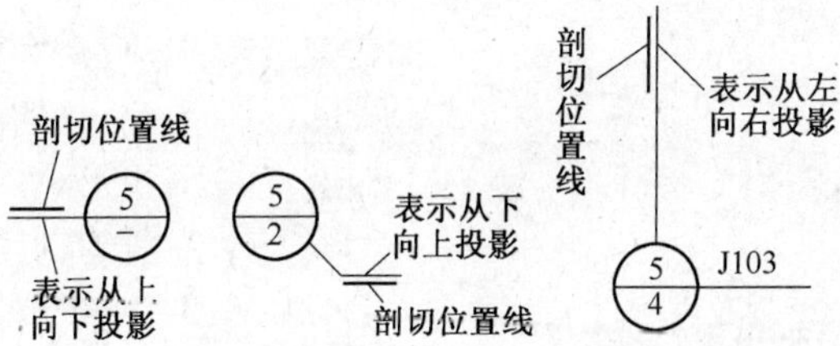

图 2-7 索引剖面详图的索引符号

(2)详图符号。详图符号如图 2-8 所示。图中左图表示该详图与被索引图样在同一张图纸;右图表示详图与被索引图样不在同一张图纸。

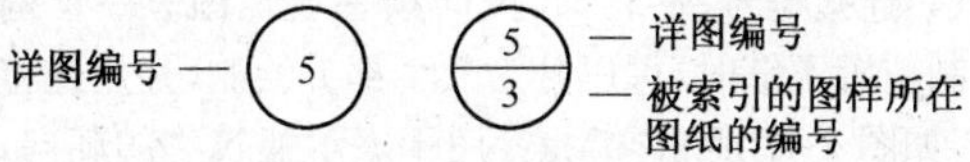

图 2-8 详图符号

(3)引出线、剖切符号、对称符号。引出线如图 2-9 所示,用于建筑物的某些部位需要用文字或详图加以说明时,用引出线从该部位引出并加说明。为了了解物体内部的组成情况，可以用一个假想的平面将物体切开，在切开处用剖切符号表示，如图 2-10 所示。对称符号表示构配件是对称图形，绘图时可仅画出对称图形的一半，如图 2-11 所示。

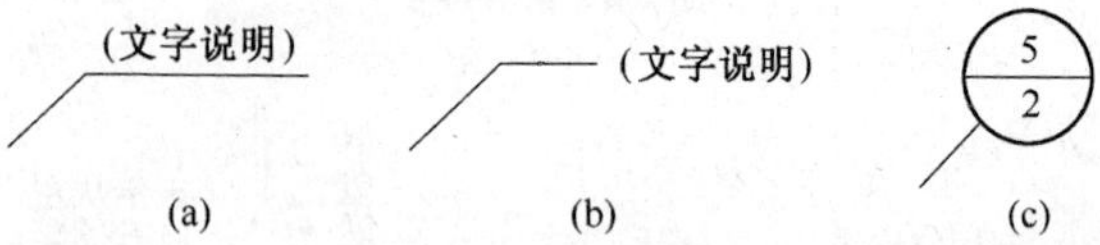

图 2-9 引出线

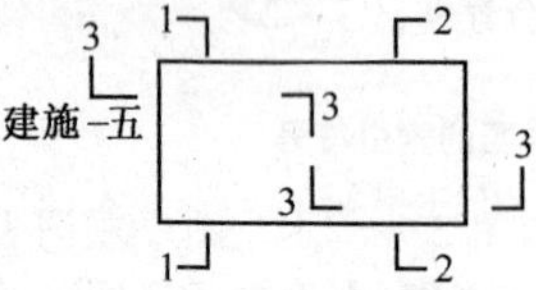

图 2-10 剖切符号

图 2-11 对称符号

(4)连接符号、指北针、风向频率玫瑰图。一个构配件当绘制位置不够时，可以分为几个部分绘制，并用连接符号连接，如图 2-12 所示；指北针用于表示建筑物的朝向，一般绘在总平面图及首层平面图上，如图 2-13 所示；风向频率玫瑰图(简称风玫瑰图)是总平面图上表示该地区常年风向频率的标志，风向是从外面吹向该地区中心的。图 2-14 是北京地区和上海地区的风玫瑰图。

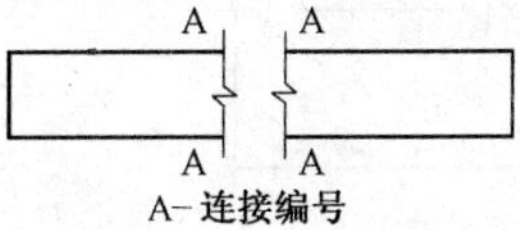

图 2-12 连接符号

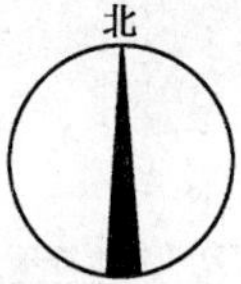

图 2-13 指北针

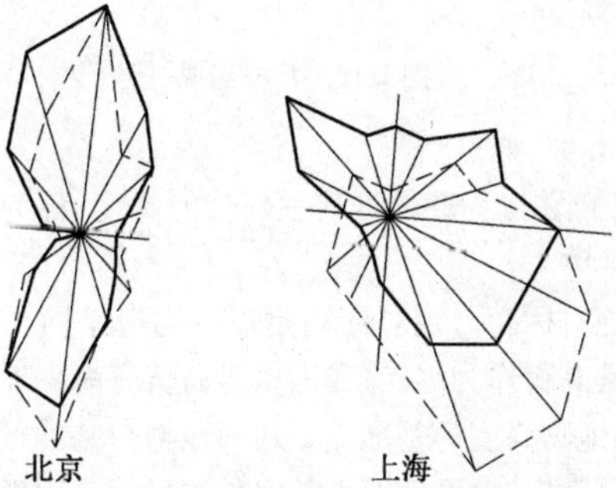

图 2-14 风向频率玫瑰图

2.3.1.8 尺寸标注

尺寸标注包括尺寸界线、尺寸线、尺寸起止符号和尺寸数字。尺寸起止符号用45°短斜线标志，尺寸数字写在尺寸起止符号之间，用来表示这一段尺寸的大小。施工图上的尺寸数字，除了标高以 m 为单位标注外，其余一律以 mm 为单位标注。图 2-15 为尺寸组成图。

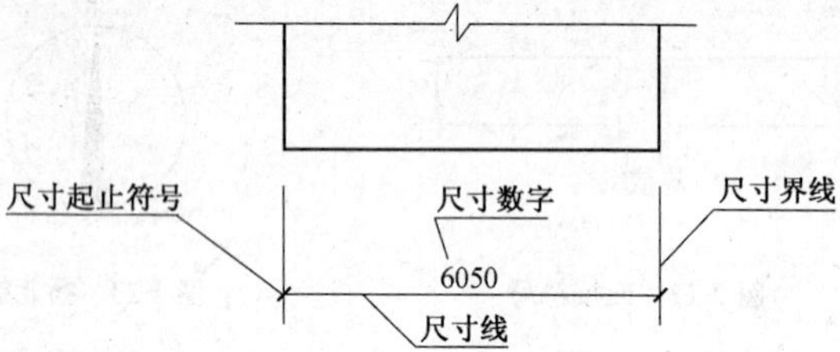

图 2-15　尺寸组成

2.3.1.9　标高

在施工图上还要标明某一部分的高度，称为标高。标高分为：

(1)绝对标高。绝对标高是以平均海平面作为大地水准面，将其高程作为零点(我国以青岛黄海海平面为基准)，计算地面地物高度的基准点。地面地物与基准点的高度差称为绝对标高。总平面图上的室外绝对标高用黑色三角形表示，如▼35.30 表示该处的绝对标高为 35.30m。

(2)相对标高。相对标高亦称建筑标高，是以所建房屋的首层室内地面的高度作为零点(写作±0.000)来计算该房屋与它的相对高差。高差的多少称为标高。比零点高的部位称为正标高，比零点低的部位称为负标高。正标高不必在数字前加“+”号；负标高要在数字前加“－”号。标高符号见图 2-16。

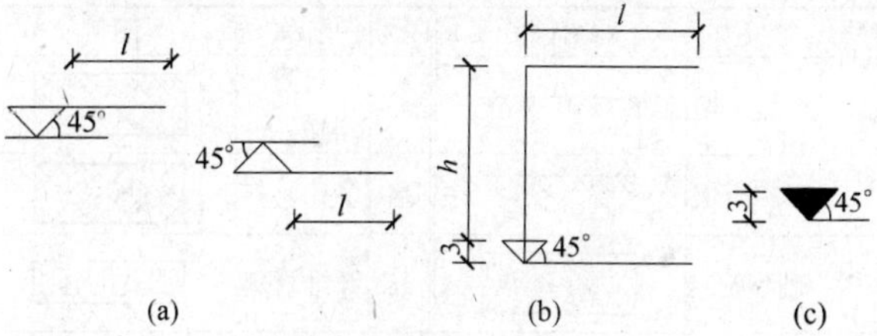

图 2-16　标高符号

2.3.1.10　定位轴线

定位轴线是用来确定房屋主要结构或构件的位置及其尺寸的。平面图上定位轴线的编号横向应用阿拉伯数字从左至右顺序编写，纵向轴线编号用大写拉丁字母，从下至上顺序编写，如图 2-17 所示。

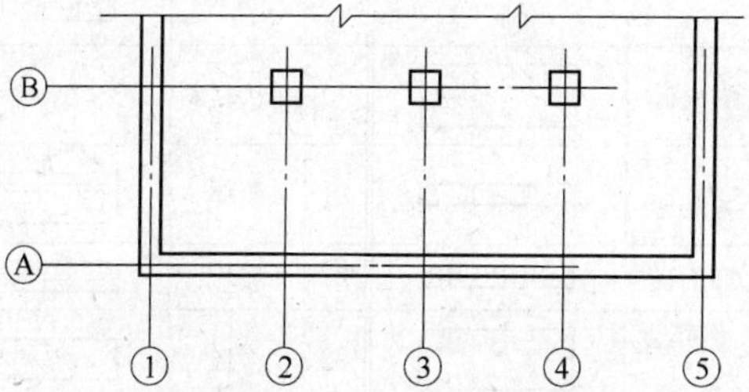

图 2-17　定位轴线的编号顺序

2.3.1.11 常用建筑材料图例

序号	名称	图例	序号	名称	图例
1	自然土壤		13	钢筋混凝土	
2	夯实土壤		14	多孔材料	
3	砂、灰土		15	纤维材料	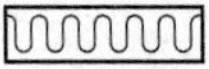
4	砂砾石、碎砖三合土	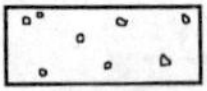	16	泡沫塑料材料	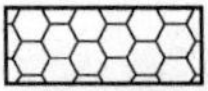
5	石材		17	木材	
6	毛石		18	石膏板	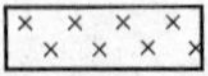
7	普通砖		19	金属	
8	耐火砖		20	网状材料	
9	空心砖		21	液体	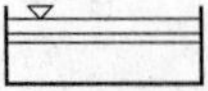
10	饰面砖		22	玻璃	
11	焦砟、矿渣	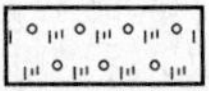	23	橡胶	
12	混凝土		24	塑料	

续表

序号	名称	图例	序号	名称	图例
25	防水材料		26	粉刷	

2.3.1.12 部分构造及配件图例

序号	名称	图例	序号	名称	图例
1	墙体		5	坡道	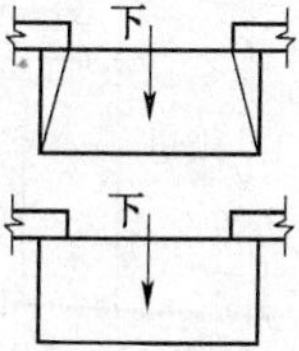
2	隔断		6	平面高差	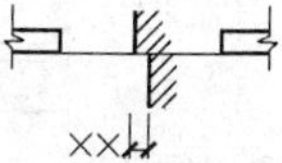
3	栏杆		7	检查孔	
4	楼梯	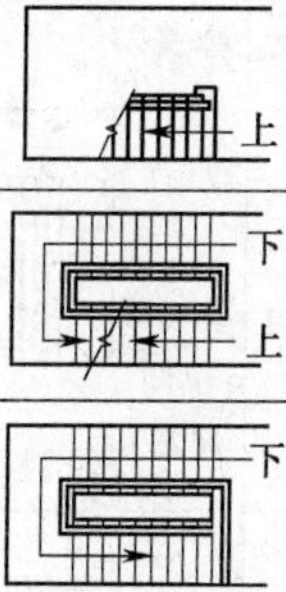	8	孔洞	
5	坡道	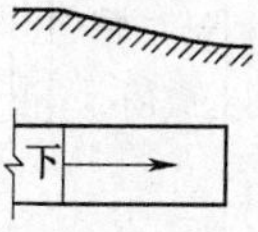	9	墙预留洞	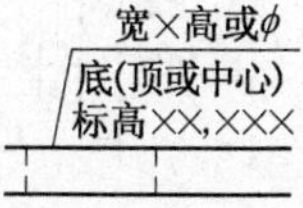

续表

序号	名称	图例	序号	名称	图例
10	墙预留槽	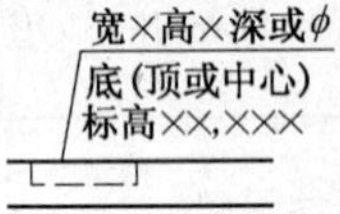	14	改建时保留的原有墙和窗	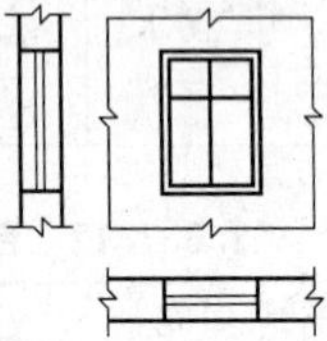
11	烟道	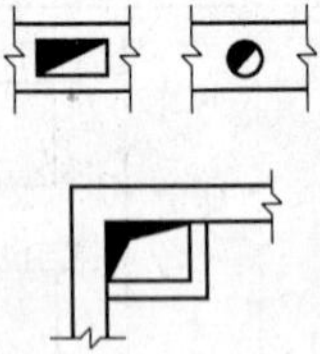	15	单扇门(包括平开或单面弹簧)	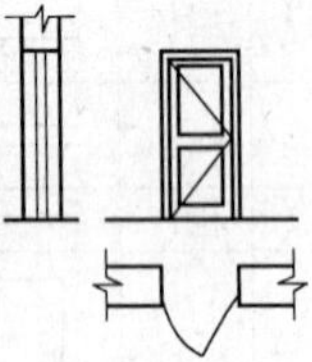
12	通风道	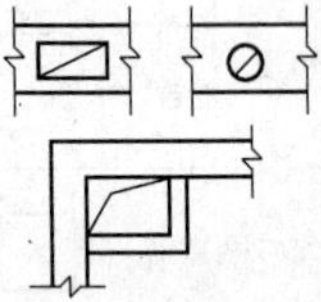	16	双扇门(包括平开或单面弹簧)	
13	新建的墙和窗	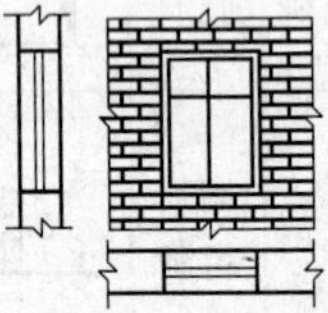	17	对开折叠门	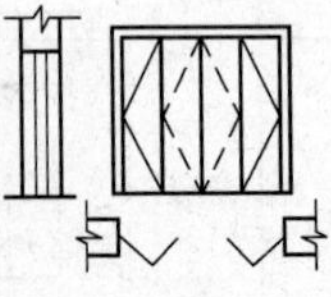

续表

序号	名称	图例	序号	名称	图例
18	推拉门	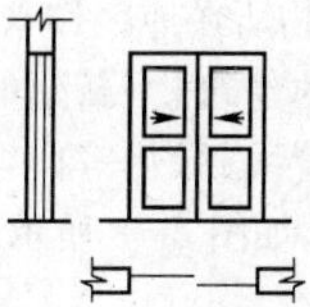	22	自动门	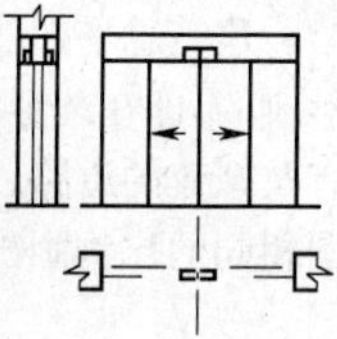
19	单扇双面弹簧门	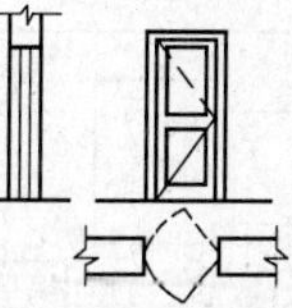	23	折叠上翻门	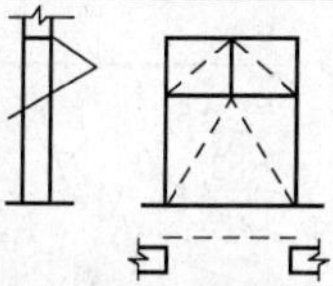
20	双扇双面弹簧门	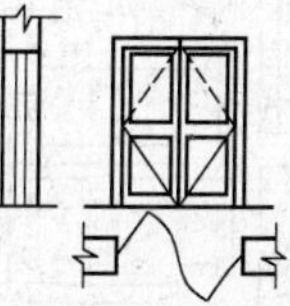	24	单层外开平开窗	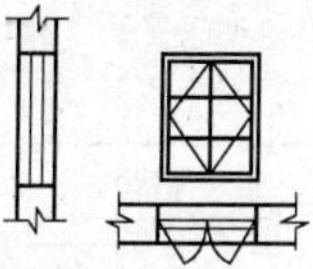
21	转门	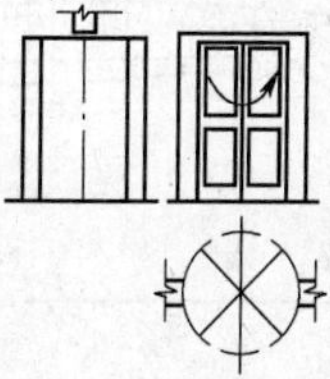	25	单层内开平开窗	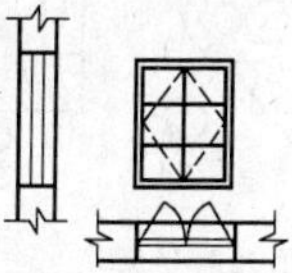
			26	双层内外开平开窗	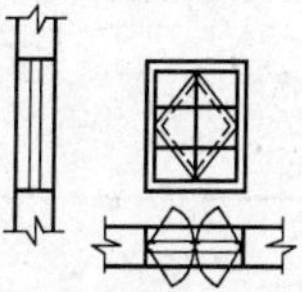

2.3.2　建筑平面图、立面图、剖面图和详图

2.3.2.1　建筑总平面图

建筑总平面图是对新建筑物所在地区作水平正投影而形成的，即在地形图上把原有的建筑物、新建的建筑物、原有及拟建的道路、地上和地下管线、绿化等内容，按与地形图相同的比例画出来的平面图，如图 2-18 所示。

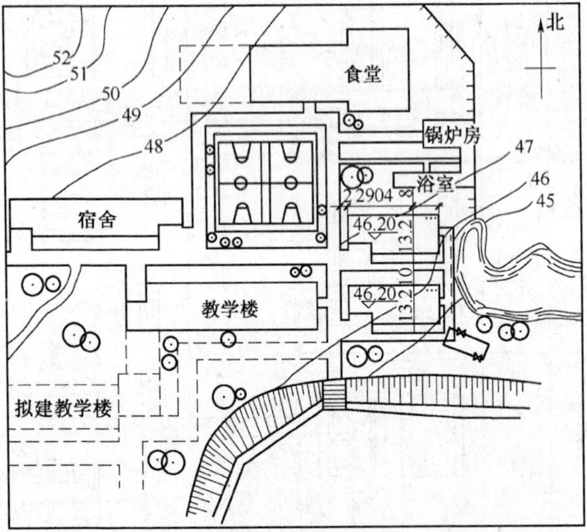

图 2-18　总平面图示意

2.3.2.2 建筑平面图、立面图

建筑平面图是假想用一个水平面，沿略高于窗台的位置剖切建筑物后将上面的部分移去，由上向下俯视所见到的剖切位置在水平面的投影图，如图2-19a中用水平面 H 剖切后得到的平面为图 2-19b。多层房屋如各层的构造不同，则各层的平面图也不同。图 2-20 是某住宅楼一层平面图。

立面图是建筑物的侧视图。它反映建筑物的立面外貌。图 2-21～图 2-24 是图 2-20 住宅楼相对应的不同方位的立面图。

2.3.2.3 剖面图和详图

剖面图是假想用一个垂直的平面将建筑物切进，移去前面一部分，对后面一部分作正投影而得到的视图。如图 2-19 中，用 V 平面切割后所得到的剖面图如图2-19c 所示，图 2-25 是图 2-20 中 1-1 剖面图。

2.3.3 读图的顺序和要领

2.3.3.1 读图的顺序

读图要按顺序，其方法一般是：由外向里看，由大到小看，由粗到细看，图样与说明对照看，建筑施工图与结构施工图对照看。

拿到图纸后，应先将目录看一遍，了解工程性质、建筑面积、设计单位、图纸的总张数等基本情况，然后按照目录检查各类图纸是否齐全。读图时，首先看总说明，了解建筑概况、技术要求，以及图面表达不清必须用文字补充说明的一些问题，然后阅图。阅图一般按目录顺序，由总平面图→

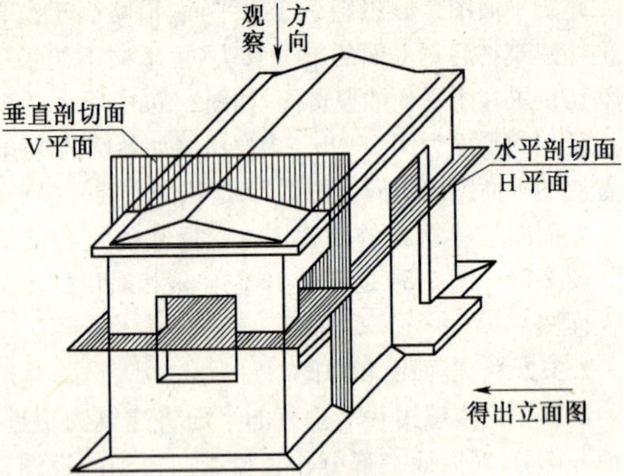

(a)剖切位置示意图

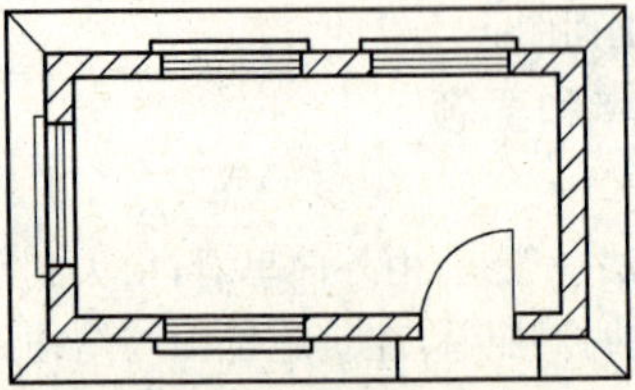

(b) H平面切出平面图

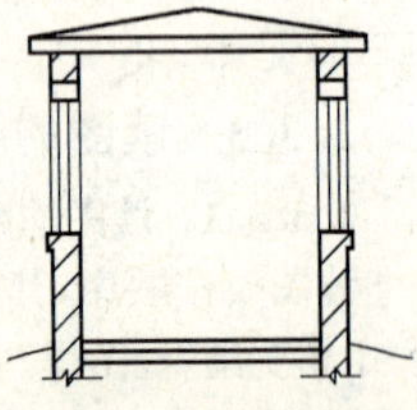

(c) V平面切出剖面图

图 2-19　剖切示意

建筑平面图→建筑立面图及剖面图→结构施工图，依次看下去。

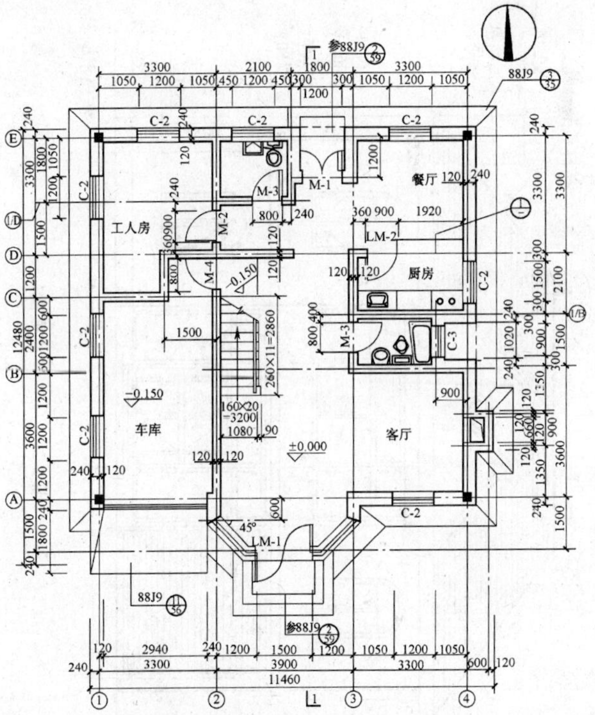

图 2-20　某住宅楼一层平面图　（1∶100）

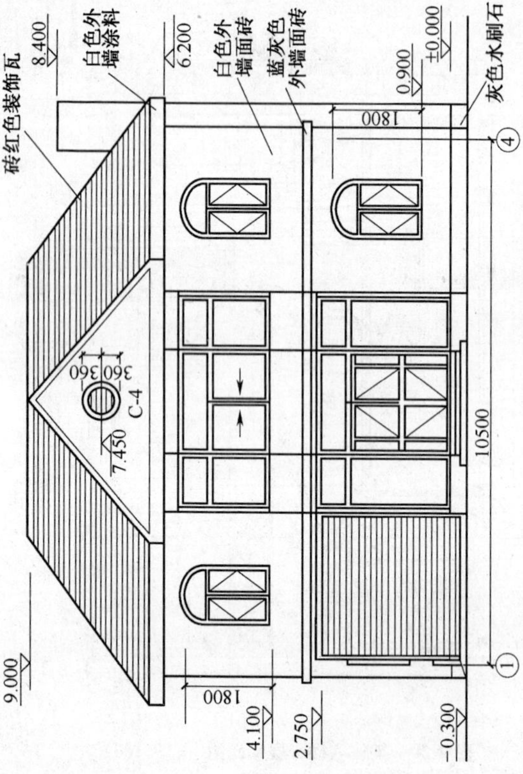

砖红色装饰瓦
8.400
白色外墙涂料
6.200
白色外墙面砖
蓝灰色外墙面砖
0.900
±0.000
灰色水刷石
1800
360
360
C-4
7.450
10500
9.000
1800
4.100
2.750
-0.300
①
④

图 2-21 ①~④立面图

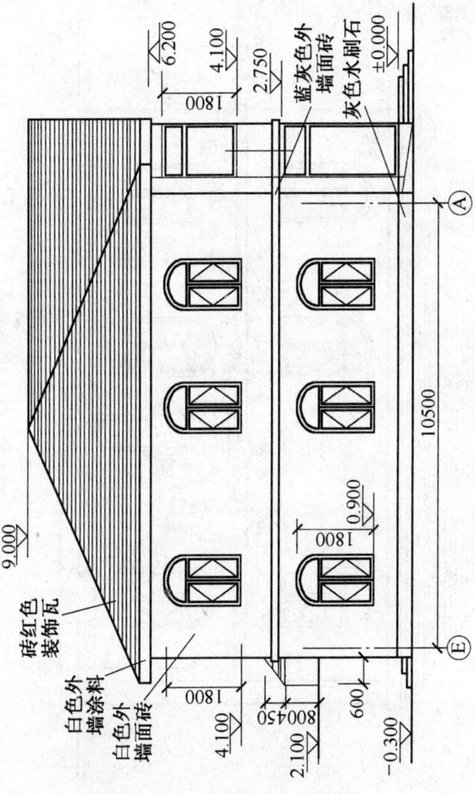

砖红色装饰瓦
白色外墙涂料
白色外墙面砖
蓝灰色外墙面砖
灰色水刷石
9.000
6.200
4.100
2.750
±0.000
0.900
2.100
4.100
−0.300
1800
1800
1800
10500
600
800
450
A
E

图 2-22 E~A 立面图

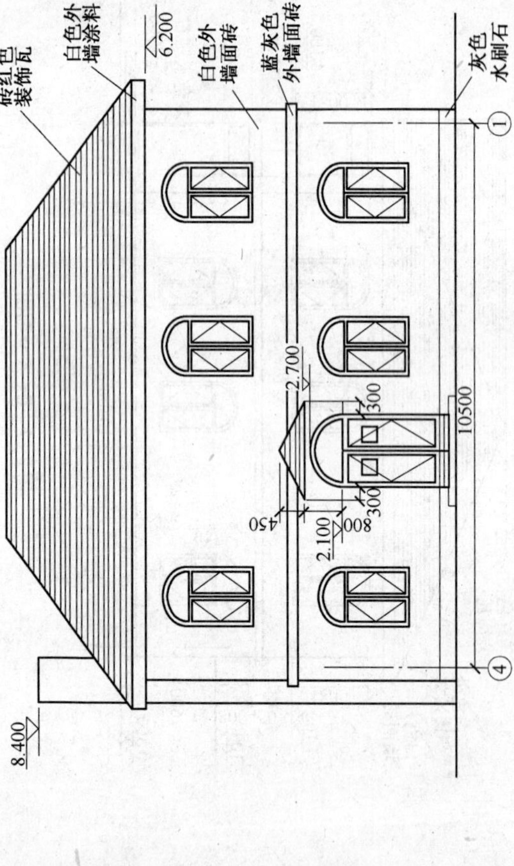

砖红色
装饰瓦
白色外
墙涂料
6.200
白色外
墙面砖
蓝灰色
外墙面砖
灰色
水刷石
2.700
300
300
800
450
2.100
10500
8.400
①
④

图 2-23　④～①立面图

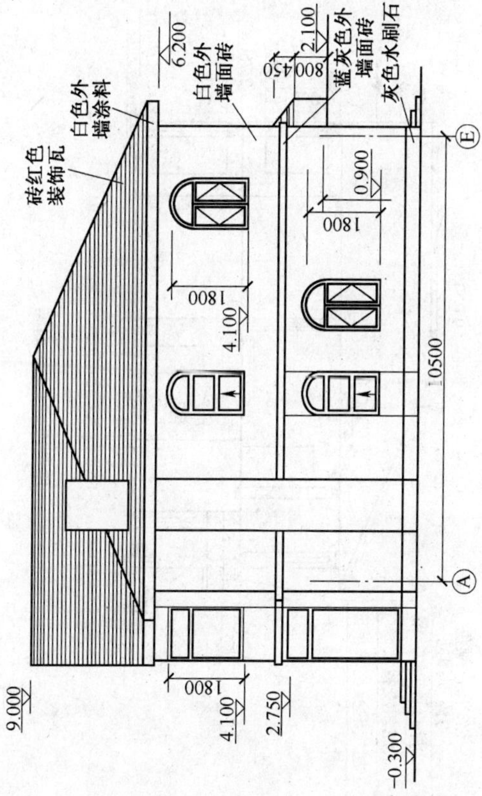

砖红色
装饰瓦
白色外
墙涂料
6.200
白色外
墙面砖
2.100
800
450
蓝灰色外
墙面砖
灰色水刷石
0.900
1800
1800
4.100
10500
9.000
1800
4.100
2.750
-0.300
A
E

图 2-24 A～E 立面图

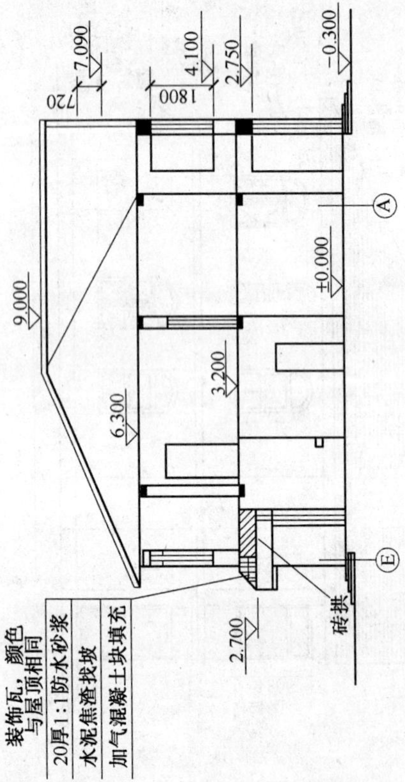

装饰瓦，颜色
与屋顶相同
20厚1:1防水砂浆
水泥焦渣找坡
加气混凝土块填充
砖拱
9.000
7.090
720
4.100
1800
2.750
-0.300
6.300
3.200
±0.000
2.700
A
E

图 2-25　1-1剖面图

2.3.3.2 读图的要领

(1)阅图时注意“四先四后”。

a. 先建筑后结构:先看建筑图,然后将建筑图与结构图对照看,以核对轴线、标高、尺寸是否一致。

b. 先粗后细:先看平面图、立面图和剖面图,对整个工程的概况有一个大体的了解,对工程的总长度、轴线尺寸、标高有一个总体的印象;后看细部做法,核对总尺寸与细部尺寸、位置、标高是否相符;各种表中的规格、数据与图中相应的规格、数据是否一致。

c. 先小后大:看细部做法时,先看小样后看大样。核对平面、立面和剖面图中标准的细部做法与大样图中的编号、尺寸、做法、形式是否相符,大样图是否齐全,所采用的标准构配件图集编号、类型与本设计是否相符,有无遗漏之处。

d. 先一般后特殊:先看一般的部位和要求,后看特殊的部位和要求。

(2)读图时要做到“三个结合”。

a. 图纸与说明相结合:读图时,要把设计总说明与图中细部说明结合起来看,注意图纸和说明有无矛盾,内容是否齐全,规定是否明确,要求是否具体。

b. 土建与安装相结合:在熟悉土建施工图以后,也要结合看设备安装图,了解各种预埋件、预留孔洞的位置、尺寸是否相符,施工中如何配合等。

c. 图纸要求与实际情况相结合:在看图时,要注意图纸与现场的实际情况是否相符,例如,相对位置、场地标高、地质情况、地下水位及地下管线的情况。

2.3.4 设计总说明及总平面图的识读

设计总说明是建筑施工图首页的主要内容，它主要包括工程概况与设计标准、结构特征、结构做法等。总平面图是表示新建房屋及其周围总体情况的平面图，阅读时要注意以下几点：

(1)熟悉总平面图的比例、图例及文字说明，总平面图尺寸一律以 m 为计算单位。

(2)通过图示的指北针了解建筑物的方向。

(3)了解工程性质、用地范围、地形地物及周围环境情况，以便看出场地平整工作量与要求，需拆迁的房屋数量等。

(4)了解新建房屋的位置关系及外围尺寸，注意底层室内地坪标高与等高线标高的关系，从而确定排水方向并可计算土方平衡。

(5)了解道路、绿化与建筑物的关系，注意保护古树，合理安排交通疏导及工地运输。

(6)查看水、暖、电等管线的布置与走向，注意它们对施工的影响。

图 2-18 为某学校新建学生宿舍工程的总平面图的示例。从图中可以看出，新建宿舍位于已建浴室以南、教学楼以东。西有篮球场，东有一池塘。由等高线可以看出该地势西北高，东南低。图中还反映出其他诸如拟拆迁房屋、围墙、水沟、护坡、挡土墙、道路、绿化区等情况。

2.3.5 建筑平面图的识读

建筑平面图是基本的建筑施工图，它反映出：房屋的平面形状、大小和布置；墙、柱的位置、尺寸和材料；门窗的类型及位置等。

2.3.5.1 建筑平面图识读要领

(1)按照由外向内、由大到小、由粗到细的阅图原则，首先了解平面图的总长、总宽、房间的功能及布置方式。然后了解纵、横轴线间的尺寸，查看承重墙及非承重墙的位置、厚度与材料。

(2)查看门窗洞口尺寸、编号，并与门窗表核对。注意楼梯出入口的位置及尺寸等。

(3)了解室内外设备及设施的位置、尺寸。

(4)核对各种平面尺寸及标高有无错误。

(5)核对从平面图中引出的详图或标准图有无错误。

2.3.5.2 建筑平面图识读示例

以图 2-20 为例说明识读的具体内容：

(1)从图名可以得知该建筑为某小型住宅楼的一层平面图，比例为 1∶100。

(2)从图中指北针可知房屋的主要出入口在南侧。

(3)房屋的总长为 11.46m，总宽为 12.48m。横向有 4 道轴线，纵向有 5 道轴线。

(4)建筑物的平面形状为矩形，在主要出入口处向南突出 1.5m。

(5)从主要出入口进入门厅，再进入各房间，为水平交通；垂直交通是设置在门厅西侧的楼梯，可由此上二楼，楼梯的走向用箭头指明，被剖切的楼梯段用45°折断线表示。

(6)表明建筑物的各个房间的布置。包括客厅、餐厅、厨房、卫生间(两处)、工人房、车库。

(7)门窗的代号标注在图中，其中门的代号有M-1、M-2、M-3……等，窗的代号有C-2、C-3；门窗洞口的尺寸，详见平面图外部尺寸中最里面一道尺寸及内部局部尺寸；门窗的数量、类型及开启方向，应当与门窗明细表对照阅读。

(8)房间内有关设备的布置。厨房间有洗涤池、灶台及操作台，卫生间有洗脸盆、坐便器及浴盆(北侧卫生间无浴盆)。

(9)房屋的外墙厚360mm，内墙厚240mm。

(10)室内主要地面标高为±0.000，车库地面标高为－0.150。

(11)平面图中有一个剖切符号，在②～③轴线之间，通过南侧大门入口穿过门厅、北侧小门，剖切后向右侧作投影，剖面图编号为1-1。

(12)在南侧主要出入口及北侧小门外台阶处，以及车库坡道、室外散水等处均有详图索引符号，表示这些地方另用详图表示。

2.3.6 建筑立面图和建筑剖面图的识读

2.3.6.1 建筑立面图的识读

图2-21～图2-24为图2-20二层小型住宅的立面图。通览全图可知道这是房间四个立面的投影，分别用首尾轴

线编号标注立面图的名称，亦可把它们分别称为房屋的正立面、左侧立面、背立面、右侧立面图，或南立面、西立面、北立面、东立面图。

现以图 2-21 为例，识读如下：

(1)该立面朝南，为建筑物的主要立面，两端轴线编号为①、④，主要出入口位于该立面的中部；对照平面图可知，该立面不是处于一个平面上。

(2)从该立面图可看出门窗的布置形式以及它们的开启方向，并可与平面图对照得知它们的编号。

(3)从标高可知建筑物总高度为 9.00m，室外地坪低于室内地面 0.30m，设三步台阶。还可知其余部位标高及有关高度尺寸。

(4)从图中可知屋顶为四坡形式，主要出入口门头上部为两坡屋面。

(5)立面图中还注明了外墙面及屋顶的装修做法：墙面贴白色外墙面砖，腰线为蓝灰色，檐口刷白色外墙涂料，屋顶为砖红色黏土装饰瓦，勒角是灰色水刷石。

2.3.6.2 建筑剖面图识读示例

以某住宅的 1-1 剖面图(图 2-25)为例，说明识读建筑剖面图的基本内容：

(1)由剖面图的图名 1-1 和两端定位轴线Ⓔ～Ⓐ，去查找一层平面图(图 2-20)，可知该剖面图是从建筑物中部南侧主要出入口到北侧次要出入口做横向剖切后，向东侧投影所得。

(2)房屋竖向分为两层，从图中可看到一层的客厅、餐厅、卫生间的门和南北两个出入口及室外台阶，还可看到二层主卧室及北侧卧室的门和壁柜。

(3)一层地面标高为±0.000，二层楼面标高为3.200，顶层结构顶面标高为6.300，室外地坪标高为−0.300。并可知其余部位标高及有关高度尺寸。

(4)从1-1剖面图中可看到该房屋为坡屋顶，并注有北侧出入口门头屋面做法。

2.3.7 建筑结构图的识读

结构施工图是建筑工程施工的依据，也是编制预算和施工组织的依据。它主要表达结构设计的内容，表示建筑物各承重构件的布置、形状、尺寸、材料、构造及其连接方法，同时反映出建筑、暖通、给排水、电气等对结构的要求。结构施工图包括结构设计说明、结构平面图、构件详图。

2.4 房屋建筑的主要构造

2.4.1 民用建筑的分类

项目	内容
按建筑的使用功能分类	(1)居住建筑。如住宅、公寓、宿舍等 (2)公共建筑。如办公楼、学校、医院、商店、剧院与电影院、体育场馆、展览馆、通信建筑、园林建筑、纪念建筑等

续表

项 目	内 容
按主要承重结构的材料分类	(1)砖木建筑。如砖、石墙砌体,木楼板、木屋盖的建筑等 (2)砖混结构建筑。如砖、石、砌块等砌筑墙体,钢筋混凝土楼板、钢筋混凝土屋顶的多层建筑 (3)钢筋混凝土结构建筑。如房屋的梁、柱、楼地面、屋面板均采用钢筋混凝土制作,墙用砖或其他材料制作的建筑 (4)钢结构建筑。如房屋的梁、柱、屋架等承重构件全部采用钢材制作的建筑 (5)其他结构建筑。包括生土建筑、塑料建筑、充气塑料建筑等
按结构的承重方式分类	(1)墙承重结构。是用墙体承受楼板及屋顶结构传来的全部荷载的建筑 (2)框架结构。是用柱和梁组成的框架来承受房屋的全部荷载的建筑 (3)半框架结构。如外部结构采用墙体承重,内部结构采用梁、柱等构件承重,或底层为框架结构,上部为墙承重结构的建筑 (4)空间结构。如用空间构架或结构承受荷载的大空间建筑
按地上层数或高度分类	(1)1～3层为低层住宅;4～6层为多层住宅;7～9层为中高层住宅;10层及10层以上为高层住宅 (2)住宅以外的民用建筑高度不大于24m者为单层和多层建筑,大于24m者为高层建筑 (3)建筑高度大于100m的民用建筑为超高层建筑

2.4.2 民用建筑的分级

2.4.2.1 按设计使用年限分级

类别	适用建筑物范围	设计使用年限(年)
1	临时性建筑	5
2	易于替换结构构件的建筑	25
3	普通建筑和构筑物	50
4	纪念性建筑和特别重要的建筑	100

2.4.2.2 建筑物构件的燃烧性能和耐火极限分级

构件名称		耐火等级			
		一级	二级	三级	四级
墙	防火墙	非燃体 4.00	非燃体 4.00	非燃体 4.00	非燃体 4.00
	承重墙、楼梯间、电梯井的墙	非燃体 3.00	非燃体 2.50	非燃体 2.50	难燃体 0.50
	非承重外墙、疏散走道两侧的隔墙	非燃体 1.00	非燃体 1.00	非燃体 0.50	难燃体 0.50
	房间隔墙	非燃体 0.75	非燃体 0.50	难燃体 0.50	难燃体 0.50
柱	支承多层的柱	非燃体 3.00	非燃体 2.50	非燃体 2.50	难燃体 0.50
	支承单层的柱	非燃体 2.50	非燃体 2.00	非燃体 2.00	燃烧体

续表

构件名称	耐火等级			
	一级	二级	三级	四级
梁	非燃体 2.00	非燃体 1.50	非燃体 1.00	难燃体 0.50
楼板	非燃体 1.50	非燃体 1.00	非燃体 0.50	难燃体 0.25
屋顶承重构件	非燃体 1.50	非燃体 0.50	燃烧体	燃烧体
疏散楼梯	非燃体 1.50	非燃体 1.00	非燃体 1.00	燃烧体
吊顶(包括吊顶格栅)	非燃体 0.25	难燃体 0.25	难燃体 0.15	燃烧体

注:上表引自《建筑设计防火规范》,表中数据为耐火极限(小时)。

2.4.3 民用建筑的构造组成

一般建筑物都由许多部分组成,这些组成部分称为构件。一般民用建筑是由基础、墙和柱、楼层和地层、楼梯、屋顶、门窗等基本构件组成,如图 2-26 所示。

2.4.4 基础构造

基础是建筑物埋在地面以下的承重构件,是建筑物的重要组成部分,它的作用是承受上部建筑物传递下来的全部荷载,并将这些荷载连同自重传给下面的地基。基础应

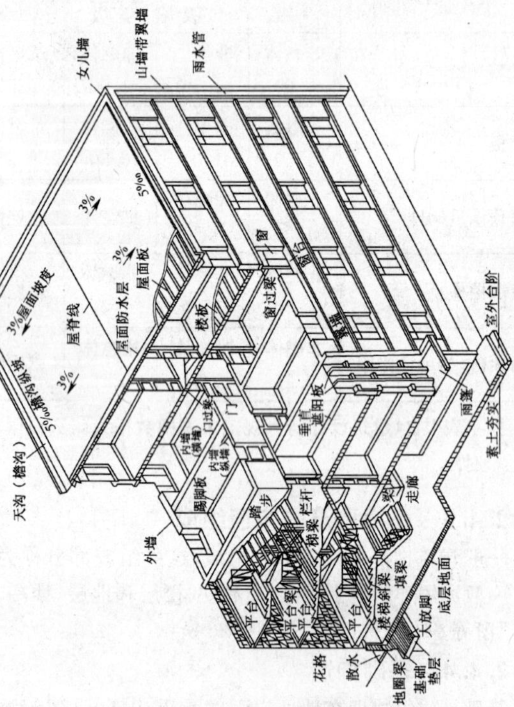

图 2-26　某学生宿舍各组成部分示意图

有足够的强度、刚度和耐久性，并做到技术合理，节约材料，以降低工程造价。

2.4.4.1 基础的类型

基础的类型按不同的角度有不同的分类，按构造的形式分为条形基础(图 2-27)、独立基础(图 2-28)、筏式基础(图 2-29)、板式基础(图 2-30)、箱形基础(图 2-31)、桩基础(图 2-32)等。

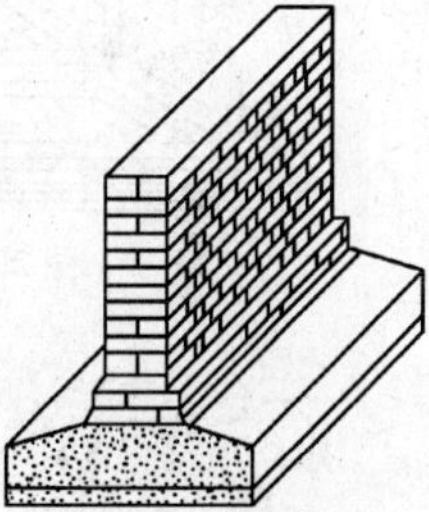

图 2-27 条形基础

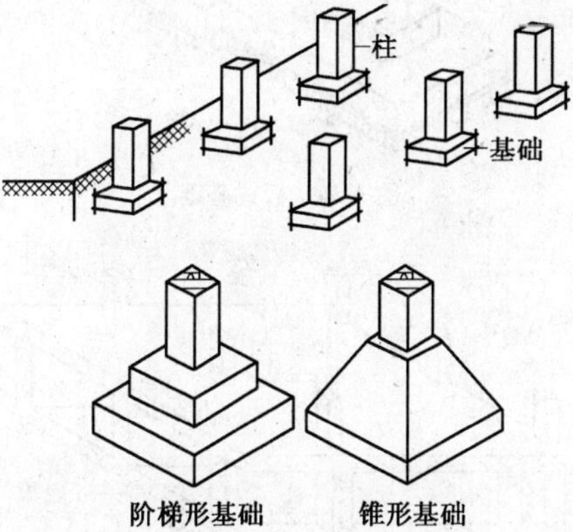

图 2-28 独立基础

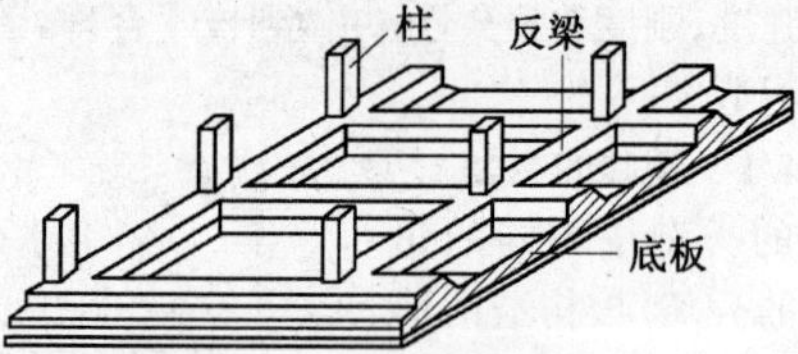

图 2-29　筏式基础

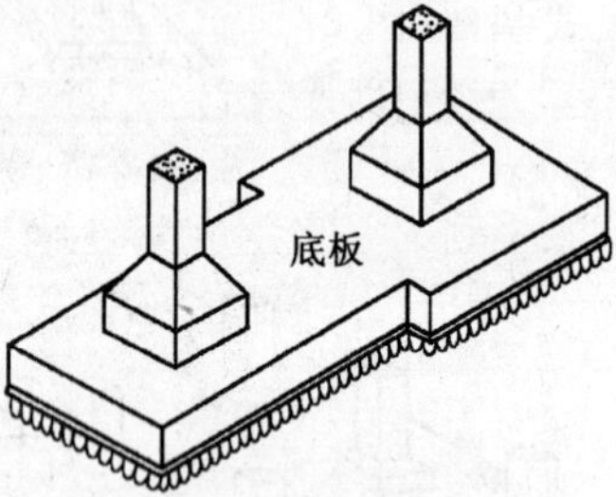

图 2-30　板式基础

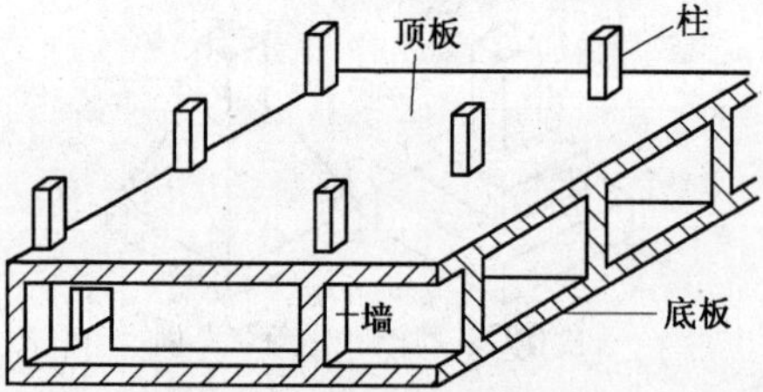

图 2-31　箱式基础

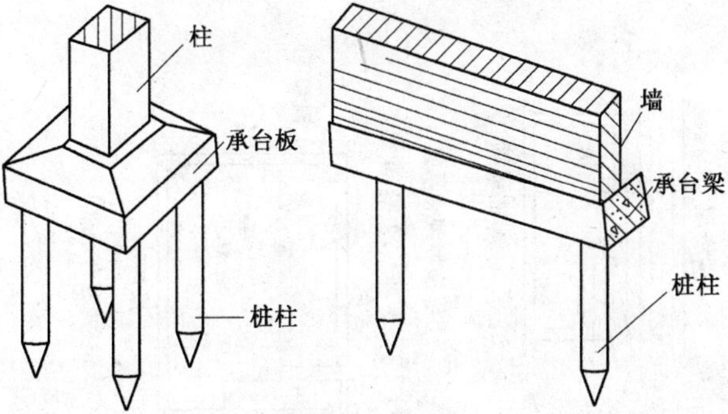

图 2-32 桩基础

2.4.4.2 基础的埋深

基础的埋深是指从室外设计地坪至基础底面的垂直距离。基础埋深的大小对建筑物的坚固、安全使用、耐久性、工程成本、工期、材料消耗等影响较大，应根据荷载的大小、地基情况、地下水位的高低、相邻建筑物基础埋深等因素确定。

2.4.5 墙体

2.4.5.1 墙体的作用

墙体用来承受由屋顶、楼板、大梁等构件传来的竖向荷载和风力、地震力等水平荷载。它包括承重内墙和承重外墙，承重外墙还具有围护作用，承重内墙还具有分隔作用。

2.4.5.2 墙体的承重形式

墙体的承重形式分为横墙承重(图 2-33a)、纵墙承重(图 2-33b)、纵横墙混合承重(图 2-33c、d)和墙与柱混合承重(图 2-33e)等形式，应根据需求由设计确定。

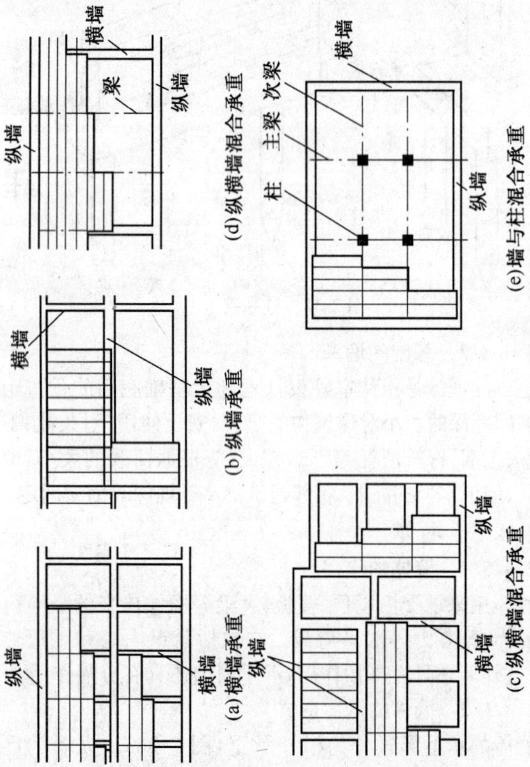

图 2-33　墙体的承重形式

2.4.5.3 墙体的细部构造

墙体的细部构造包括勒脚、窗台、过梁、钢筋混凝土圈梁和构造柱、变形缝、挑檐(或女儿墙)以及烟道、通风道和垃圾道等构件。各构件所在位置如图 2-34 所示。

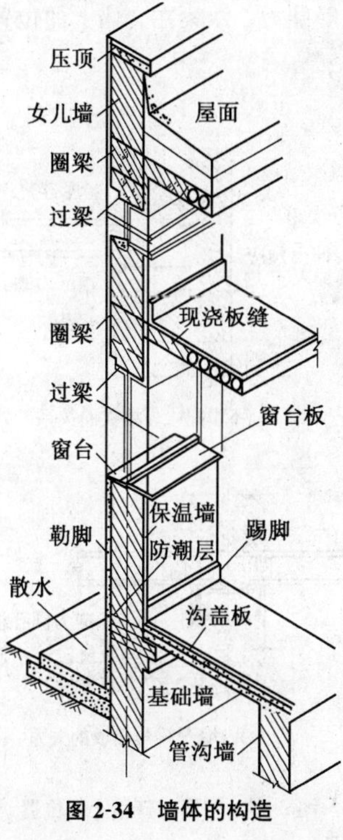

图 2-34 墙体的构造

2.4.5.4　墙体的抗震措施

常见砖砌房屋的墙体的抗震措施主要有圈梁和构造柱。圈梁是在墙身上设置的水平连续封闭梁，其作用是加强整个建筑物的整体性和刚度，抵抗房屋的不均匀沉降，提高建筑物的抗震能力。圈梁在砖墙上的位置如图 2-35 所示。

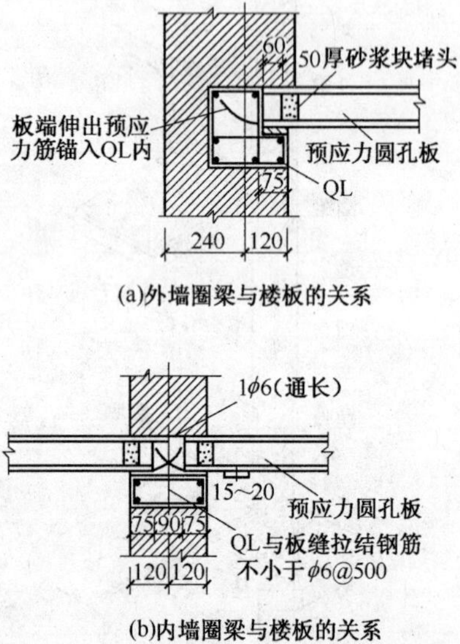

图 2-35　圈梁在砖墙上的位置

构造柱是竖直构件，它们共同组成一个骨架，来提高房屋的刚性和刚度，增加建筑物的抗震能力，所以圈梁和构造柱是密不可分的一对构件。

为了使构造柱和墙身融为一体，砌墙时要砌成五进五退的马牙槎，退进 60mm，同时要沿墙高每隔 500mm（约八皮砖）设置 2 根直径 6mm 的拉结钢筋，该拉结钢筋每边伸入墙内不得小于 1000mm 构造柱无需做单独基础，但它必须牢固地锚入墙基础内，如图 2-36 所示。

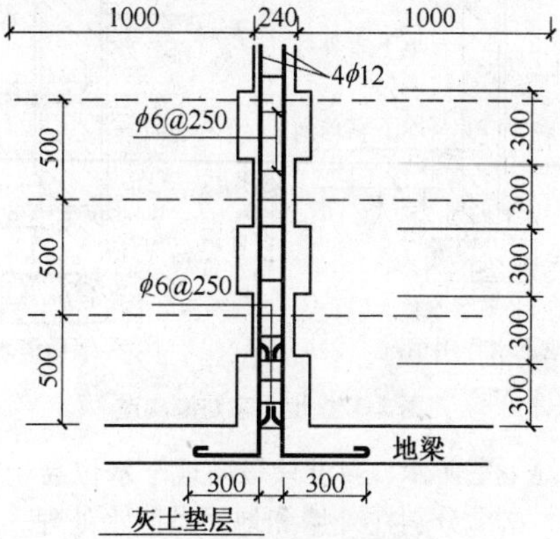

图 2-36 构造柱的生根位置

2.4.6 砌体结构的屋顶构造

砌体结构的屋顶主要分为平屋顶和坡屋顶两种形式。平屋顶多采用钢筋混凝土屋面板封顶，并做防水层，坡屋顶主要采用屋架上挂各种瓦防雨的做法。

2.4.7 防水构造

2.4.7.1 基础与地下室

(1)地下室防潮。当设计最高地下水位低于地下室底板标高又无形成滞水可能时,一般可采用图 2-37 所示的防潮构造。

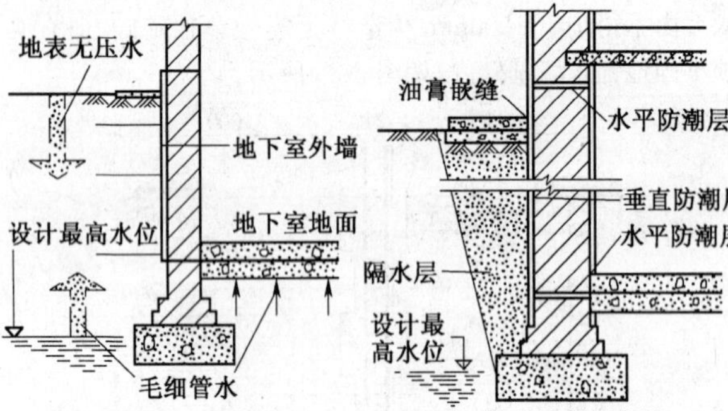

(a) 地下水作用情况 (b) 外墙做隔水层

图 2-37 地下室防潮构造

(2)地下室防水。当设计最高地下水位高于地下室地面标高时,必须分别在外墙和地面做防水处理。这种处理构造分为柔性和刚性两大类。柔性防水层可以做在迎水面一边,称为内防水;也可以做在背水面一边,称为外防水,如图 2-38 所示。刚性防水层一般采用防水混凝土(掺入化学外加剂),如图 2-39 所示。重要地下工程往往采用刚、柔结合的复合防水方法。

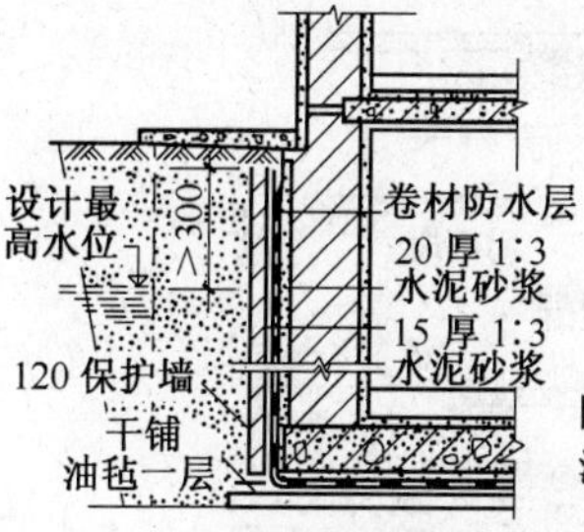

(a) 外包防水

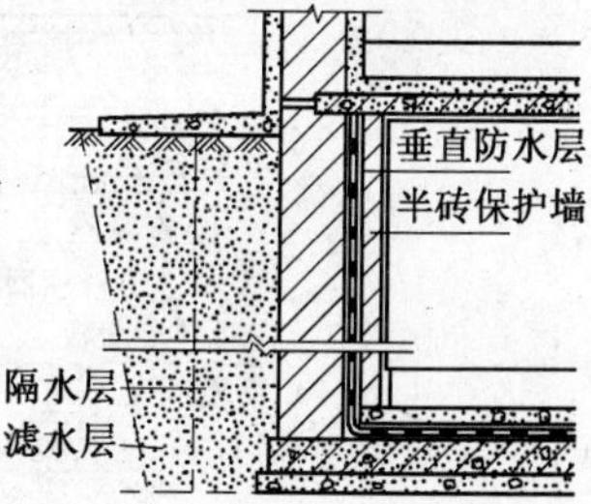

(b) 内包防水

图 2-38 地下室柔性防水构造

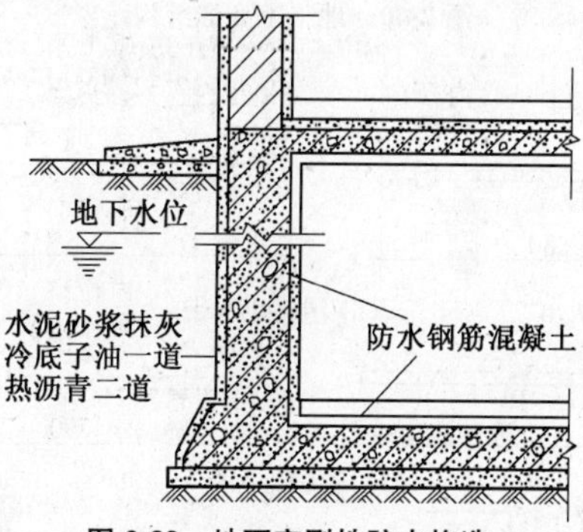

图 2-39 地下室刚性防水构造

(3)地下室变形缝防水。地下室变形缝防水构造分为内埋式与可卸式两种(图 2-40),其止水带的材料种类有图 2-41 所示的塑料、橡胶和金属三种。

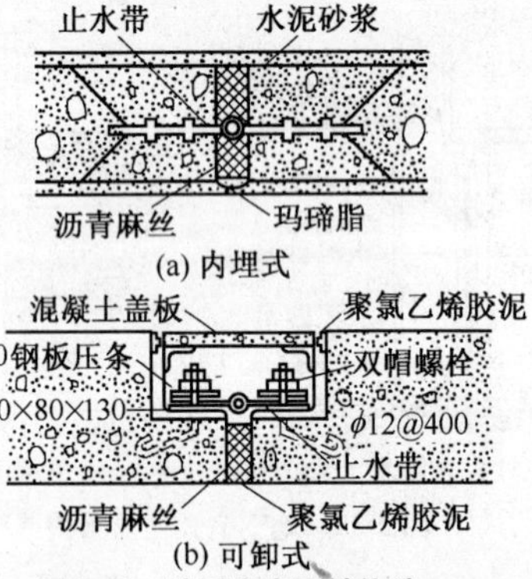

图 2-40　地下室变形缝构造

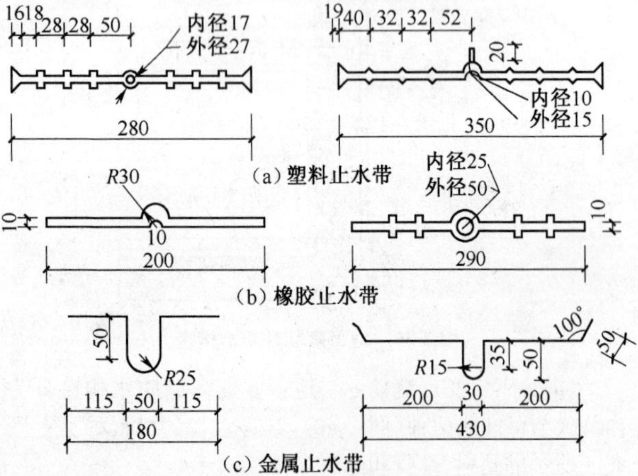

图 2-41　止水带种类

(4)穿墙管。上下水管、煤气管、暖气热水管和动力电缆等穿过地下室防水层时,如处理不当极易造成渗漏,图 2-42 是常用的穿墙管防水构造。

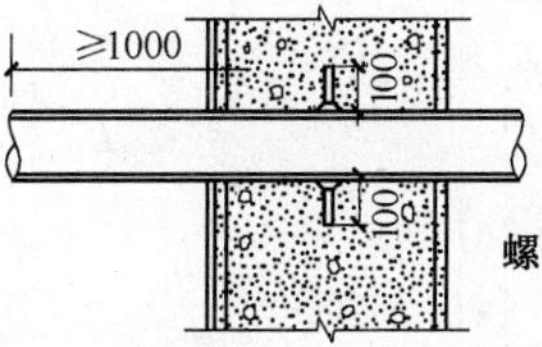

(a) 防水混凝土穿墙管的位置

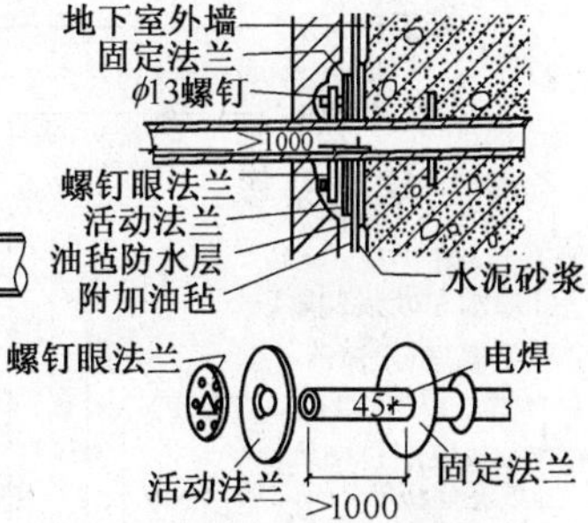

(b) 柔性防水穿墙管的做法

图 2-42 穿墙管防水构造

2.4.7.2 预制外墙板

在装配式大板建筑及外板内浇大模板建筑中,两外墙之间用现浇组合柱连接,上下层外墙板之间通过键槽内的钢筋焊接并浇筑混凝土形成一个整体,缝内均填充有防水材料以防雨水侵入屋内。

2.4.7.3 屋面防水

(1)平屋顶的构造。根据防水构造的不同,平屋顶分为柔性防水屋顶和刚性防水屋顶。

①柔性防水屋顶的构造。根据屋顶上人和不上人、有无隔汽、隔热保温要求等来确定屋顶的构造层次。图 2-43 所示的是材料找坡、保温、不上人卷材防水屋面的构造,图

2-44 所示的是结构找坡、有隔热层、隔汽层、卷材防水层、架空保护层屋面的构造。

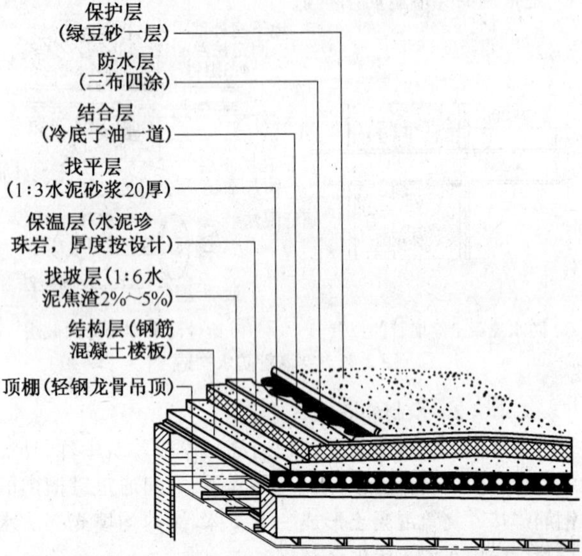

图 2-43 材料找坡、保温、不上人卷材防水屋面

②刚性防水屋面的构造。图 2-45 所示的为刚性防水屋面分仓缝的布置和做法。

(2)坡屋面的构造。坡屋顶的屋面构造根据瓦的不同可以分为平瓦屋面、波形瓦屋面、钢筋混凝土瓦屋面等。平瓦屋面有冷摊瓦屋面、木望板平瓦屋面、钢筋混凝土挂瓦板

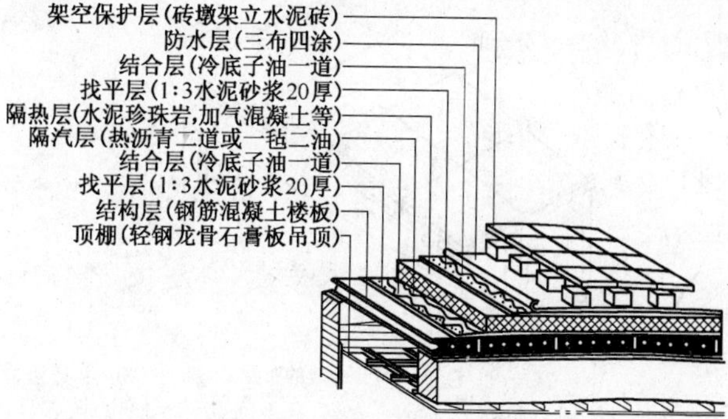

图 2-44　结构找坡、有隔热层、隔汽层、卷材防水层、架空保护层屋面

平瓦屋面等三种做法。

①平瓦屋面构造。冷摊瓦屋面是在木檩条上钉挂瓦条,将瓦挂在挂瓦条上,如图 2-46a 所示。木望板平瓦屋面的做法如图 2-46b 所示,在檩条上密铺或稀铺 15～20mm 厚的木望板,在望板上平行屋脊的方向干铺一层油毡,在油毡上顺着流水的方向钉顺水条,然后在平行于屋脊方向钉挂瓦条挂瓦。

钢筋混凝土挂瓦板平瓦屋面是用预应力或非预应力钢筋混凝土挂瓦板直接搁置在横墙或屋架上,代替檩条、屋面板和挂瓦条,成为三合一的构件,如图 2-47 所示。

平瓦屋顶的檐口做法有图 2-48 所示的各种做法,要根据屋架的类型来选择。当烟囱穿过坡屋面时,首先要注意

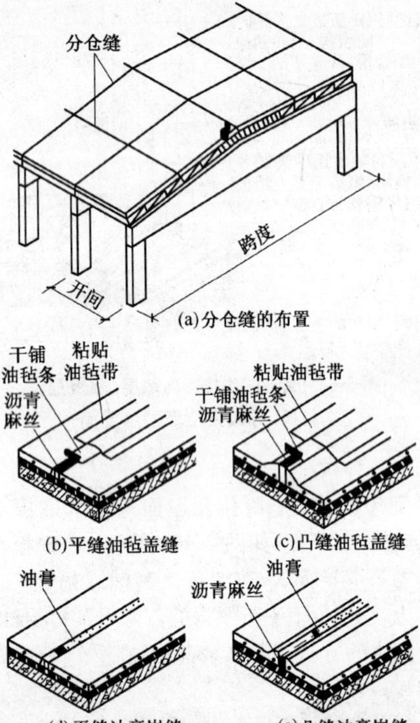

(a)分仓缝的布置

(b)平缝油毡盖缝　(c)凸缝油毡盖缝

(d)平缝油膏嵌缝　(e)凸缝油膏嵌缝

图 2-45　刚性防水屋面分仓缝的布置和做法

木构件的防火问题，按现行国家规范规定，木构件距烟囱外壁≥50mm；距烟囱内壁≥350mm。烟囱与屋面交接处的泛水做法见图 2-49 所示。

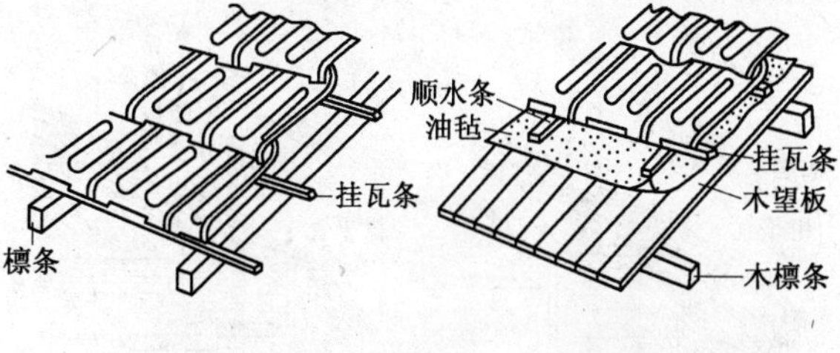

(a)冷摊瓦屋面　　(b)木望板平瓦屋面

图 2-46　木基层平瓦屋面

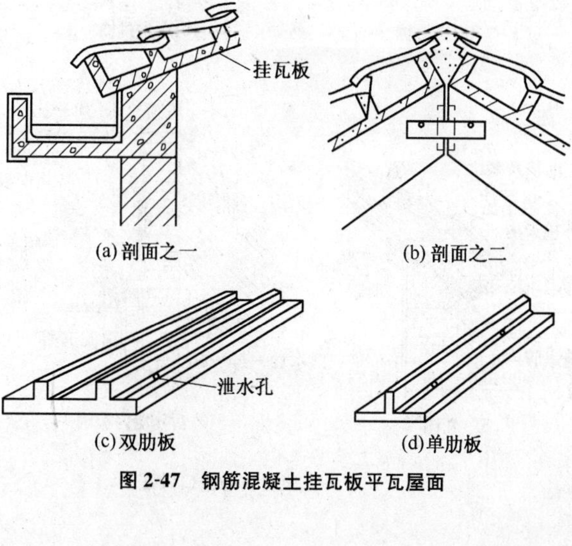

(a) 剖面之一　　(b) 剖面之二

(c) 双肋板　　(d)单肋板

图 2-47　钢筋混凝土挂瓦板平瓦屋面

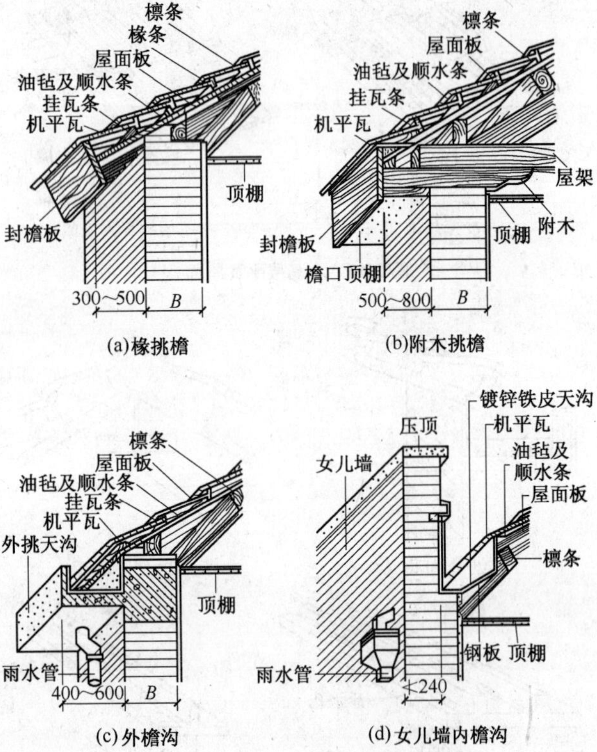

(a)椽挑檐　(b)附木挑檐　(c)外檐沟　(d)女儿墙内檐沟

图 2-48　平瓦坡屋面的檐口做法

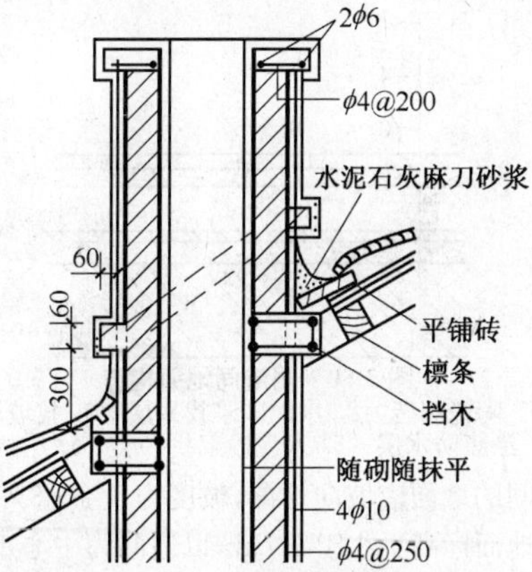

图 2-49 烟囱与屋面交接处的泛水做法

②波形瓦屋面。波形瓦可用石棉水泥、塑料、玻璃钢或金属等材料制成，常用的是石棉水泥波形瓦和镀锌薄钢板。

③钢筋混凝土瓦屋面。为了保温、防火或造型的需要，可采用钢筋混凝土瓦屋面。即将预制的钢筋混凝土空心板或现浇钢筋混凝土平板作为瓦屋面的基层，再在其上盖瓦。

2.4.7.4 厕浴间防水构造

(1)楼地面结构层与找坡层。厕浴间地面构造一般做法如图 2-50 所示。地面结构层宜选用整体现浇钢筋混凝土，如选用空心楼板时，其板缝间可用防水砂浆堵严、抹平，在缝上放置宽度为 250mm 的胎体增强材料一层，并涂刷二道防水涂料。

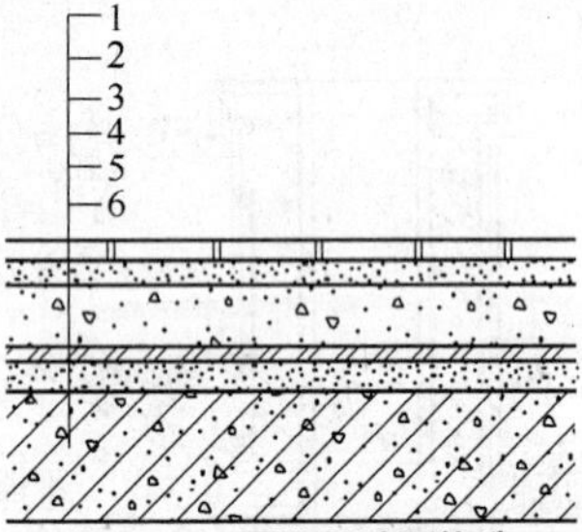

图 2-50　厕浴间地面构造

1. 陶瓷锦砖　2. 水泥砂浆找平层　3. 找坡层
4. 涂膜防水层　5. 水泥砂浆找平层　6. 结构层

厕浴间的地面应坡向地漏，坡度为 1%～3%，地漏口标高应低于地面标高不小于 20mm，以地漏为中心半径 250mm 范围内，排水坡度应为 3%～5%。厕浴间设有浴缸(盆)时，浴缸下地面坡向地漏的排水坡度也为 3%～5%。厕、浴、厨房间的地面标高应低于门外地面标高，不少于 20mm。

(2)找平层与阴阳角。找平层可用水泥砂浆找平，配合比为 1∶25～1∶3，水泥砂浆内宜掺外加剂，厚度为 20mm，抹平压光。

地面与墙面阴阳角应先做一层胎体增强材料的附加防水层，其宽度应不小于 300mm。

一般厕浴间浴缸、洗水池及大便器所示位置关系剖面图如图 2-51 所示。

(3)细部节点构造。

①管道根部。管道根部需用水泥砂浆或细石混凝土填实，并用密封材料嵌严，管道根部套管应高出地面 20mm，

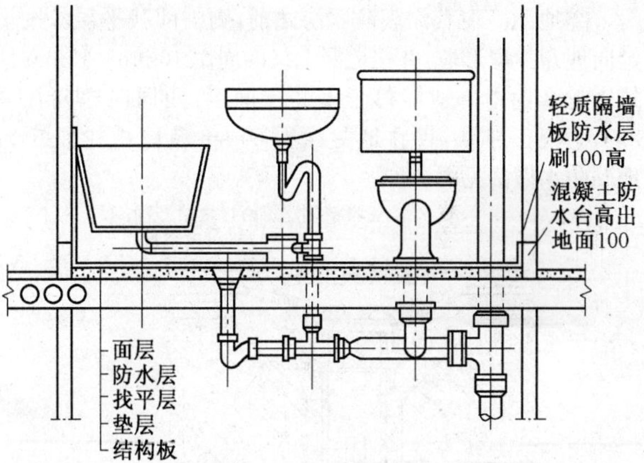

图 2-51 厕浴间剖面图

管道根部防水做法如图 2-52 所示。

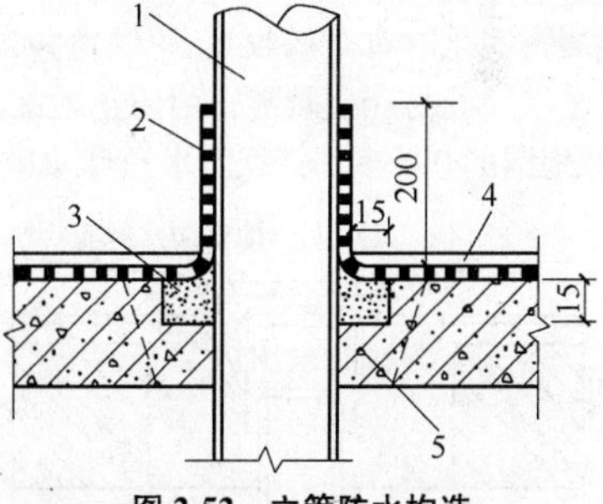

图 2-52 立管防水构造

1. 穿楼板管道 2. 涂膜防水 3. 15mm×15mm 凹槽内嵌密封材料 4. 地面面层 5. 细石混凝土灌缝

②地漏。在做涂膜防水层之前，厕浴间找平层应按规定向地漏找扇形坡，并在地漏上口四周用 10mm×15mm 建筑密封膏封严。地漏箅子安装于面层，四周向地漏找坡 2%，为便于排水，可在地漏四周 50mm 范围内找坡 5%。地漏防水做法见图 2-53。

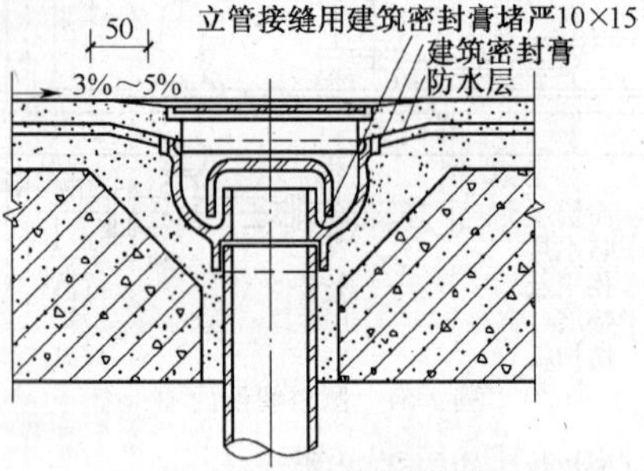

图 2-53　地漏防水构造

由于混凝土固化时有微量收缩、铸铁地漏口大底小，外表面与混凝土接触处易产生裂缝。为防止地漏四周裂缝渗水，最好在原地漏的基础上加铸铁防水托盘，如图 2-54 所示。

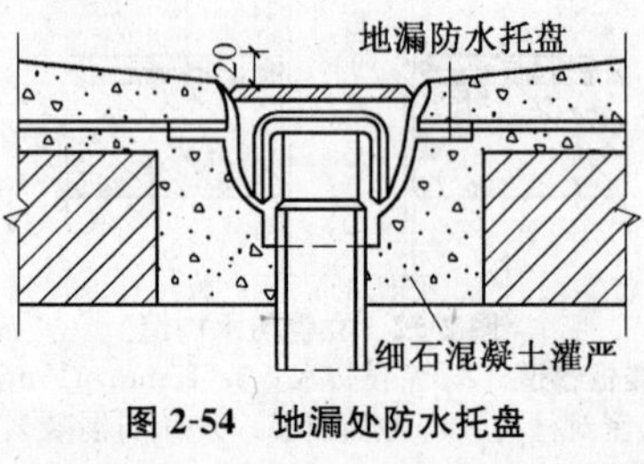

图 2-54　地漏处防水托盘

③大便器。大便器尾部进水处与管接口应用油麻丝及水泥砂浆封严，外做涂膜防水保护层，如图 2-55 所示。大便器蹲坑根部防水做法见图 2-56。

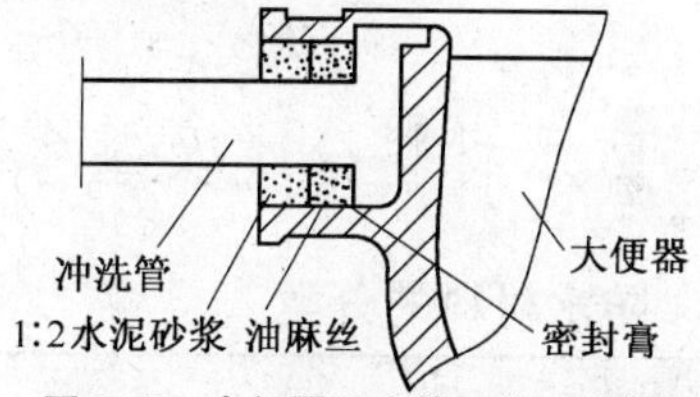

图 2-55　大便器进水管与接口连接

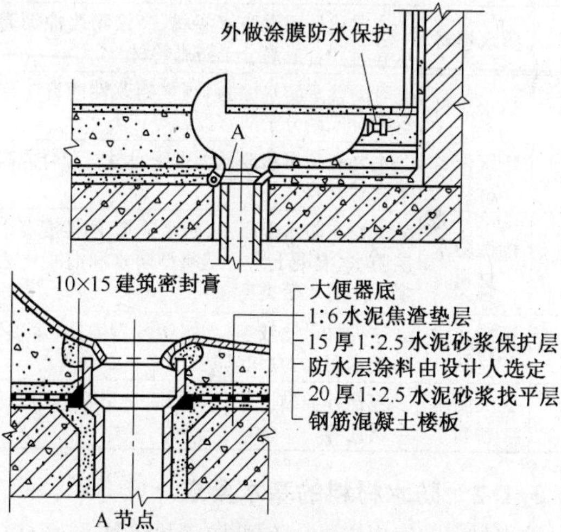

图 2-56　大便器蹲坑根部防水做法

3 常用建筑防水材料

3.1 防水材料分类及基本要求

3.1.1 防水材料的分类

序号	防水材料名称	主要产品
1	防水卷材	主要包括沥青防水卷材、高聚物改性沥青防水卷材和合成高分子防水卷材
2	防水涂料	有沥青基防水涂料、高聚物改性沥青防水涂料和合成高分子防水涂料等三类
3	建筑密封材料	主要有高聚物改性沥青密封材料和合成高分子密封材料
4	刚性防水材料	主要有防水混凝土、防水砂浆、刚性混凝土涂层防水、混凝土渗透结晶型防水和混凝土表面憎水剂防水等类型
5	堵漏止水材料	这类材料比较多，如水溶性聚氨酯、水玻璃、超细水泥、丙凝和氰凝等
6	瓦类防水材料	包括各类黏土瓦、水泥瓦、有机瓦、波形瓦和金属瓦等

3.1.2 防水材料的基本要求

防水材料的作用主要是防潮、防渗和防漏，防水材料质量的好坏直接关系到防水层的耐久年限。不同的防水材料有不同的特性与使用范围，从满足防水工程的功能需要出发，它们应满足下列基本要求：

(1)有较好的耐候性。即对光、热、臭氧等有一定的抵抗能力。

(2)有较好的抗渗透、耐化学腐蚀性。各类防水材料应具有一定的耐水压、抗水渗透并耐酸、碱的腐蚀性能。

(3)对温度、外力的适应性。要求防水材料能承受温度变化以及各种外力和基层伸缩、开裂引起的变形。

(4)具有一定的整体性。竣工后的防水层在外力的作用下，应有较高的剥离强度，形成稳固的不透水整体。为此，要求防水层之间的粘结强度高，既能保持自身牢固的粘结，又能保证防水层与基层粘结良好。

以上几点基本要求，对于不同部位的防水工程要求各有侧重，应根据防水设计和防水构造的需要，选用相应的防水材料。

3.2 沥青材料

3.2.1 沥青的种类

沥青可分为地沥青和焦油沥青两大类。地沥青又分为石油沥青和天然沥青两种。石油沥青是石油原油经提炼汽油、煤油、润滑油和柴油后的副产品，经加工处理而成。天然沥青由含沥青的砂岩提炼而成，其性质与石油沥青基本相同。焦油沥青俗称柏油，由于毒性较大，现在已很少使用。

3.2.2 国产石油沥青技术标准

品种 / 牌号 / 质量指标	道路石油沥青 SY 1661—85							建筑石油沥青 GB 494—85		普通石油沥青 SY 1665—77		
	200	180	140	100 甲	100 乙	60 甲	60 乙	30	10	75	65	55
针入度（25℃，100g,1/10mm）	201～300	161～200	121～160	90～120	81～120	51～80	41～80	25～40	18～25	75	65	55
延度（25℃，cm），不小于	—	100	100	90	60	70	40	3	1.5	2	1.5	1
软化点，不低于（℃）	30	35	35	42～50	42	45～50	45	70	95	60	80	100
溶解度（三氯甲烷，四氯化碳或苯，%）不小于	99	99	99	99	99	99	99	99.5	99.5	98	98	98
蒸发损失（160℃，5h，%），不大于	1	1	1	1	1	1	1	1	1	—	—	—
蒸发后针入度比（%），不小于	50	60	60	65	65	70	70	65	65	—	—	—
闪点（开口，℃），不低于	180	200	230	230	230	230	230	230	230	230	230	230
水分（%）不大于	0.2	0.2	0.2	0.2	0.2	痕迹	痕迹	痕迹	痕迹	痕迹	痕迹	痕迹

3.2.3 沥青的性能

(1)防水性。石油沥青属憎水性材料,几乎不溶于水,是很好的防水材料。

(2)粘结性。沥青具有很强的粘结力,可以与砂、石、金属、木材等粘结在一起。其粘结性用针入度表示,是划分沥青牌号的主要性能依据,针入度范围在5～200之间,该值越小,表明粘性越大,沥青越硬。

(3)塑性。塑性是指石油沥青在外力作用下抵抗变形的能力,是沥青性质的主要指标之一。塑性指标用延度(伸长度)表示,石油沥青的延度在1～100cm之间,该值越大,表明塑性越好,沥青的柔性和抗断裂能力越高。

(4)温度稳定性。温度稳定性是指石油沥青的黏性和塑性随温度变化而变化的性能,一般认为随温度变化而产生的黏性变化小的沥青,其温度稳定性较好。

表示温度稳定性的指标是软化点,软化点是指沥青由固体状态转变为具有一定流动性的膏体状态时的温度。石油沥青的软化点在25℃～100℃之间,软化点越高,温度稳定性越好。

(5)大气稳定性。沥青在大气中随着时间的增长,其塑性会慢慢降低,脆性增加,粘结力降低,这个过程称之为“沥青的老化”,也称沥青的大气稳定性。如沥青保管不当,其大气稳定性就受到影响,使用年限也随之降低。

(6)耐腐蚀性。石油沥青能够抵抗一般酸、碱、盐类等液体和气体的侵蚀，广泛用于各类防锈、防腐蚀处理。

3.2.4　沥青胶(沥青玛帝脂)

沥青胶是用沥青加上惰性粉状或纤维状的填充料配制而成的胶着剂。沥青胶的用途广泛，常在粘贴沥青防水卷材时作为密封材料填缝补漏，还可以当做防水、防腐蚀的涂料使用。

3.2.5　沥青的运输与贮存

沥青的运输与贮存应注意下列事项：

(1)贮运沥青时要防止品种和标号混杂，不同品种和标号的沥青应分开存放，并注意防止混入杂质。

(2)桶装沥青应立放，避免受热流淌。

(3)沥青应存放在阴凉、干净的地方，最好能放在棚子内或进行遮盖，防止曝晒和雨淋。

(4)存放时间不宜过长。

3.3　防水卷材

3.3.1　防水卷材的分类

防水卷材的分类如图 3-1 所示。

- 防水卷材
  - 沥青防水卷材
    - 石油沥青纸胎油毡
    - 石油沥青玻璃布油毡
    - 石油沥青玻璃纤维胎油毡
    - 氧化沥青铝箔面油毡
  - 高聚物改性沥青防水卷材
    - 弹性体改性沥青（SBS）防水卷材
    - 塑性体改性沥青（APP）防水卷材
    - 聚乙烯胎改性沥青防水卷材
    - 冷自粘橡胶改性沥青防水卷材
    - 其他改性沥青防水卷材
  - 合成高分子防水卷材
    - 橡胶系
      - 三元乙丙橡胶（EPDM）防水卷材
      - 丁基橡胶（IIR）防水卷材
      - 氯丁橡胶（CR）防水卷材
      - 再生橡胶防水卷材
    - 树脂系
      - 聚氯乙烯（PVC）防水卷材
      - 氯化聚乙烯（CPE）防水卷材
      - 聚乙烯（HDPE 和 LDPE）防水卷材
      - 乙烯共聚物（如 EVA）防水卷材
      - 聚合物水泥基防水卷材
    - 橡塑共混型
      - 氯化聚乙烯-橡胶共混防水卷材
      - 聚乙烯-乙丙橡胶共混（TPO）防水卷材
    - 金属卷材

图 3-1　防水卷材的分类

3.3.2 防水卷材的特点及适用范围

卷材类别	卷材名称	特点	适用范围	施工工艺
沥青防水卷材	石油沥青纸胎油毡	是常用材料，其低温柔性差，使用年限较短，但价格较低	屋面做三毡四油、二毡三油防水层	粘贴法施工
	玻璃布沥青油毡	胎体不易腐烂，抗拉强度高，材料柔性好	多用作纸胎油毡的增强附加层和突出部位的防水层	同上
	玻纤毡沥青油毡	有良好的耐水性、抗腐蚀性和耐久性，柔软性也优于纸胎油毡	常用于屋面或地下防水工程	同上
	铝箔胎油毡	有很高的阻隔蒸汽的渗透能力，防水功能好，有一定的抗拉强度	多与带孔玻纤毡配合或单独使用作隔汽层	热玛帝脂粘贴

续表

卷材类别	卷材名称	特点	适用范围	施工工艺
高聚物改性沥青防水卷材	SBS改性沥青防水卷材	耐高、低温性能有明显提高，卷材的弹性和耐疲劳性明显改善	用于单层屋面防水或复合使用	冷施工铺贴或热熔铺贴
	APP改性沥青防水卷材	具有良好的强度、延伸性、耐热性、耐紫外线照射及耐老化性能	单层铺贴，用于紫外线辐射强烈及炎热地区屋面使用	热熔法或冷粘法铺贴
	PVC改性沥青防水卷材	有良好的耐热及耐低温性能，最低开卷温度为−18℃	用于冬季负温下施工	可热作业也可以冷施工
	再生胶改性沥青防水卷材	有一定的延伸性，且低温柔性较好，有一定的防腐能力，价格较低，是低档防水材料	用于变形较大或档次较低的屋面防水	热沥青粘贴

续表

卷材类别	卷材名称	特　　点	适用范围	施工工艺
合成高分子防水卷材	三元乙丙橡胶防水卷材	防水性能优异，使用温度范围广，寿命长，但价格高	用于要求较高的工业与民用建筑作单层或复合屋面防水	冷粘法或自粘法
	丁基橡胶防水卷材	有较好的耐候性、耐油性、抗拉强度和延伸率	单层或复合使用于要求较高屋面防水	冷粘法施工
	氯化聚乙烯防水卷材	具有良好的耐候、耐臭氧、耐热、耐老化、耐油、耐化学腐蚀及抗撕裂的性能	单层或复合用于紫外线辐射强烈及炎热地区屋面防水	同上
	氯磺化聚乙烯防水卷材	延伸率较大，弹性好，对基层变形开裂的适应性较强，耐高、低温性能好，耐腐蚀性能优良，有很好的难燃性	用于有腐蚀介质影响及在寒冷地区的屋面防水	同上

续表

卷材类别	卷材名称	特点	适用范围	施工工艺
合成高分子防水卷材	聚乙烯防水卷材	具有较好的拉伸和撕裂强度，延伸率较大，耐老化性能好，原材料丰富，价值便宜，容易粘结	单层或复合用于外露或有保护层的屋面防水	冷粘法或热风焊接法施工
	聚乙烯-橡胶共混防水卷材	不仅有氯化聚乙烯特有的优异性能，而且具有橡胶所特有的高弹性、高延伸性以及良好的低温柔性	单层或复合使用，尤宜用于寒冷地区或变形较大的屋面	冷粘法施工
	三元乙丙橡胶-聚乙烯防水卷材	是热塑性材料，有良好的耐臭氧和耐老化性能，使用寿命长，低温柔性好，可在负温下施工	单层或复合外露防水屋面，宜在寒冷地区使用	同上

3.3.3 沥青防水卷材质量指标

3.3.3.1 沥青防水卷材外观质量要求

序号	项目	质量要求
1	孔洞、硌伤	不允许
2	露胎、涂盖不均	不允许
3	折纹、皱褶	距卷芯 1000mm 以外，长度不大于 100mm
4	裂纹	距卷芯 1000mm 以外，长度不大于 10mm
5	裂口、缺边	边缘裂口小于 20mm；缺边长度小于 50mm，深度小于 20mm
6	每卷卷材的接头	不超过 1 处，较短的一段应不小于 2500mm，接头处应加长 150mm

3.3.3.2 沥青防水卷材的物理性能

项目		性能要求	
		350 号	500 号
纵向拉力（25℃±2℃时，N）		≥340	≥440
耐热度（85℃±2℃，2h）		不流淌，无集中性气泡	
柔度（18℃±2℃）		绕 ϕ20mm 圆棒无裂纹	绕 ϕ25mm 圆棒无裂纹
不透水性	压力（MPa）	≥0.10	≥0.15
	保持时间（min）	≥30	≥30

3.3.3.3 石油沥青纸胎油毡物理性能

指标名称 \ 等级 \ 标号		200号			350号			500号		
		合格	一等	优等	合格	一等	优等	合格	一等	优等
单位面积浸涂材料总量(g/m²)不小于		600	700	800	1000	1050	1110	1400	1450	1500
不透水性	压力(MPa),不小于	0.05			0.10			0.15		
	保持时间,(min)不小于	15	20	30	30	45		30		
吸水率(真空法,%),不大于	粉毡	1.0			1.0			1.5		
	片毡	3.0			3.0			3.0		
耐热度(℃)		85±2	90±2		85±2	90±2		85±2	90±2	
		受热2h涂盖层应无滑动和集中性气泡								
25℃±2℃时拉力(N),纵向不小于		240	270		340	370		440	470	
柔度(℃)		18±2			18±2	16±2	14±2	18±2	14±2	
		绕 ϕ20mm 圆棒或 R 弯板无裂纹						绕 ϕ25mm 圆棒或 R 弯板无裂纹		

3.3.3.4 玻璃布沥青油毡物理性能

指标名称		一等品	合格品
可溶物含量(g/m^2),不小于		420	380
耐热度(85℃±2℃,2h)		无流淌、鼓泡	
不透水性	压力(MPa)	0.2	0.1
	时间(min)	15 无渗漏	
拉力(N,25℃±2℃时,纵向)不小于		400	360
柔度	温度(℃)	0	
	弯曲直径(mm)	30 无裂纹	
耐霉菌性	质量损失(%)不大于	2.0	
	拉力损失(%)不大于	15	

3.3.3.5 玻纤毡沥青油毡物理性能

性能	15 号			25 号			35 号		
	优等品	一等品	合格品	优等品	一等品	合格品	优等品	一等品	合格品
可溶物含量(g/m^2),不小于	800		700	1300		1200	2100		2000
不透水性 压力(MPa) 时间(min)	0.10 30			0.15 30			0.20 30		
耐热度(℃)	(85±2)受热 2h 涂盖层应无滑动								

续表

性能		15号			25号			35号		
		优等品	一等品	合格品	优等品	一等品	合格品	优等品	一等品	合格品
拉力(N),不小于										
纵向		300	250	200	400	300	250	400	320	270
横向		200	150	130	300	200	180	300	240	200
柔度:温度(℃),不高于		0	5	10	0	5	10	0	5	10
耐霉菌(8周)	外观	2级			2级			1级		
	质量损失率(%),不大于	3.0			3.0			3.0		
	拉力损失率(%),不大于	40			30			20		
人工加速气候老化(27周)	外观	无裂纹,无气泡等现象								
	失重率(%),不大于	8.00			5.50			4.00		
	拉力变化率(%)	+25～−20			+25～−15			+25～−10		

3.3.3.6 铝箔胎油毡物理性能

项目＼等级＼标号	30号			40号		
	优等品	一等品	合格品	优等品	一等品	合格品
可溶物含量(g/m^2),不小于	1600	1550	1500	2100	2050	2000

续表

项目 \ 等级 \ 标号	30号			40号		
	优等品	一等品	合格品	优等品	一等品	合格品
拉力(N),纵横向均不小于	500	450	400	550	500	450
断裂延伸率(%),纵横向均不小于	2					
柔度(℃)	0	5	10	0	5	10
	绕半径35mm圆弧无裂纹			绕半径35mm圆弧无裂纹		
耐热度(℃)	(80±2)受热2h涂盖层应无滑动					
分层	50℃±2℃,7d无分层现象					

3.3.4　高聚物改性沥青防水卷材质量指标

3.3.4.1　高聚物改性沥青防水卷材外观质量

序号	项　目	质 量 要 求
1	孔洞、缺边、裂口	不允许
2	边缘不整齐	不超过10cm
3	胎体露白、未浸透	不允许
4	撒布材料粒度、颜色	均匀
5	每卷卷材的接头	不超过1处,较短的一段应不小于1000mm,接头处应加长150mm
6	厚度(mm)	有2、3、4、5等4种
7	宽度(mm)	≥1000
8	每卷长度(m)	有5、7.5、10、15～20等多种

3.3.4.2 高聚物改性沥青防水卷材的物理性能

项目		性能要求				
		聚酯毡胎体	玻纤毡胎体	聚乙烯胎体	自粘聚酯胎体	自粘无胎体
可溶物含量(g/m²)		3mm 厚≥2100 4mm 厚≥2900		—	2mm≥1300 3mm 厚≥2100	—
拉力(N/50mm)		≥450	纵向≥350 横向≥250	≥100	≥350	≥250
延伸率(%)		最大拉力时 ≥30	—	断裂时 ≥200	最大拉力时 ≥30	断裂时 ≥450
耐热度(℃,2h)		SBS 卷材 90,APP 卷材 110,无滑动、流淌、滴落		PEE 卷材 90,无流淌、起泡	70,无滑动、流淌、滴落	70,无起泡、滑动
低温柔度(℃)		SBS 卷材 −18,APP 卷材 −5,PEE 卷材 −10			−20	
		3mm 厚,$r=15$mm;4mm 厚,$r=25$mm;3s,弯 180°无裂纹			$r=15$mm,3s,弯 180°无裂纹	ϕ20mm,3s,弯 180°无裂纹
不透水性	压力(MPa)	≥0.3	≥0.2	≥0.3	≥0.3	≥0.2
	保持时间(min)	≥30				≥120

注:SBS 卷材——弹性体改性沥青防水卷材;

APP 卷材——塑性体改性沥青防水卷材;

PEE 卷材——高聚物改性沥青聚乙烯胎防水卷材。

3.3.4.3　SBS改性沥青防水卷材的物理性能

序号	项目			PY Ⅰ	PY Ⅱ	G Ⅰ	G Ⅱ
	胎基			PY		G	
	型号			Ⅰ	Ⅱ	Ⅰ	Ⅱ
1	可溶物含量(g/m^2) ≥	2mm		—		1300	
		3mm		2100			
		4mm		2900			
2	不透水性	压力(MPa)	≥	0.3		0.2	0.3
		保持时间(min)	≥	30			
3	耐热度(℃)			90	105	90	105
				无滑动、流淌、滴落			
4	拉力(N/500) ≥	纵向		450	800	350	500
		横向				250	300
5	最大拉力时延伸率(%) ≥	纵向		30	40	—	
		横向					

续表

序号	胎基			PY		G	
	型号			Ⅰ	Ⅱ	Ⅰ	Ⅱ
6	低温柔度(℃)			−18	−25	−18	−25
				无裂纹			
7	撕裂强度(N) ≥		纵向	250	350	250	350
			横向			170	200
8	人工加速气候老化	外观		Ⅰ级			
				无滑动、流淌、滴落			
		拉力保持率(%)≥	纵向	80			
		低温柔度(℃)		−10	−20	−10	−20
				无裂纹			

注:表中1～6项为强制性项目。

3.3.4.4 APP改性沥青防水卷材的物理性能

序号	胎基			PY		G	
	型号			Ⅰ	Ⅱ	Ⅰ	Ⅱ
1	可溶物含量(g/m²) ≥	2mm		—		1300	
		3mm		2100			
		4mm		2900			
2	不透水性	压力(MPa)	≥	0.3		0.2	0.3
		保持时间(min)	≥	30			
3	耐热度(℃)①			110	130	110	130
				无滑动、流淌、滴落			
4	拉力(N/500mm) ≥	纵向		450	800	350	500
		横向				250	300
5	最大拉力时延伸率(%) ≥	纵向		25	40	—	
		横向					

续表

序号	胎基			PY		G	
	型号			Ⅰ	Ⅱ	Ⅰ	Ⅱ
6	低温柔度(℃)			−5	−15	−5	−15
				无裂纹			
7	撕裂强度(N) ≥		纵向	250	350	250	350
			横向			170	200
8	人工加速气候老化	外观		Ⅰ级			
				无滑动、流淌、滴落			
		拉力保持率(%)≥	纵向	80			
		低温柔度(℃)		3	−10	3	−10
				无裂纹			

注:①当需要耐热度超过130℃卷材时,该指标可由供需双方协商确定。
②表中1~6项为强制性项目。

3.3.4.5　改性沥青聚乙烯胎防水卷材的物理性能

序号	上表面覆盖材料		E						AL			
	基料		O		M		P		M		P	
	型号		Ⅰ	Ⅱ	Ⅰ	Ⅱ	Ⅰ	Ⅱ	Ⅰ	Ⅱ	Ⅰ	Ⅱ
1	不透水性(MPa)	≥	0.3									
			不透水									
2	耐热度(℃)		85		85	90	90	95	85	90	90	95
			无流淌，无起泡									
3	拉力(N/50mm) ≥	纵向	100	140	100	140	100	140	200	220	200	200
		横向		120		120		120				
4	断裂伸长率(%) ≥	纵向	200	250	200	250	200	250	—			
		横向										
5	低温柔度(℃)		0		−5		−10	−15	−5		−10	−15
			无裂纹									
6	尺寸稳定性(%)	℃	85		85	90	90	95	85	90	90	95
		≤	2.5									

3.3.4.6 自粘聚合物改性沥青防水卷材(无胎)的物理性能

项目			表面材料		
			PE	AL	N
不透水性	压力(MPa)		0.2	0.2	0.1
	保持时间(min)		120,不透水		30,不透水
耐热度			—	80℃,加热 2h,无气泡,无滑动	—
拉力(N/5cm)		≥	130	100	—
断裂伸长率(%)		≥	450	200	450
柔度			−20℃,ϕ20mm,3s,180°无裂纹		
剪切性能(N/mm)	卷材与卷材	≥	2.0 或粘合面外断裂		粘合面外断裂
	卷材与铝板	≥			
剥离性能(N/cm)		≥	1.5 或粘合面外断裂		粘合面外断裂
抗穿孔性			不渗水		
人工加速气候老化	外观		—	无裂纹,无气泡	—
	拉力保持率(%)	≥		80	
	柔度			−10℃,ϕ20mm,3s,180°无裂纹	

3.3.4.7 自粘聚合物改性沥青防水卷材(有胎)的物理性能

<table>
<tr><td colspan="3">型号</td><td colspan="3">Ⅰ</td><td colspan="2">Ⅱ</td></tr>
<tr><td colspan="3">厚度(mm)</td><td>1.5</td><td>2</td><td>3</td><td>2</td><td>3</td></tr>
<tr><td colspan="2">可溶物含量(g/m²)</td><td>≥</td><td>800</td><td>1300</td><td>2100</td><td>1300</td><td>2100</td></tr>
<tr><td rowspan="2">不透水性</td><td>压力(MPa)</td><td>≥</td><td>0.2</td><td colspan="4">0.3</td></tr>
<tr><td>保持时间(min)</td><td>≥</td><td colspan="5">30</td></tr>
<tr><td rowspan="2">耐热度(℃)</td><td>PE、S</td><td></td><td colspan="5">70 无滑动、流淌、滴落</td></tr>
<tr><td>AL</td><td></td><td colspan="5">80 无滑动、流淌、滴落</td></tr>
<tr><td colspan="2">拉力(N/50mm)</td><td>≥</td><td>200</td><td colspan="2">350</td><td colspan="2">450</td></tr>
<tr><td colspan="2">最大拉力时伸长率(%)</td><td>≥</td><td colspan="5">30</td></tr>
<tr><td colspan="3">低温柔性(℃)</td><td colspan="3">−20</td><td colspan="2">−30</td></tr>
<tr><td rowspan="2">剪切性能(N/mm)≥</td><td>卷材与卷材</td><td></td><td rowspan="2">2.0 或粘合面外断裂</td><td colspan="4" rowspan="2">4.0 或粘合面外断裂</td></tr>
<tr><td>卷材与铝板</td><td></td></tr>
<tr><td colspan="2">剥离性能(N/mm)</td><td>≥</td><td colspan="5">1.5 或粘合面外断裂</td></tr>
</table>

续表

型号		I		II
抗穿孔性		不渗水		
撕裂强度(N) ≥		125	200	250
水蒸气透湿率①[g/(m²·s·Pa)] ≤		5.7×10⁻⁹		
人工加速气候老化②	外观	—	1级	
			无滑动、流淌、滴落	
	拉力保持率(%)		80	
	低温柔性(℃)		−10	−20

注：①水蒸气透湿率性能在用于地下工程时要求。

②聚乙烯膜面、细砂面卷材不要求人工加速气候老化性能。

3.3.5 合成高分子防水卷材

合成高分子防水卷材是以合成橡胶、合成树脂或二者的共混体系为基料，加入适量的化学助剂、填充剂等，采用混炼、塑炼、压延或挤出成型、硫化、定型等橡胶或塑料的加工工艺所制成的无胎加筋或不加筋的弹性或塑性的片状可卷曲的一类防水材料。

3.3.5.1 合成高分子防水卷材规格

序号	厚度(mm)	宽度(mm)	每卷长度(m)
1	1.0	≥1000	20.0
2	1.2	≥1000	20.0
3	1.5	≥1000	20.0
4	2.0	≥1000	10.0

3.3.5.2 合成高分子防水卷材的外观质量要求

<table>
<tr><th colspan="2" rowspan="2">项　目</th><th colspan="4">性　能　要　求</th></tr>
<tr><th>硫化橡胶类</th><th>非硫化橡胶类</th><th>树脂类</th><th>纤维增强类</th></tr>
<tr><td colspan="2">断裂拉伸强度(MPa)</td><td>≥6</td><td>≥3</td><td>≥10</td><td>≥9</td></tr>
<tr><td colspan="2">扯断伸长率(%)</td><td>≥400</td><td>≥200</td><td>≥200</td><td>≥10</td></tr>
<tr><td colspan="2">低温弯折(℃)</td><td>−30</td><td>−20</td><td>−20</td><td>−20</td></tr>
<tr><td rowspan="2">不透水性</td><td>压力(MPa)</td><td>≥0.3</td><td>≥0.2</td><td>≥0.3</td><td>≥0.3</td></tr>
<tr><td>保持时间(min)</td><td colspan="4">≥30</td></tr>
<tr><td colspan="2">加热收缩率(%)</td><td><1.2</td><td><2.0</td><td><2.0</td><td><1.0</td></tr>
<tr><td rowspan="2">热老化保持率(80℃，168h)</td><td>断裂拉伸强度</td><td colspan="4">≥80%</td></tr>
<tr><td>扯断伸长率</td><td colspan="4">≥70%</td></tr>
</table>

3.3.5.3 合成高分子防水卷材(均质片)的物理性能

项目			指标									
			硫化橡胶类				非硫化橡胶类			树脂类		
			JL1	JL2	JL3	JL4	JF1	JF2	JF3	JS1	JS2	JS3
断裂拉伸强度(MPa)	常温	≥	7.5	6.0	6.0	2.2	4.0	3.0	5.0	10	16	14
	60℃	≥	2.3	2.1	1.8	0.7	0.8	0.4	1.0	4	6	5
扯断伸长度(%)	常温	≥	450	400	300	200	450	200	200	200	550	500
	−20℃	≥	200	200	170	100	200	100	100	15	350	300
撕裂强度(kN/m)		≥	25	24	23	15	18	10	10	40	60	60
不透水性(30min 无渗漏,MPa)			0.3	0.3	0.2	0.2	0.3	0.2	0.2	0.3	0.3	0.3
低温弯折(℃)		≤	−40	−30	−30	−20	−30	−20	−20	−20	−35	−35
加热伸缩量(mm)	伸长	<	2	2	2	2	2	4	4	2	2	2
	收缩	<	4	4	4	4	4	6	10	6	6	6

续表

项目		指标									
		硫化橡胶类				非硫化橡胶类			树脂类		
		JL1	JL2	JL3	JL4	JF1	JF2	JF3	JS1	JS2	JS3
热空气老化（80℃×168h）	断裂拉伸强度保持率(%)≥	80	80	80	80	90	60	80	80	80	80
	扯断伸长率保持率(%)≥	70	70	70	70	70	70	70	70	70	70
	100%伸长率外观	无裂纹	无裂纹	无裂纹	无裂纹	无裂纹	无裂纹	无裂纹	无裂纹	无裂纹	无裂纹
耐碱性[10% $Ca(OH)_2$ 常温×168h]	断裂拉伸强度保持率(%)≥	80	80	80	80	80	70	70	80	80	80
	扯断伸长率保持率(%)≥	80	80	80	80	90	80	70	80	90	90

续表

项目		指标									
		硫化橡胶类				非硫化橡胶类			树脂类		
		JL1	JL2	JL3	JL4	JF1	JF2	JF3	JS1	JS2	JS3
臭氧老化(40℃×168h)	臭氧浓度 $5cm^3/m^3$，伸长率40%	无裂纹	—	—	—	无裂纹	—	—	—	—	—
	臭氧浓度 $5cm^3/m^3$，伸长率20%	—	无裂纹	—	—	—	—	—	—	—	—
	臭氧浓度 $2cm^3/m^3$，伸长率20%	—	—	无裂纹	—	—	—	—	无裂纹	无裂纹	无裂纹
	臭氧浓度 $1cm^3/m^3$，伸长率20%	—	—	—	无裂纹	—	无裂纹	无裂纹	—	—	—

续表

项目		指标									
		硫化橡胶类				非硫化橡胶类			树脂类		
		JL1	JL2	JL3	JL4	JF1	JF2	JF3	JS1	JS2	JS3
人工气候老化	断裂拉伸强度保持率(%)≥	80	80	80	80	80	70	80	80	80	80
	扯断伸长率保持率(%)≥	70	70	70	70	70	70	70	70	70	70
	100%伸长率外观	无裂纹	无裂纹	无裂纹	无裂纹	无裂纹	无裂纹	无裂纹	无裂纹	无裂纹	无裂纹
粘合性能	无处理	自基准线的偏移及剥离长度在 5mm 以下，且无有害偏移及异状点									
	热处理										
	碱处理										

注：人工气候老化和粘合性能项目为推荐项目。

3.3.5.4 合成高分子防水卷材(复合片)的物理性能

项目			种类			
			硫化橡胶类 FL	非硫化橡胶类 FF	树脂类	
					FS1	FS2
断裂拉伸强度(N/cm)	常温	≥	80	60	100	60
	60℃	≥	30	20	40	30
扯断伸长率(%)	常温	≥	300	250	150	400
	-20℃	≥	150	50	10	10
撕裂强度(N)		≥	40	20	20	20
不透水性(30min 无渗漏,MPa)			0.3	0.3	0.3	0.3
低温弯折(℃)		≤	-35	-20	-30	-20
加热伸缩量(mm)	伸长	<	2	2	2	2
	收缩	<	4	4	2	4
热空气老化(80℃×168h)	扯断拉伸强度保持率(%)	≥	80	80	80	80
	扯断伸长率保持率(%)	≥	70	70	70	70

续表

项目		种类			
		硫化橡胶类 FL	非硫化橡胶类 FF	树脂类	
				FS1	FS2
耐碱性[10% $Ca(OH)_2$，常温×168h]	扯断拉伸强度保持率(%)≥	80	60	80	80
	扯断伸长率保持率(%) ≥	80	60	80	80
臭氧老化(40℃×168h)，臭氧浓度 $2cm^3/m^3$		无裂纹	无裂纹	无裂纹	无裂纹
人工气候老化	扯断拉伸强度保持率(%)≥	80	70	80	80
	扯断伸长率保持率(%) ≥	70	70	70	70
粘合性能	无处理	自基准线的偏移及剥离长度在 5mm 以下，且无有害偏移及异状点			
	热处理				
	碱处理				

注：人工气候老化和粘合性能项目为推荐项目，带织物加强层的复合片不考核粘合性能。

3.3.6 防水卷材的现场抽样复检

3.3.6.1 现场抽检数量

沥青防水卷材、高聚物改性沥青防水卷材、合成高分子防水卷材的现场抽检数量为：大于1000卷抽5卷，每500～1000卷抽4卷，100～499卷抽3卷，100卷以下抽2卷，进行规格、尺寸和外观质量检验。在外观质量检验合格的卷材中，任取1卷做物理性能检验。

3.3.6.2 外观质量检验

(1)沥青防水卷材检验项目：孔洞、硌伤、露胎、涂盖不匀，折纹、皱褶、裂纹，裂口、缺边，每卷卷材的接头。

(2)高聚物改性沥青防水卷材检验项目：孔洞、缺边、裂口，边缘不整齐，胎体露白、未浸透，撒布材料粒度、颜色，每卷卷材的接头。

(3)合成高分子防水卷材检验项目：折痕，杂质，胶块，凹痕，每卷卷材的接头。

3.3.6.3 物理性能检验

(1)沥青防水卷材检验项目：纵向拉力，耐热度，柔度，不透水性。

(2)高聚物改性沥青防水卷材检验项目：拉力，最大拉力时延伸率，耐热度，低温柔度，不透水性。

(3)合成高分子防水卷材检验项目：断裂拉伸强度，扯断伸长率，低温弯折，不透水性。

3.3.7 防水卷材的贮运与保管

(1)不同品种、标号、规格和等级的产品应分别堆放。

(2)卷材应贮存在阴凉通风的室内，避免雨淋、日晒和受潮，严禁接近火源。沥青防水卷材贮存环境温度不得高于45℃。

(3)卷材宜直立堆放，其高度不宜超过两层，并不得倾斜或横压，短途运输平放不宜超过四层。

(4)应避免与化学介质及有机溶剂等有害物质接触。

3.3.8 卷材胶粘剂的贮运与保管

(1)不同品种、规格的产品应分别用密封桶包装。

(2)胶粘剂应贮存在阴凉通风的室内，严禁接近火源和热源。

3.4 基层处理剂及卷材胶结材料

3.4.1 基层处理剂及卷材胶结材料的类型及选用

卷材	类型	基层处理剂	基层胶粘剂、卷材胶粘剂
沥青防水卷材	石油沥青防水卷材	石油沥青冷底子油或橡胶改性沥青冷粘剂稀释液	石油沥青玛帝脂或橡胶改性沥青冷粘剂
	煤沥青防水卷材	煤沥青冷底子油或煤焦油聚氯乙烯涂料	煤沥青玛帝脂

续表

<table>
<tr><th>卷材</th><th>类型</th><th>基层处理剂</th><th>基层胶粘剂、卷材胶粘剂</th></tr>
<tr><td rowspan="2">改性沥青防水卷材</td><td>改性石油沥青防水卷材</td><td>石油沥青冷底子油或橡胶改性沥青冷粘剂稀释液</td><td>石油沥青玛帝脂或橡胶改性沥青冷粘剂或卷材厂家指定产品</td></tr>
<tr><td>焦油沥青耐高、低温系列防水卷材</td><td>焦油沥青冷底子油</td><td>PVC 型焦油沥青改性胶(热施工用)或 OC-TP 胶粘剂(冷施工用)</td></tr>
<tr><td colspan="2">合成高分子防水卷材</td><td colspan="2">卷材生产厂家随卷材配套供应的产品,或卷材生产厂家指定的产品</td></tr>
</table>

3.4.2 基层处理剂

铺贴石油沥青防水卷材时,应预先在找平层上涂刷沥青冷底子油,其作用是加强卷材与基层之间的粘结。

3.4.2.1 石油沥青冷底子油的外观质量

项目	外观质量要求
沥青硬块	不允许有未溶解的沥青硬块
杂质	不应有草、木、砂、土等
稠度	稠度适当,便于涂刷
溶剂	应易于挥发
软化点	溶剂挥发后的沥青,应具有一定的软化点

3.4.2.2 冷底子油配制

配制时先将熬好的沥青倒入料桶中冷却至一定温度

(如加入煤油等挥发性慢的溶剂,沥青的温度不得超过140℃;加入汽油等快挥发性溶剂,则沥青的温度不得超过110℃),再加入溶剂。随注入随搅拌,直至溶剂全部溶解为止。其配合比见下表。

冷底子油配合比参考表

用　途	沥　青		溶　剂		
	10号或30号石油沥青	60号道路石油沥青	轻柴油或煤油	汽油	苯
涂刷在终凝前的水泥砂浆基层上	40		60		
		55	45		
涂刷在已硬化干燥的水泥砂浆基层上	50		50		
		30		70	
		60			40
涂刷在金属表面上	30			70	
	35			65	
	45				55

3.4.2.3　合成高分子防水卷材的基层处理材料

卷 材 名 称	基 层 处 理 材 料
三元乙丙防水卷材	聚氨酯底胶甲组分：乙组分＝1：3或聚氨酯防水涂料甲组分：乙组分：甲苯＝1：1.5：2
氯化聚乙烯-橡胶共混防水卷材	聚氨酯涂料稀释,或用水乳型涂料喷涂

续表

卷 材 名 称	基 层 处 理 材 料
LYX-603 氯化聚乙烯防水卷材	稀释胶粘剂，或乙酸乙酯：汽油＝1：1
氯磺化聚乙烯防水卷材	用氯丁胶涂料稀释
三元乙丁橡胶防水卷材	CH-1 配套胶粘剂稀释
丁基橡胶防水卷材	氯丁胶粘剂稀释
硫化型橡胶类防水卷材	氯丁胶乳

自粘法铺贴改性沥青防水卷材时，应先在基层表面涂刷基层处理剂。此种材料应由工厂配套供应。

3.4.3 基层胶粘剂

冷粘法铺贴合成高分子防水卷材时，应事先在找平层上涂刷基层胶粘剂。此时可根据卷材的品种使用配套的专用基层胶粘剂，也可将该品种的胶粘剂稀释后使用。

沥青玛帝脂是卷材的粘结材料。在沥青中掺入10%～25%的粉状填充料或掺入5%～10%的纤维填充料即成为玛帝脂。

3.4.3.1 沥青玛帝脂的质量要求

标号 / 指标名称	S-60	S-65	S-70	S-75	S-80	S-85
耐热度	用2mm厚的沥青玛帝脂粘合两张沥青油纸，于不低于下列温度(℃)中，在45°坡度上停放5h的沥青玛帝脂应不流淌，油纸应不滑动					
	60	65	70	75	80	85

续表

指标名称＼标号	S-60	S-65	S-70	S-75	S-80	S-85
柔韧性	涂在沥青油纸上的2mm厚的沥青玛帝脂层，在18℃±2℃时，围绕下列直径（mm）的圆棒，用2s的时间以均衡速度弯成半周，沥青玛帝脂不应有裂纹					
	10	15	15	20	25	30
粘结力	用手将两张粘合在一起的油纸慢慢地一次撕开，从油纸和沥青玛帝脂的粘贴面的任合一面的撕开部分，应不大于粘贴面积的1/2					

3.4.3.2　沥青玛帝脂的选用标号

屋面坡度	历年极端最高气温	沥青玛帝脂标号
1%～3%	低于38℃	S-60
	38～41℃	S-65
	41～45℃	S-70
3%～15%	低于38℃	S-65
	38～41℃	S-70
	41～45℃	S-75
15%～25%	低于38℃	S-75
	38～41℃	S-80
	41～45℃	S-85

3.4.3.3 热玛帝脂配合比参考表(质量%)

耐热度	沥青标号			填充料				催化剂
(℃)	10	30	60	滑石粉	太白粉	石棉粉	石棉绒	(占沥青质量的%)
70	75			25				
70	65		10	20			5	
70	70	5		25				
70	65	10		25				
70	80			20				硫酸铜 1.5%
75	75			25				硫酸铜 1.5%
75	70		5	25				
75	75					25		
75	60	15			25			
75		75			25			
75	50	25			25			
80	75			20			5	氯化锌 1.5%
80	75				25			硫酸铜 1.5%
80	75			25				
80	80			20				氯化锌 1.0%

3.4.3.4 冷玛帝脂配合比参考表

10号石油沥青	轻柴油或煤油	油酸	热石灰粉	石棉
50	25～27	1	14～15	7～10

3.4.3.5 热沥青玛帝脂的配制

按试验室确定的配合比(重量比)严格进行配料、熬制。采用液体沥青配料时,可用体积比,用量勺计量;采用块状沥青时,先打成80～100mm的碎块,用重量比配料。熬制时先将沥青放入锅中(放入锅内容量2/3左右为宜)加热熔化至160℃～180℃,使其脱水至不再起泡沫,并用笊篱将杂质打捞干净备用。

配料时将各种标号的沥青按配合比要求计量进行混合加热,然后慢慢加入按配合比要求计量并经120℃～140℃预热脱水干净的填充料,充分均匀搅拌后,表面无泡沫疙瘩即可。

熬制时控制"火候"是十分重要的,它是保证质量的重要一环。一般而言,沥青在锅内加热时间不宜过长,以3～4h为好,并尽量在8h内用完。如用不完,应与新熬制的材料混合使用。

熬制沥青玛帝脂时,加热温度应不高于240℃,使用温度宜不低于190℃,并应经常检查。

3.4.3.6 沥青的脱蜡处理

普通石油沥青中含蜡量较高,施工后容易产生流淌现象,因此在屋面防水工程中不宜直接使用未经脱蜡处理的多蜡沥青,以免出现粘结不牢、流淌、老化等质量事故。脱蜡处理的方法有以下几种:

(1)吹氧处理法。沥青加热脱水后，使温度达到240℃～260℃，然后吹入空气2～4h后，沥青的软化点可提高15℃～20℃，性能有显著改善。

(2)外加剂处理法。沥青加热脱水后，保持温度在260℃～280℃状态下不停地搅拌，并加入粉状氯化锌1%，或三氯化铁，或氯化铝等材料，然后保温0.5～1h至沥青中的泡沫消失后即可使用。

另外，加入无规聚丙烯等进行改性，也可取得良好的效果。

(3)混合处理法。即在多蜡沥青中掺入一定比例的10号建筑石油沥青，混合熔化，充分搅拌均匀。一般掺配比例为：

多蜡沥青：10号建筑石油沥青＝1：0.7～1.5(重量比)

3.4.3.7 冷沥青玛帝脂的配制

在溶剂中预先混入定量的植物油(如清油)，然后慢慢注入已熔化脱水并冷却到120℃～140℃的石油沥青中，充分搅拌使其混合均匀，待温度降至70℃～80℃，再加入已预热干燥的熟石灰和石棉，不停搅拌至混合均匀。

3.4.4 卷材胶粘剂

3.4.4.1 橡胶改性沥青胶粘剂主要技术性能

项　　目	Ⅰ型	Ⅱ型	Ⅲ型	Ⅳ型
含固量(%)	>50			
耐热度(℃)	85			
柔性，绕ϕ10mm圆棒(%)	0	−10	−15	−20
粘结性(MPa)	>0.2			

续表

项　目	Ⅰ型	Ⅱ型	Ⅲ型	Ⅳ型
耐酸性 1% H_2SO_4	无变形			
耐碱性，饱和 $Ca(OH)_2$	无变形			
不透水性，0.1MPa	30min，不透水			

3.4.4.2 PVC焦油沥青改性胶主要技术性能

项　目	主要技术性能
粘结强度(MPa)	>0.25
耐热度(℃)	80，下垂值<3mm
延伸率(%)	>600
施工度	热用，不小于3mm
低温柔性(℃)	-20，无裂纹，不剥离

3.4.4.3 CCTP抗腐耐水胶粘剂主要技术性能

项　目	主要技术性能
耐高低温性(℃)	-10，无裂纹；80不流淌剥离
不透水性(MPa)	0.1，30min不透水
粘结性	粘贴玻璃丝布24h，粘贴良好，撕不开
抗拉强度	粘贴两片低温卷材，粘贴面积26.65cm^2，330N(试片被拉断)
耐酸性	浸5%～15% HCl或15% H_2SO_4，4～72h，涂膜无变化，不起泡，不脱落
耐碱性	浸5%～15%NaOH，4h，涂膜无变化，不起泡，不脱落
抗生物腐蚀	良好(耗氧法，霉菌培养法)

3.4.4.4 合成高分子防水卷材的配套胶粘剂

序号	卷材名称	卷材与基层胶粘剂	卷材与卷材胶粘剂
1	三元乙丙橡胶防水卷材	CX-404 胶粘剂	丁基胶粘剂
2	LYX-603 氯化聚乙烯防水卷材	LYX-603-3(3 号胶)	LYX-603-2(2 号胶)
3	氯化聚乙烯-橡胶共混防水卷材	CX-404 或 409 胶粘剂	氯丁系胶粘剂
4	氯丁橡胶防水卷材	氯丁胶粘剂	氯丁胶粘剂
5	聚氯乙烯防水卷材	FL 型胶粘剂	
6	复合增强 PVC 防水卷材	GY-88 型乙烯共聚物改性胶	PA-2 型胶粘剂
7	TGPVC 防水卷材(带聚氨酯底衬)	TG-1 型胶粘剂	TG-Ⅱ型胶粘剂
8	氯磺化聚乙烯防水卷材	配套胶粘剂	配套胶粘剂
9	三元乙丁橡胶防水卷材	CH-1 型胶粘剂	CH-1 型胶粘剂
10	丁基橡胶防水卷材	氯丁胶粘剂	氯丁胶粘剂
11	硫化型橡胶防水卷材	氯丁胶粘剂	封口胶加固化剂(列克纳)5%～10%
12	高分子橡塑防水卷材	R-1 基层胶粘剂	R-1 卷材胶粘剂

3.5　防水涂料及其胎体增强材料

3.5.1　防水涂料的分类

防水涂料是以液体高分子合成材料为主体，在常温下涂刮在结构物表面，形成的薄膜致密物质，该物质具有不透水性、一定的耐候性及延伸性，能起防水和防潮作用。防水涂料的分类如图 3-2 所示。

3.5.2　防水涂料的特点

(1)防水性能好。防水层可以由几层防水涂膜组成，还可以在防水涂膜的层间放置聚酯无纺布、化纤无纺布、玻纤网络布等材料形成增强层，因此防水性能较好。

(2)操作便捷。防水涂料可以用刷涂、刮涂、机械喷涂等方法施工，施工速度快。由于防水涂料在固化前呈黏稠液状，因此可以在立面、阴阳角及各种复杂表面，形成无接缝的连续防水薄膜，特别适合于形状复杂的结构基面涂刷防水层。

(3)减少环境污染，安全性好。防水涂料大多采用冷法施工，不必加热熬制，既改善了劳动条件，确保施工操作人员的安全，又避免了施工对环境造成污染。

(4)温度适应性良好。能满足高、低温厂房和特殊工程的需要。

(5)易于日常维护与修补。由于防水涂料的特性，可以根据防水层的部位、损坏方式和损坏地点灵活地进行维护

- 建筑防水涂料
  - 沥青基防水涂料
    - 溶剂型——沥青涂料等
    - 水乳型
      - 水性石棉沥青
      - 膨润土乳化沥青
      - 石化膏乳化沥青
  - 高聚物改性沥青防水涂料
    - 溶剂型
      - 氯丁橡胶沥青类
      - 再生橡胶沥青类
    - 水乳型
      - 水乳型氯丁橡胶沥青类
      - 水乳型再生橡胶沥青类
  - 合成高分子防水涂料
    - 合成树脂类
      - 单组分型
        - 溶剂型——丙烯酸酯类
        - 水乳型——丙烯酸酯类
      - 双组分型（反应型）
        - 环氧树脂类
        - 焦油环氧树脂类
    - 橡胶类
      - 单组分型
        - 溶剂型
          - 氯磺化聚乙烯橡胶类
          - 氯丁橡胶类
        - 水乳型
          - 氯丁胶乳
          - 丁苯胶乳
          - 丙烯酸酯胶乳类
        - 反应型——单组分聚氨酯类
      - 双组分型
        - 聚氨酯类（反应型）
        - 焦油聚氨酯类
        - 聚硫橡胶类
        - 硅橡胶类
  - 无机水泥类
  - 聚合物水泥类

图 3-2 防水涂料的分类

和修补,较防水卷材有明显的优势。

3.5.3 高聚物改性沥青防水涂料

高聚物改性沥青防水涂料是以沥青为基料,用合成高分子聚合物进行改性配制而成的涂料,分为水乳型、溶剂型和热熔型三大类。高聚物改性沥青防水涂料在柔韧性、抗裂性、强度、耐高低温性能、使用寿命等方面都比沥青基材料有较大的改善。

如水乳型改性沥青防水涂料具有成膜快、强度高、耐候性好、难燃烧、无毒、不污染环境、冷施工、抗裂性好等特点,广泛用于屋面防水、厕浴间和厨房等室内地面防水,也用于防腐蚀地面的防水隔离层。

水乳型改性沥青防水涂料一般采用带盖的铁桶或塑料桶包装,每桶净重分为200kg、100kg、50kg三种。桶的立面应牢固涂刷厂名、产品标记、产品净重、生产日期和生产批号等。

溶剂型改性沥青防水涂料采用带盖的铁桶或塑料桶包装,分20kg、25kg、50kg几种规格,桶的包装上应涂刷厂名、产品标记、产品净重、生产日期和生产批号等,并注明贮存和运输的注意事项。

3.5.3.1 高聚物改性沥青防水涂料质量要求

项　目	质　量　要　求	
	水乳型	溶剂型
固体含量(%)	≥43	≥48
耐热性(80℃,5h)	无流淌、起泡、滑动	

续表

<table>
<tr><th colspan="2" rowspan="2">项　目</th><th colspan="2">质　量　要　求</th></tr>
<tr><th>水乳型</th><th>溶剂型</th></tr>
<tr><td colspan="2">低温柔性(℃,2h)</td><td>－10,绕 φ20mm 圆棒无裂纹</td><td>－15,绕 φ10mm 圆棒无裂纹</td></tr>
<tr><td rowspan="2">不透水性</td><td>压力(MPa)</td><td>≥0.1</td><td>≥0.2</td></tr>
<tr><td>保持时间(min)</td><td>≥30</td><td>≥30</td></tr>
<tr><td colspan="2">延伸性(mm)</td><td>≥4.5</td><td>—</td></tr>
<tr><td colspan="2">抗裂性(mm)</td><td>—</td><td>基层裂缝 0.3mm,涂膜无裂纹</td></tr>
</table>

3.5.3.2 水乳型改性沥青防水涂料的物理性能

<table>
<tr><th>项　目</th><th>一等品</th><th>合格品</th></tr>
<tr><td>外　观</td><td>搅拌后为黑色或蓝褐色均质液体,搅拌棒上不粘附任何颗粒</td><td>搅拌后为黑色或蓝褐色液体,搅拌棒上不粘附明显颗粒</td></tr>
<tr><td>固体含量(%)不小于</td><td colspan="2">43</td></tr>
<tr><td>延伸性(mm)
不小于
无处理
处理后</td><td>

6.0
4.5</td><td>

4.5
3.5</td></tr>
</table>

续表

项　目	一等品	合格品
柔韧性	(−15±1)℃时无裂纹、无断裂	(−10±1)℃时无裂纹、无断裂
耐热性	在(80±2)℃×5h×45°坡度下无流淌、起泡和滑动	
粘结性	在(20±2)℃×2h下不小于0.2MPa	
不透水性	0.1MPa×30min不渗水	
抗冻性	在(20±1)℃与(−20±2)℃循环冻融20次无开裂	

注：试件参考涂布量为2.5kg/m²。

3.5.3.3　溶剂型沥青防水涂料的物理性能

项　目			技术指标	
			一等品	合格品
固体含量(%)		≥	48	
抗裂性	基层裂缝(mm)		0.3	0.2
	涂膜状态		无裂纹	
低温柔性(φ10mm,2h)			−15℃	−10℃
			无裂纹	
粘结强度(MPa)		≥	0.20	
耐热性(80℃×5h)			无流淌、鼓泡、滑动	

续表

项　　目	技 术 指 标	
	一等品	合格品
不透水性(0.2MPa,30min)	不渗水	

3.5.4 合成高分子防水涂料

合成高分子防水涂料以合成橡胶或合成树脂为原料，加入适量的活化剂、改性剂、增塑剂及填充料等辅助材料制成的单组分或多组分(一般为双组分)防水涂料，统称为合成高分子防水涂料。

合成高分子防水涂料的种类繁多，分为合成树脂类和橡胶类两大类，每类中分为单组分型和双组分型，按其形态可分为乳液型、溶剂型及反应型三类。除聚氨酯、丙烯酸酯和硅橡胶外，其余产品均为中低档防水涂料。

3.5.4.1 合成高分子防水涂料物理性能

项目		性 能 要 求		
		反应固化型	挥发固化型	聚合物水泥涂料
固体含量(%)		≥94	≥65	≥65
拉伸强度(MPa)		≥1.65	≥1.5	≥1.2
断裂延伸率(%)		≥350	≥300	≥200
柔性(℃)		－30，弯折无裂纹	－20，弯折无裂纹	－10，绕 ϕ10mm 棒无裂纹
不透水性	压力(MPa)	≥0.3		
	保持时间(min)	≥30		

3.5.4.2 单组分聚氨酯防水涂料物理性能

序号	项目			Ⅰ	Ⅱ
1	拉伸强度(MPa)		≥	1.9	2.45
2	断裂伸长率(%)		≥	550	450
3	撕裂强度(N/mm)		≥	12	14
4	低温弯折性(℃)		≤	−40	
5	不透水性(0.3MPa,30min)			不透水	
6	固体含量(%)		≥	80	
7	表干时间(h)		≤	12	
8	实干时间(h)		≤	24	
9	加热伸缩率(%)		≤	1.0	
			≥	−4.0	
10	潮湿基面粘结强度①(MPa)		≥	0.50	
11	定伸时老化	加热老化		无裂纹及变形	
		人工气候老化②		无裂纹及变形	

续表

序号	项目			Ⅰ	Ⅱ
12	热处理	拉伸强度保持率(%)		80～150	
		断裂伸长率(%)	≥	500	400
		低温弯折性(℃)	≤	−35	
13	碱处理	拉伸强度保持率(%)		60～150	
		断裂伸长率(%)	≥	500	400
		低温弯折性(℃)	≤	−35	
14	酸处理	拉伸强度保持率(%)		80～150	
		断裂伸长率(%)	≥	500	400
		低温弯折性(℃)	≤	−35	
15	人工气候老化②	拉伸强度保持率(%)		80～150	
		断裂伸长率(%)	≥	500	400
		低温弯折性(℃)	≤	−35	

注:①仅用于地下工程潮湿基面。

②仅用于外露使用的产品。

3.5.4.3 多组分聚氨酯防水涂料的物理性能

序号	项目			Ⅰ	Ⅱ
1	拉伸强度(MPa)		≥	1.9	2.45
2	断裂伸长率(%)		≥	450	450
3	撕裂强度(N/mm)		≥	12	14
4	低温弯折性(℃)		≤	−35	
5	不透水性(0.3MPa,30min)			不透水	
6	固体含量(%)		≥	92	
7	表干时间(h)		≤	8	
8	实干时间(h)		≤	24	
9	加热伸缩率(%)		≤	1.0	
			≥	−4.0	
10	潮湿基面粘结强度①(MPa)		≥	0.50	
11	定伸时老化	加热老化		无裂纹及变形	
		人工气候老化②		无裂纹及变形	

续表

序号	项目			Ⅰ	Ⅱ
12	热处理	拉伸强度保持率(%)		80～150	
		断裂伸长率(%)	≥	400	
		低温弯折性(℃)	≤	−30	
13	碱处理	拉伸强度保持率(%)		60～150	
		断裂伸长率(%)	≥	400	
		低温弯折性(℃)	≤	−35	
14	酸处理	拉伸强度保持率(%)		80～150	
		断裂伸长率(%)	≥	400	
		低温弯折性(℃)	≤	−30	
15	人工气候老化②	拉伸强度保持率(%)		80～150	
		断裂伸长率(%)	≥	400	
		低温弯折性(℃)	≤	−30	

注：①仅用于地下工程潮湿基面。

②仅用于外露使用的产品。

3.5.4.4 丙烯酸酯防水涂料的技术性能

试验项目			性能指标	
			Ⅰ类	Ⅱ类
拉伸强度(MPa)		≥	1.0	1.5
断裂伸长率(%)		≥	300	300
低温柔性(绕 ϕ10mm 棒)			−10℃,无裂纹	−20℃,无裂纹
不透水性(0.3MPa,0.5h)			不透水	
固体含量(%)		≥	65	
干燥时间(h)	表干时间	≤	4	
	实干时间	≤	8	
老化处理后的拉伸强度保持率(%)	加热处理	≥	80	
	紫外线处理	≥	80	
	碱处理	≥	60	
	酸处理	≥	40	
老化处理后的断裂伸长率(%)	加热处理	≥	200	
	紫外线处理	≥	200	
	碱处理	≥	200	
	酸处理	≥	200	
加热伸缩率(%)	伸长	≤	1.0	
	缩短	≤	1.0	

3.5.4.5 硅橡胶防水涂料的技术性能

项　目	性　能　指　标
pH 值	8
固体含量	1 号 41.8%；2 号 66.0%
表干时间　　＜	45min
黏度(涂-4 杯，s)	1 号 68；2 号 234
抗渗性	迎水面 1.1～1.5MPa 恒压一周无变化；背水面 0.3～0.5MPa 恒压一周无变化
渗透性	可渗入基底 0.3mm 左右
抗裂性	4.5～6mm(涂膜厚 0.4～0.5mm)
伸长率	640%～1000%
低温柔性	－30℃冰冻 10d 后绕 ϕ3mm 棒不裂
扯断强度	2.2MPa
直角撕裂强度	81N/cm^2
粘结强度	0.57MPa
耐热	(100±1)℃，6h 不起鼓，不脱落

3.5.5　胎体增强材料

胎体增强材料的品种主要有聚酯无纺布、化纤无纺布、玻璃纤维网布等数种。主要质量要求见下表。

胎体增强材料质量要求

项目		质量要求		
		聚酯无纺布	化纤无纺布	玻璃纤维网布
外观		均匀，无团状，平整，无折皱		
拉力 (N/50mm)	纵向	≥150	≥45	≥90
	横向	≥100	≥35	≥50
延伸率 (%)	纵向	≥10	≥20	≥3
	横向	≥20	≥25	≥3

3.5.6　防水涂料的现场抽样复检

3.5.6.1　现场抽检数量

高聚物改性沥青防水涂料和合成高分子防水涂料现场抽检数量均以每10t为一批，不足10t按一批抽样。

3.5.6.2　外观质量检验

(1)高聚物改性沥青防水涂料的外观质量要求为：包装完好无损，且标明涂料名称、生产日期、生产厂名、产品有效期；无沉淀、凝胶、分层。

(2)合成高分子防水涂料的外观质量要求为：包装完好无损，且标明涂料名称、生产日期、生产厂名、产品有效期。

3.5.6.3　物理性能检验

(1)高聚物改性沥青防水涂料的检验项目为：固体含

量，耐热度，柔性，不透水性，延伸率。

(2)合成高分子防水涂料的检验项目为：固体含量，拉伸强度，断裂延伸率，柔性，不透水性。

3.5.7 防水涂料的运输与保管

(1)防水涂料包装容器必须严密；容器表面应有明显标志，标明涂料名称、生产厂名、生产日期和产品有效期。

(2)水乳型涂料运输和保管环境温度宜不低于0℃。

(3)溶剂型涂料运输和保管环境温度不得低于0℃。严防曝晒、碰撞、渗漏，保管环境应干燥、通风、远离火源。仓库内应有消防设施。

(4)胎体增强材料运输和保管环境应干燥、通风、远离火源。

3.6 密封材料

建筑密封材料是指填充于建筑物的接缝、裂缝、门窗框、玻璃周边以及管道接头或与其他结构的连接处，能阻塞介质透过渗漏通道，起到水密、气密性作用的材料。密封材料应具有较好的粘结性、弹性和耐老化性，能在长期经受拉伸、收缩以及振动疲劳等作用后，仍保持其完好的防水效果。

3.6.1 建筑密封材料的分类

密封材料分为不定型密封材料和定型密封材料两大类，其主要分类如图3-3所示。不定型密封材料呈膏糊状，如腻子、塑料密封胶、弹性或塑性密封胶和嵌缝膏等；定型密封材料多根据设计要求，制成带状、条状或垫状。

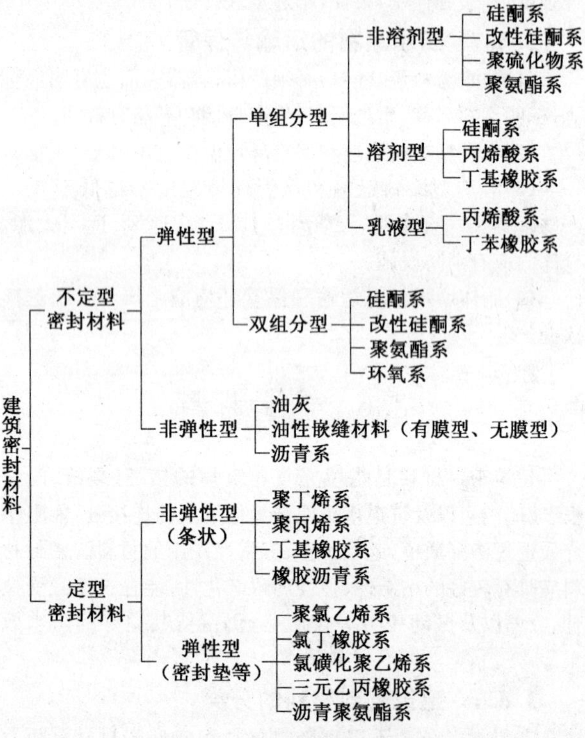

图 3-3　建筑密封材料的分类

3.6.2 不定型密封材料产品标记和性能

3.6.2.1 产品标记

在防水工程中,不定型密封材料主要用于混凝土的接缝部位,包括弹性密封胶和塑性密封胶两大类。密封胶按下列顺序标记:名称、品种、类型、级别、次级别、标准号,如图 3-4 所示。

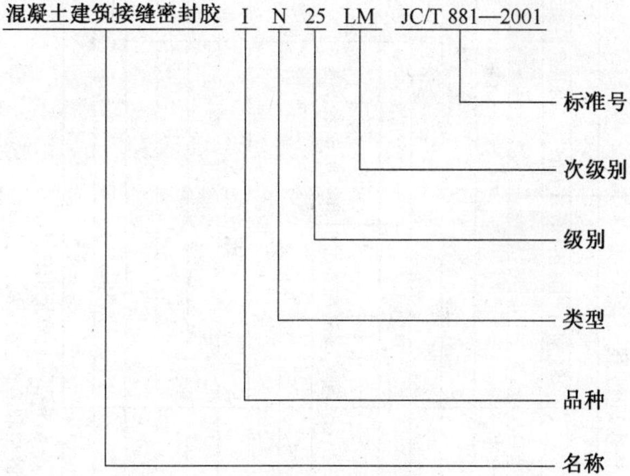

图 3-4 密封胶产品标记

3.6.2.2 密封胶外观性能

密封胶应为细腻、均匀膏状物或黏稠液体,不应有气泡、结皮或凝胶。密封胶的适用期和表干时间指标由供需双方商定。

3.6.2.3 密封胶物理性能

项目			技术指标						
			25LM	25HM	20LM	20HM	12.5E	12.5P	7.5P
流动性	下垂度（N型，mm）	垂直	≤3						
流动性	下垂度（N型，mm）	水平	≤3						
流动性	流平性（S）型		光滑平整						
挤出性（ml/min）			≥80						
弹性恢复率（%）			≥80		≥60		≥40	<40	<40
拉伸粘结性	拉伸模量（MPa）	23℃	≤0.4	>0.4	≤0.4	>0.4	—		
拉伸粘结性	拉伸模量（MPa）	−20℃	和≤0.6	和>0.6	和≤0.6	和>0.6	—		
拉伸粘结性	断裂伸长率（%）		—				≥100	≥20	
定性粘结性			无破坏				—		
浸水后定伸粘结性			无破坏				—		
热压-冷拉后粘结性			无破坏				—		
拉伸-压缩后粘结性			—				无破坏		
浸水后断裂伸长率（%）			—				≥100	≥20	
质量损失率①（%）			≤10			—			
体积收缩率（%）			≤25②			≤25			

注：①乳胶型和溶剂型产品不测质量损失率。

②仅适用于乳胶型和溶剂型产品。

3.6.3 常用不定型密封材料产品介绍

3.6.3.1 聚氨酯建筑密封胶

聚氨酯建筑密封胶属于中高档密封材料，是以异氰酸基为基料和含有活性氢化合物的固化剂组成的一种常温反应固化型弹性密封材料。聚氨酯建筑密封胶具有弹性模量低、延伸率大、弹性高、粘结性好，耐低温、耐水、耐油、耐酸碱、耐疲劳及使用年限长等优点，且价格适中。可用于中、高级屋面接缝防水；也适用于墙面、地下室、门窗、公路、桥梁、运动场、飞机场等结构接缝的密封。

3.6.3.2 聚硫建筑密封胶

聚硫建筑密封胶属于高档密封材料。是由液态聚硫橡胶为主剂，与金属过氧化物等硫化反应，在常温下形成的弹性体，建筑工程中目前多用双组分密封胶。

聚硫建筑密封胶不用溶剂，施工性好，并具有良好的耐候、耐油、耐湿热、耐水和耐低温性能，使用范围为－40℃～90℃，抗撕裂性强，粘结性好。适用于建筑接缝活动量大的部位，如屋面、地下室、地道、车库、蓄水库等。

3.6.3.3 丙烯酸酯建筑密封胶

是以丙烯酸酯乳液为胶粘剂，加入少量表面活性剂、增塑剂、改性剂以及填充料、颜料等配制而成，产品为单组分水乳型。

丙烯酸建筑密封胶具有良好的粘结性、施工性及优异的低温柔性。无毒、无溶剂污染、不燃。可适用于刚性屋面混凝土或金属板缝的密封；也适用于小尺寸混凝土墙板、钢塑门窗、玻璃、陶瓷、石膏板及塑料间的密封防水。

3.6.3.4 有机硅橡胶密封胶

有机硅橡胶密封胶目前常用的是单组分。它具有优异的耐高低温性、柔韧性、耐疲劳性，粘结力强，延伸率大，耐腐蚀，耐老化，并能长期保持弹性，是一种高档的密封材料，但价格昂贵。高模量有机硅橡胶密封胶主要用于建筑物的结构型密封部位，如大型玻璃幕墙、隔热玻璃粘结密封，建筑物门窗及框架周边密封；中模量除在大伸缩性处不能使用外，其他场合均可采用；低模量主要适用于建筑物的非结构型密封部位，如预制混凝土墙板。

3.6.3.5 改性石油沥青密封胶

改性石油沥青密封胶有优良的粘结性与防水性，可以冷施工，价格低廉，适用于一般要求的屋面接缝密封防水、防水层的收头处理等。

3.6.4 常用不定型密封材料的质量指标

3.6.4.1 聚氨酯建筑密封胶物理性能

项目		指标		
		优等品	一等品	合格品
密度(g/cm^3)		规定值±0.1		
适用期(h)	不小于	3		
表干时间(h)	不大于	24	48	
渗出性指数	不大于	2		

续表

<table>
<tr><th colspan="2" rowspan="2">项　　目</th><th colspan="3">指　　标</th></tr>
<tr><th>优等品</th><th>一等品</th><th>合格品</th></tr>
<tr><td rowspan="2">流变性</td><td>下垂度(N型)(mm)
不大于</td><td colspan="3">3</td></tr>
<tr><td>流平性(L型)</td><td colspan="3">5℃自流平</td></tr>
<tr><td colspan="2">低温柔性(℃)</td><td>−40</td><td colspan="2">−30</td></tr>
<tr><td rowspan="2">拉伸粘结性</td><td>最大拉伸强度(MPa)
不小于</td><td colspan="3">0.2</td></tr>
<tr><td>最大伸长率(%),
不小于</td><td>400</td><td colspan="2">200</td></tr>
<tr><td colspan="2">定伸粘结性(%)</td><td>200</td><td colspan="2">160</td></tr>
<tr><td colspan="2">恢复率(%)　不小于</td><td>95</td><td>90</td><td>85</td></tr>
<tr><td rowspan="2">剥离粘结性</td><td>剥离强度(N/mm)
不小于</td><td>0.9</td><td>0.7</td><td>0.5</td></tr>
<tr><td>粘结破坏面积(%),
不大于</td><td>25</td><td>25</td><td>40</td></tr>
<tr><td rowspan="2">拉伸压缩循环性能</td><td>级别</td><td>9030</td><td>8020</td><td>7020</td></tr>
<tr><td>粘结和内聚破坏面积(%),　不大于</td><td colspan="3">25</td></tr>
</table>

3.6.4.2 聚硫建筑密封胶物理性能

序号	项目		等级	A类		B类		
				一等品	合格品	优等品	一等品	合格品
1	密度(g/cm^3)			规定值±0.1				
2	适用期(h)			2～6				
3	表干时间(h)		不大于	24				
4	渗出指数		不大于	4				
5	流变性	下垂度(N型,mm)	不大于	3				
		流平性(L型)		光滑平整				
6	低温柔性(℃)			−30		−40	−30	
7	拉伸粘结性	最大拉伸强度(MPa)	不小于	1.2	0.8	0.2		
		最大伸长率(%),	不小于	100		400	300	200
8	恢复率(%),		不小于	90		80		
9	拉伸压缩循环性能	级别		8020	7010	9030	8020	7010
		粘结破坏面积(%),	不大于	25				
10	加热失重(%),		不大于	10		6	10	

3.6.4.3 丙烯酸酯建筑密封胶物理性能

项目			指标		
			优等品	一等品	合格品
密度(g/cm^3)			规定值±0.1		
挤出性(ml/min)		不小于	100		
表干时间(h)		不大于	24		
渗出性,指数		不大于	3		
下垂度(mm)		不大于	3		
初期耐水性			未见浑浊液		
低温贮存稳定性			未见凝固、离析现象		
收缩率(%),		不大于	30		
低温柔性(℃)			−20	−30	−40
拉伸粘结性	最大拉伸强度(MPa)		0.02～0.15		
	最大伸长率(%)	不小于	400	250	150
恢复率(%),		不小于	75	70	65
拉伸压缩循环性能	级别		7020	7010	7005
	平均破坏面积(%),	不大于	25		

3.6.4.4 有机硅橡胶密封胶种类和特点

种类		优点	缺点
单组分型	醋酸型	橡胶强度大，透明性好	由于生成醋酸有刺激臭味，对金属有腐蚀
	肟基型	基本无臭味	对铜等特殊金属有腐蚀
	醇型	无臭、无腐蚀性，对水泥砂浆粘结性好	固化稍慢
	氨基型	无腐蚀，对水泥砂浆粘结性好	有氨基臭味
	氨络物型	无腐蚀性	有氨络物臭味
	膏状型	不需打底，粘结力强，涂装后可用	同是溶剂型有收缩
双组分型		低模量，撕裂强度大，粘结性好	在高温或密封状态下固化不充分

3.6.4.5 单组分有机硅橡胶密封胶的物理性能

指标 类别 项目名称	高模量		中模量	低模量
	醋酸型	醇型	醇型	酰胺型
颜色	透明，白，黑，棕，银灰	透明，白，黑，棕，银灰	白，黑，棕，银灰	
稠度	流动，不坍塌	不流动，不坍塌	不流动，不坍塌	

续表

项目名称 \ 指标 类别	高模量		中模量	低模量
	醋酸型	醇型	醇型	酰胺型
操作时间(h)	7～10	20～30	30	
指触干时间(min)	30～60	120		
完全硫化(h)	7	7	2	
拉伸强度(MPa)	2.5～4.5	2.5～4.0	1.5～4.0	1.5～2.5
延伸率(%)	100～200	100～200	200～600	
硬度(邵氏 A)	30～60	30～60	15～45	
永久变形率(%)	<5	<5	<5	

注:本表数据为成都有机硅应用研究中心的产品性能。

3.6.4.6　双组分有机硅橡胶密封胶的物理性能

项目名称	指标		
	QD231	QD233	X-1
外观	无色透明	白(可调色)	白(可调色)
流动性	流动性好	不流动	不流动
抗拉强度(MPa)	4～5	4～6	1.2～1.8
伸长率(%)	200～250	350～500	400～600
硬度(邵氏 A)	40～50	50	

续表

项目名称	指标		
	QD231	QD233	X-1
模量	高	高	低
黏附性	良好	良好	良好

注:本表数据为北京化工二厂产品性能。

3.6.4.7 改性石油沥青密封材料的物理性能

项目		性能要求	
		Ⅰ	Ⅱ
耐热度	温度(℃)	70	80
	下垂值(mm)	≤4.0	
低温柔性	温度(℃)	−20	−10
	粘结状态	无裂纹和剥离现象	
拉伸粘结性 (%)		≥125	
浸水后拉伸粘结性(%)		≥125	
挥发性 (%)		≤2.8	
施工度(mm)		≥22.0	≥20.0

注:改性石油沥青密封材料按耐热度和低温柔性分为Ⅰ类和Ⅱ类。

3.6.5 定型密封材料主要产品介绍

定型密封材料是根据不同工程要求制成的断面形状呈带状、条状、垫状等的防水材料,专门处理建筑物或地下构筑物的各种接缝（如伸缩缝、施工缝及变形缝），以达到止水和防水的功能。

3.6.5.1 止水带分类、特点与用途

种类	特　点	用途及注意事项
塑料止水带	由聚氯乙烯树脂加入增塑剂、稳定剂等助剂，经塑炼、造粒、挤出工艺加工而得。原料充足，成本低廉（仅为天然橡胶的40%～50%），耐久性好、物理力学性能能满足使用要求，可节约橡胶及紫铜片	用于工业与民用建筑的地下防水工程、隧道、涵洞、坝体、溢洪道、沟渠等变形缝防水 由于性能及施工效果较差，目前已较少采用
橡胶止水带	采用天然橡胶或合成橡胶及优质高效配合剂为基料压制而成。具有较好的弹性、耐磨性和耐撕裂性，适应变形能力强，防水性能好，使用范围一般为－40℃～40℃	适用于地下构筑物、小型水坝、贮水池、游泳池、屋面及其他建筑物和构筑物的变形缝防水。但当温度超过50℃及受强烈的氧化作用或油类等有机溶剂侵蚀的条件下，不得使用
钢边橡胶止水带	系由一段可伸缩的橡胶和两边配有镀锌钢板所组成。这种止水带基本上可克服橡胶止水带与混凝土黏附力较差，不适应大变形接缝的缺点。其本身有双重用途，一方面可以延长渗水途径，延缓渗水速度，另一方面镀锌钢板和混凝土有着良好的粘结性，可使止水带承受较大的拉力和扭力	用途同一般橡胶止水带，最大能适用90mm的特大变形量 通常要求橡胶和钢板之间的粘合强度达80～100N/2.5cm（剥离强度）

3.6.5.2　遇水膨胀橡胶

遇水膨胀橡胶是以水溶性聚氨酯预聚体、丙烯酸钠高分子吸水性树脂等材料与天然橡胶、氯丁橡胶等合成橡胶制成的遇水膨胀性防水橡胶。它既有一般橡胶防水制品的弹性密封性能，同时，它还具有遇水膨胀的特性，当遇水膨胀后，材料的塑性进一步加大，从而堵塞混凝土孔隙和裂缝，在膨胀倍率范围内起到以水止水的作用。

遇水膨胀橡胶分为制品型与腻子型两种。腻子型遇水膨胀橡胶在外力作用下（如手压、敲打）能改变其原有外形，并在吸水膨胀时部分塑性加大。制品型遇水膨胀橡胶适用于建筑物的变形缝、施工缝以及金属、混凝土等各类预制件的接缝防水；而腻子型遇水膨胀橡胶更适用于建筑、人防等地下工程的接缝密封与防水。

3.6.5.3　膨润土橡胶遇水膨胀止水条

膨润土橡胶遇水膨胀止水条外观为柔软有一定弹性匀质的条状物，主要应用于各种建筑物、构筑物、隧道、地下工程及水利工程的缝隙止水防渗。

3.6.6　密封材料的运输与贮存

（1）密封材料应分类贮存在通风、阴凉的室内，环境温度应不高于 50℃；水乳型密封材料的贮存环境温度应不低于 0℃。

（2）密封材料的贮运、保管应避开火源、热源，避免日晒、雨淋。

(3)防止碰撞、挤压,保持包装完好无损。

3.6.7　密封材料的现场抽样复检

3.6.7.1　现场抽检数量

改性石油沥青密封材料每 2t 为一批,不足 2t 按一批抽样;合成高分子密封材料现场抽检数量为每 1t 为一批,不足 1t 按一批抽样。

3.6.7.2　外观质量检验

(1)改性石油沥青密封材料的外观质量要求为:黑色均匀膏状,无结块和未浸透的填料。

(2)合成高分子密封材料的外观质量要求为:均匀膏状物,无结皮、凝胶或不易分散的固体团状。

3.6.7.3　物理性能检验

(1)改性石油沥青密封材料的检验项目为:耐热度,低温柔性,拉伸粘结性,施工度。

(2)合成高分子密封材料的检验项目为:拉伸粘结性,柔性。

3.7　刚性防水材料简介

3.7.1　刚性防水材料的分类

刚性防水材料通常指防水砂浆与防水混凝土,还包括随着科技的发展出现的各种防水剂和灌浆堵漏材料,其分类如图 3-5 所示。

- 刚性防水材料
  - 防水混凝土
    - 普通防水混凝土
    - 外加剂防水混凝土
      - 减水剂防水混凝土
      - 氯化铁防水混凝土
      - 引气剂防水混凝土
      - 三乙醇胺防水混凝土
      - 膨胀剂和膨胀水泥防水混凝土
  - 防水砂浆
    - 普通防水砂浆
    - 外加剂防水砂浆
      - 无机盐防水剂防水砂浆
      - U 型抗裂防水剂防水砂浆
    - 聚合物防水砂浆
      - 有机硅防水砂浆
      - 氯丁胶乳防水砂浆
      - 丙烯酸酯乳液防水砂浆
  - 其他无机材料
    - 硅酸钠（水玻璃）防水剂
    - 无机高效防水粉
    - M131 快速止水剂
    - M1500 水泥密封防水剂
  - 灌浆堵漏材料
    - 水泥浆液
    - 水泥化学浆液
    - 化学浆液

图 3-5 常用刚性防水材料分类

3.7.2 防水混凝土

防水混凝土兼有结构层和防水层的双重功能。防水混凝土一般包括普通防水混凝土和外加剂防水混凝土，其防水机理是依靠结构构件混凝土自身的密实性，再加上一些构造措施（如设置坡度、变形缝或者使用密封胶、止水带等），达到结构自防水的目的。

外加剂防水混凝土是在混凝土拌合物中加入少量的有机物或无机物，达到改善混凝土和易性，提高混凝土的密实性和抗渗性的目的。国内使用的外加剂主要有引气剂、减水剂、三乙醇胺早强剂、氯化铁防水剂等有机物，此外还有其他一些无机盐产品。

3.7.2.1 配制普通防水混凝土技术要求

项 目	技 术 要 求
水灰比	≯0.55
坍落度	宜不大于 50mm，泵送时入泵坍落度宜为 100～140mm
水泥用量	不少于 300kg/m³，掺有活性掺合料时不少于 280kg/m³
含砂率	宜为 35%～45%
灰砂比	宜为 1∶2～1∶2.5
骨料	碎石或卵石的粒径宜为 5～40mm，含泥量不得大于 1.0%，泥块含量不得大于 0.5%；砂宜用中砂，含泥量不得大于 3%，泥块含量不得大于 1.0%
其他	(1)外加剂的技术性能，应符合国家或行业标准一等品及以上的质量要求 (2)粉煤灰的级别应不低于二级，掺量宜不大于 20%；硅粉掺量应不大于 3%，其他掺合料的掺量应通过试验确定

3.7.2.2 常用防水混凝土引气剂

名称	主要成分	一般掺量（占水泥重）	主要性能、用途
PC-2引气剂	松香热聚物	0.6/万	具有引气、减水作用。适用于有防冻、防渗的港工及水工混凝土工程。含气量3%～8%时强度降低
CON-A引气减水剂	松香皂三乙醇胺等	(0.5～1.0)/万	具有引气、减水增强作用。适用于防冻、防渗、耐碱要求的混凝土工程。含气量8%
烷基苯磺酸钠引气剂	烷基苯磺酸钠等	(0.5～1.0)/万	改善混凝土的和易性，提高抗冻性，用于有抗冻、抗渗要求的混凝土工程。含气量3.7%～4.4%
OP乳化剂	烷基酸环氧乙烷缩聚物	(0.5～6.0)/万	改善混凝土的和易性，提高抗冻性，适用于防水混凝土工程。含气量4%，减水7%
801引气剂	高级脂肪醇衍生物	(1.0～3.0)/万	具有引气、减水作用，有良好的抗渗性，适用于防水工程。含气量5%～6%，减水7%左右

续表

名称	主要成分	一般掺量（占水泥重）	主要性能、用途
烷基磺酸钠(AS)	烷基磺酸钠等	(0.8～1.0)/万	具有引气作用，适用于有防冻、防渗要求的水工混凝土工程。含气量 4%左右

3.7.2.3 引气剂防水混凝土的配制要求

项　目	要　求
引气剂掺量	以使混凝土获得 3%～6%的含气量为宜，松香酸钠掺量为 0.01%～0.03%，松香热聚物掺量约为 0.01%
含气量	以 3%～5%为宜，此时拌合物表观密度降低不得超过 6%，混凝土强度降低值不得超过 25%
坍落度(mm)	30～50
水泥用量(kg/m^3)	≮250，一般为 280～300，当耐久性要求较高时，可适当增加用量
水灰比	≯0.65，以 0.5～0.6 为宜，当抗冻性耐久性要求高时，可适当降低水灰比
砂率(%)	28～35
灰砂比	1∶2～1∶2.5
粗骨料级配(mm)	10～20；20～40；30～70；或自然级配，粗骨料最大粒径≯40

3.7.2.4 用于防水混凝土的几种减水剂

种类		优点	缺点	适用范围
木质素磺酸钙 M		有增塑及引气作用，提高抗渗性能最为显著 有缓凝作用，可推迟水化热峰出现 可减水 10%～15% 或增强 10%～20% 价格低廉，货源充足	分散作用不及 NNO、MF、JN 等高效减水剂 温度较低时，强度发展缓慢，需与早强剂复合作用	一般防水工程均可使用，更适用于大坝、大型设备基础等大体积混凝土工程和夏季施工
多环芳香族磺酸钠	NNO MF JN FDN UNF	均为高效减水剂，减水 12%～20%，增强 15%～20% 可显著改善和易性，提高抗渗性 MF、JN 有引气作用，抗冻性、抗渗性较 NNO 好 JN 减水剂在同类减水剂中价格最低，仅为 NNO 的 40%左右	货源少，价格较贵 生成气泡较大，需要高频振捣器排除气泡以保证混凝土质量	防水混凝土工程均可使用，冬季气温低时，使用更为适宜
糖蜜		分散作用及其他性能均同木质素磺酸钙 掺量少，经济效果显著 有缓凝作用	由于可从中提取酒精、丙酮等副产品，因而货源日趋减少	宜于就地取材，配制防水混凝土

3.7.2.5 氯化铁防水混凝土

在混凝土拌合物中加入少量的氯化铁防水剂拌制而成的防水混凝土,称为氯化铁防水混凝土。它是一种具有高抗渗性和密实性的材料。适用于水中结构的无筋、少筋厚大的防水混凝土、一般地下防水工程以及砂浆修补抹面等。

3.7.2.6 三乙醇胺防水混凝土

三乙醇胺既能提高混凝土的抗渗性,并具有早强、增强作用,在混凝土拌合物中掺入适量的三乙醇胺,以提高混凝土抗渗性能的混凝土称为三乙醇胺防水混凝土。这种混凝土尤其适用于工期紧迫、要求早强及抗渗性较高的防水工程及一般防水工程。

3.7.2.7 膨胀水泥防水混凝土

在混凝土中加入膨胀剂,拌合后生成大量膨胀性结晶水化物(钙矾石或氢氧化钙),使混凝土产生适度膨胀,从而防止或减少混凝土的收缩开裂,并使混凝土密实度提高,起到防水和抗渗作用。膨胀防水混凝土由于密实性与抗裂性好,可适用于屋面与地下防水工程、山洞、钢筋混凝土油罐、主要工程的后浇缝以及修补工程等。

3.7.3 防水砂浆

防水砂浆按其材料成分不同,通常可分为普通防水砂浆、外加剂防水砂浆和聚合物防水砂浆三种。

普通防水砂浆是利用不同配合比的水泥砂浆和水泥砂浆分层分次施工,相互交替抹压密实,充分切断各层次毛细孔网,构成一个多层防线的整体防水层,具有一定的防水效果。

外加剂防水砂浆中掺入的外加剂，主要有防水剂和膨胀剂，其防水原理与防水混凝土类似。

聚合物防水砂浆是在水泥砂浆中掺入一定量的聚合物（如有机硅、氯丁胶乳、丙烯酸酯乳液等），使砂浆具有良好的抗渗、抗裂与防水性能。

各砂浆的适用范围：

(1)普通防水砂浆、外加剂防水砂浆，一般适用于埋置深度不大，使用时不会因结构沉降、温度、湿度变化以及振动等产生有害裂缝的地下或地上防水工程。

(2)有机硅防水砂浆，适用于混凝土、石灰石、砖瓦、石膏制品、矿物制品的防水；如用硫酸铝或硝酸铝中和后，可用作木材、纤维板、纸及其加工品的防水。

(3)氯丁胶乳防水砂浆可作为地下建筑物和贮水设施（如水箱、水池、水塔等）的防水层以及屋面、墙面防水或防潮层；也可用于建筑物裂缝的修补以及轮船甲板敷料和耐腐蚀地面等。

(4)丙烯酸醣共聚乳液防水砂浆，可用于混凝土屋面板、砂浆和混凝土砌块组成的衬砌结构、水箱、游泳池和化粪池等防水，以及防渗漏水工程的修补材料。

(5)除聚合物砂浆外，其他砂浆均不宜用于长期受冲击荷载和较大振动作用下的防水工程，也不适用于受腐蚀、高温（100℃以上）以及遭受反复冻融的砖砌体工程。

3.8 堵漏止水材料

3.8.1 堵漏止水材料的分类

根据渗漏的位置建筑渗漏的主要形式分为点、缝和面的渗漏；根据其渗水量的大小又可分为慢渗、快渗、漏水和涌水。应根据工程的具体渗漏情况，采用不同的堵漏止水材料加以处理。

堵漏止水材料包括防水剂、灌浆材料、止水带、遇水膨胀橡胶等。

灌浆材料就是将一定的材料配制成浆液，用压送设备将其灌入(或注入)缝隙或孔洞中，使其扩散、胶凝或固化，以达到防渗堵漏的目的。用于防水工程的灌浆材料，主要分水泥(颗粒型)灌浆材料和化学(非颗粒型)快凝灌浆材料两大类，此外也有水泥化学复合灌浆材料。

3.8.2 防水剂

硅酸钠防水剂是以硅酸钠(水玻璃)为基本原料，按一定配合比掺入适量的水和数种矾类配制而成的一种具有促凝作用的快速堵漏材料。硅酸钠防水剂系绿色黏性液体。与水泥拌和后可制成防水砂浆。加入混凝土中即成为防水混凝土，可堵塞渗漏水的缝与洞。

硅酸钠类防水剂目前常用的有二矾、三矾、四矾、五矾防水剂及快燥精等五个品种。应根据工程需要选用。

硅酸钠类防水剂配制成胶泥可适用于地下室、水池等构筑物防水堵漏以及抢修小型混凝土工程(不承受荷载)。但不能掺入混凝土内作为防水混凝土的承重结构使用。

3.8.3 无机高效防水粉

无机高效防水粉是一种水硬性无机型胶凝材料,与水调和硬化后即具有防水、防渗性能。这种材料外观一般为白色或灰色粉末状材料。无机型高效防水粉产品很多,当前常用的有堵漏灵、确保时、堵漏停、堵漏能、防水宝等产品,其使用方法、技术性能大同小异,可根据工程需要及使用要求加以选择。

3.8.3.1 堵漏灵、堵漏停、堵漏能的技术指标

项目＼产品		堵漏灵		堵漏停	堵漏能 Q/HD-01-93
		Ⅱ型(简称 02)	Ⅲ型(简称 03)		
抗压	净浆	＞22MPa		≥13	≥15
	7d 砂浆	＞19MPa	＞36MPa		
抗折	净浆	＞4MPa		≥4.0	≥4
	7d 砂浆	＞3MPa	6MPa		
抗渗	净浆	＞1.5MPa	1.5MPa	≥1.5	迎水面≥2.0
	7d 砂浆	＞0.5MPa			背水面≥2.0
粘结力		＞7d1.6MPa		≥1.2MPa	≥2MPa
遮盖力		≤300g/m²		≤300g/cm²	

续表

项目＼产品		堵漏灵		堵漏停	堵漏能 Q/HD-01-93
		Ⅱ型（简称02）	Ⅲ型（简称03）		
冻融循环（－20℃～＋20℃）		20次涂膜无变化	50次试块无变化	－13℃～30℃ 50次合格	－13℃～30℃ 50次无变化
人工老化试验1000h		涂膜无变化			
耐高温（100℃沸水煮）		6h无变化		5h无变化	
耐碱〔饱和 $Ca(OH)_2$ 浸泡18个月〕		6h无变化		10％NaOH48h不起泡、开裂脱落	10％NaOH48h不起泡、开裂、脱落
耐盐（饱和食盐水浸泡18个月）		6h无变化			
耐海水（天然海水浸泡18个月）		6h无变化			
凝结时间（25℃）	初凝	1.5h	34min	≥45min	≥30min
	终凝	2.5h	43min	≤6h	5h

续表

项目 \ 产品	堵漏灵 Ⅱ型（简称 02）	堵漏灵 Ⅲ型（简称 03）	堵漏停	堵漏能 Q/HD-01-93
耐低温性（－40℃）			5h 无变化	

3.8.3.2　防水宝的技术指标

项　　目		Ⅰ型防水宝	Ⅱ型防水宝
外观		母料：白色均匀粉末，无结块，无异物	灰色均匀粉末，无结块，无异物
凝结时间（min）	初凝，不小于	45	40 注①
	终凝，不大于	360	90 注②
7d 抗压强度（MPa）净浆，不小于		13	20
7d 抗折强度（MPa）净浆，不小于		4	5
7d 抗渗压力（MPa）不小于	涂层	0.4	0.4
	砂浆	1.5	2.0
粘结力（MPa）不小于		1.2	1.4
冻融（无开裂、起皮、剥落）		－13℃～30℃，30 次	－20℃～30℃，50 次
耐碱性（无开裂、起皮、剥落）		10%NaOH 浸泡 48h	氢氧化钙浸泡 500h

续表

项目	Ⅰ型防水宝	Ⅱ型防水宝
耐高温(无开裂、起皮、剥落)	100℃水煮5h	100℃水煮5h
耐低温(涂层无变化)	−40℃,5h	−40℃,5h
抗硫酸盐侵蚀,K值,不小于		1.0

注:①Ⅱ型防水宝初、终凝间隔时间应不大于30min。

②Ⅱ型防水宝掺不同量的速凝剂可调节凝结时间用于快速堵漏。

3.8.3.3 确保时、防水宝防水材料的性能测试结果

性能	条件	测试结果	
		防水宝	确保时
外观		浅灰色粉末,略有白色颗粒	浅灰色粉末,略有白色颗粒
抗压强度(MPa)	28d净浆	27.2	30.5
	28d砂浆	21.5	22.1
抗折强度(MPa)	28d净浆	6.6	6.0
	28d砂浆	5.2	5.2
粘结强度(MPa)	7d	2.1	2.5
遮盖力(g/m^2)		300	300
耐碱性	10% NaOH溶液浸泡30d	涂层不起泡、不开裂、不脱落	涂层不起泡、不开裂、不脱落
耐沸煮	100℃沸水5h	涂层基本无变化	涂层基本无变化

续表

性能	条件	测试结果	
		防水宝	确保时
耐冻融循环	−15℃～+30℃ 50个循环	涂层基本无变化，但有些掉粉	涂层基本无变化，略有掉粉，程度比防水宝轻
耐低温性	−40℃ 5h	涂层手擦掉粉严重	涂层手擦掉粉
抗渗性	7d，砂浆	在1.5MPa压力下，有一试样渗水	在1.5MPa压力下，有一试样渗水
	7d，涂层	在0.5MPa压力下，不渗水	在0.5MPa压力下，不渗水
凝结时间	初凝时间	55min	2h50min
	终凝时间	5h5min	6h10min

3.8.4 快速堵漏材料

水玻璃-水泥胶浆、石膏-水泥迅速堵漏材料和水泥-防水浆堵塞料可作为混凝土孔洞渗漏水时快速堵漏材料。

3.8.4.1 水玻璃-水泥胶浆

配合比为，水玻璃∶水泥＝1∶(0.5～0.6)或1∶(0.8～0.9)。由于凝结时间快，从拌和到操作完毕以1～2min为宜。故施工操作要特别迅速，以免凝固结硬。

3.8.4.2 石膏-水泥堵漏材料配合比

材料名称	质量配合比
硅酸盐水泥(强度等级 42.5)	100
生石膏粉	100
水	80

3.8.4.3 防水浆重量配合比

材料名称	规格	配合比(%)	成品规格
氯化钙	液态、工业用	31	波美度为 34°
氯化铝	工业用	4.9	
水		64.1	

3.8.5 灌浆材料

3.8.5.1 水泥浆液

采用强度等级 42.5 以上普通水泥与水拌和,硬化后成为水泥石,起到填补裂缝与止水的作用。这种材料结石强度高,价格低廉,工艺简单,适用于灌注不存在流动水条件下的混凝土裂缝和其他较大缺陷的修补。但对微小裂缝的处理有时效果不理想。

3.8.5.2 水泥水玻璃浆液

水泥水玻璃浆液是将水玻璃溶液与水泥浆混合在一起,再加入外加剂所配成的浆液。它具有水泥的优点,兼有化学浆液的特色。适用于要求凝固时间快的混凝土裂缝部位,以及有较大施工缺陷的修补,以节约昂贵的化学灌浆材料。

3.8.5.3 化学灌浆材料

常用化学灌浆材料按其材料分类,有丙烯酰胺类、环氧树脂类、甲基丙烯酸酯类和聚氨酯类等,几种主要化学灌浆材料的技术性能见下表。

几种主要化学灌浆材料的技术性能

类别		主要成分	起始浆液黏度(Pa·s)	可灌入土层的粒径(mm)	可灌入部位的渗透系数(cm/s)	浆液胶凝时间	聚合体或固砂体的抗压强度(MPa)	聚合体或固砂体的渗透系数(cm/s)	灌浆方式(单、双液)
丙烯酰胺类		丙烯酰胺、甲亚基双丙烯酰胺	0.0012	0.01	10^{-4}	瞬时～数十分钟	0.3～0.8	10^{-6}～10^{-8}	单、双液
环氧树脂		环氧树脂、胺类、稀释剂	～0.01	0.2(裂缝)			40.0～80.0 1.2～2.0 (粘结强度)		单液
甲基丙烯酸酯类		甲基丙烯酸甲酯、丁酯	0.0007～0.001	0.05(裂缝)			60.0～80.0 1.2～2.2 (粘结强度)		单液
聚氨酯类	非水溶性	异氰酸酯、聚醚树脂	0.01～0.2	0.015	10^{-3}～10^{-4}	数分钟～数十分钟	3.0～25.0	10^{-5}～10^{-7}	单液
	水溶性	异氰酸酯、聚醚树脂	0.008～0.025	0.015	10^{-3}～10^{-4}	数分钟～数十分钟	0.5～15.0	10^{-6}	单液
	弹性聚氨酯	异氰酸酯、蓖麻油	0.05～0.2			数分钟～数十分钟			单液

3.9 瓦　　材

3.9.1 常用瓦材品种

常用瓦材品种有:青瓦(图 3-6)、平瓦和脊瓦、筒瓦(图 3-7)、油毡瓦(图 3-8)、波形瓦(图 3-9)、金属板材屋面瓦(其中的彩色压型钢板截面形状见图 3-10,彩色压型保温夹心屋面板截面及配件见图 3-11)。

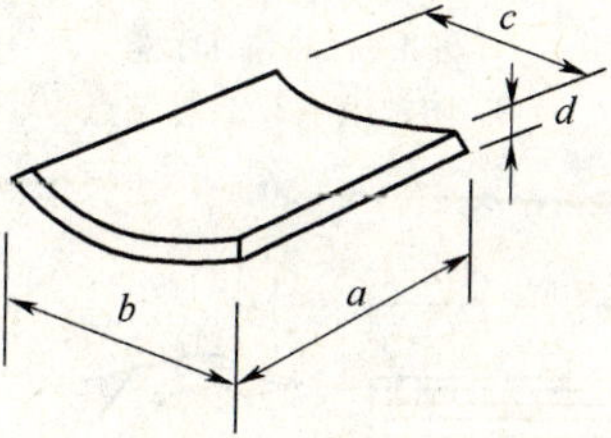

图 3-6 青瓦形状

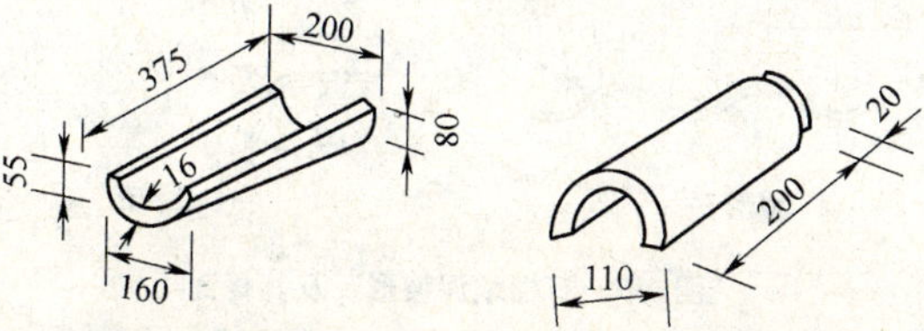

图 3-7 筒瓦

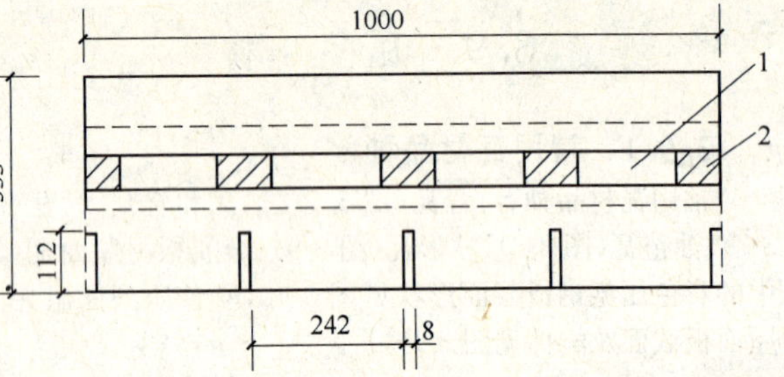

图 3-8　油毡瓦示意

1. 防粘纸　2. 自粘结点

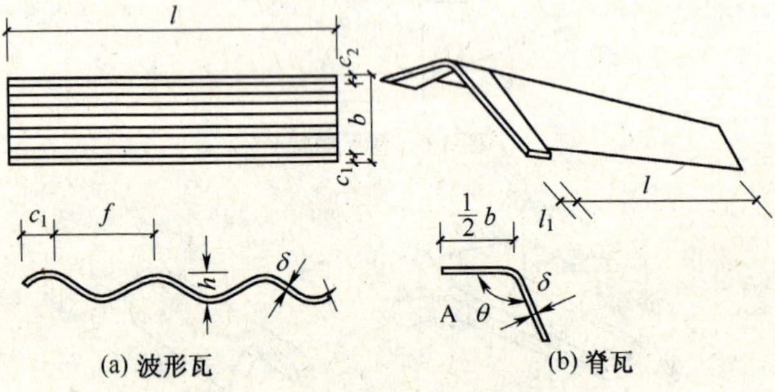

图 3-9　石棉水泥波形瓦及其脊瓦

l—瓦长　b—瓦宽　δ—瓦厚　l_1—搭接长　f—波距

h—波高　c_1、c_2—边距　θ—角度

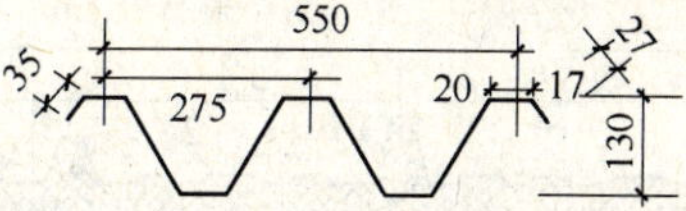

(a) W-550 型板

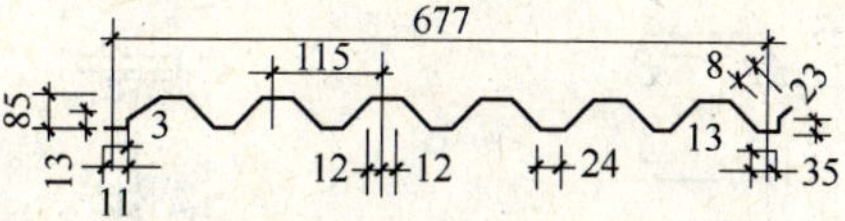

(b) V-115N 型

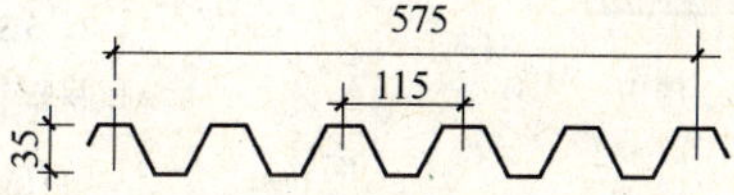

(c) V-115 型

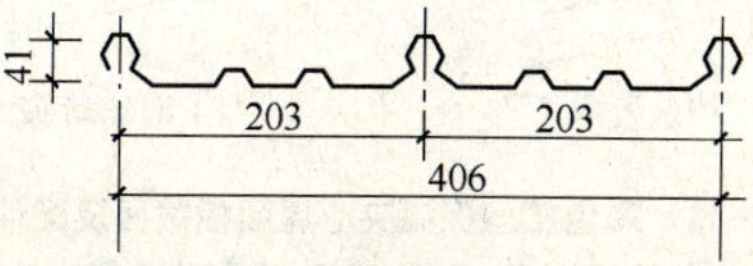

(d) 带肋型

图 3-10 彩色压型钢板截面图

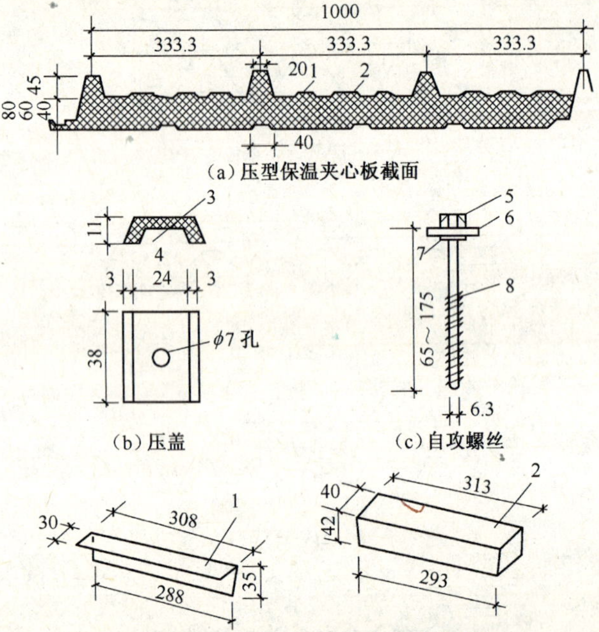

(a) 压型保温夹心板截面

(b) 压盖　　(c) 自攻螺丝

(d) 挡水板　　(e) 泡沫堵头

图 3-11　彩色压型保温夹心屋面板截面及配件

1. 彩色涂层钢板　2. 聚氨酯或聚苯乙烯泡沫

3. 1mm 厚不锈钢压盖　4. 2mm 厚乙丙橡胶垫

5. 塑料帽　6. 1mm 厚不锈钢垫圈

7. 1.5mm 厚乙丙橡胶垫圈　8. 镀锌螺杆

3.9.2 瓦材总体质量要求

序号	内容
1	平瓦及其脊瓦应边缘整齐，表面光洁，不得有分层、裂纹和露砂等缺陷。平瓦的瓦爪与瓦槽的尺寸应配合适当
2	油毡瓦应边缘整齐、切槽清晰、厚薄均匀；表面应无孔洞、棱伤、裂纹、折皱和气泡等缺陷
3	波形瓦及其脊瓦应边缘整齐、表面光洁，不得有起层、断裂和掉角等缺陷
4	压形钢板应边缘整齐、表面光滑、色泽均匀、外形规则，不得有扭曲、脱膜和锈蚀等缺陷

3.9.3 主要瓦材规格及质量要求

3.9.3.1 平瓦规格

序号	平瓦名称	规格(mm)	每块有效面积(m^2)	每平方米屋面(块)
1	黏土平瓦	(360～400)×(220～240)×(14～16)	0.053～0.067	18.9～15.0
2	水泥平瓦	(385～400)×(235～250)×(15～16)	0.062～0.070	16.1～14.3
3	硅酸盐平瓦	400×240×16	0.067	15.0
4	炉渣平瓦	390×230×12	0.062	16.1
5	水泥炉渣平瓦	400×240×(13～15)	0.067	15.0

续表

序号	平瓦名称	规格(mm)	每块有效面积(m^2)	每平方米屋面(块)
6	碳化灰砂瓦	380×215×15	0.055	18.2
7	煤矸石平瓦	390×240×(14~15)	0.065	15.4
		350×250×20	0.060	16.7
8	水泥大平瓦	700×500×15	0.26	3.8

注:表中每块有效面积、每平方米屋面块数供参考。

3.9.3.2　黏土平瓦质量等级

<table>
<tr><th colspan="3" rowspan="2">项　目</th><th colspan="2">优等品</th><th colspan="2">一等品</th><th colspan="2">合格品</th></tr>
<tr><th>压制</th><th>挤出</th><th>压制</th><th>挤出</th><th>压制</th><th>挤出</th></tr>
<tr><td rowspan="3">尺寸</td><td rowspan="3">允许偏差(mm)</td><td>长度</td><td>±4</td><td>±5</td><td>±5</td><td>±6</td><td>±7</td><td>±8</td></tr>
<tr><td>宽度</td><td colspan="4">±3</td><td colspan="2">±5</td></tr>
<tr><td>翘曲不超过(mm)</td><td colspan="4">3</td><td colspan="2">4</td></tr>
<tr><td rowspan="4">外观质量</td><td rowspan="4">裂纹(mm)</td><td>实用面贯穿</td><td colspan="6">不允许</td></tr>
<tr><td>实用面非贯穿≤</td><td colspan="2">不允许</td><td colspan="2">30</td><td colspan="2">50</td></tr>
<tr><td>搭接处贯穿</td><td colspan="4">不允许</td><td colspan="2">不得延伸至搭接部分的1/2处</td></tr>
<tr><td>边筋断裂</td><td colspan="6">不允许</td></tr>
</table>

续表

<table>
<tr><td colspan="3" rowspan="2">项 目</td><td colspan="2">优等品</td><td colspan="2">一等品</td><td colspan="2">合格品</td></tr>
<tr><td>压制</td><td>挤出</td><td>压制</td><td>挤出</td><td>压制</td><td>挤出</td></tr>
<tr><td rowspan="4">外观质量</td><td rowspan="3">缺损(mm)</td><td>缺棱掉角≤</td><td colspan="2">不允许</td><td colspan="2">30</td><td colspan="2">45</td></tr>
<tr><td>边筋破坏</td><td colspan="4" rowspan="2">不允许</td><td colspan="2">残留高度不低于 2mm</td></tr>
<tr><td>后爪</td><td colspan="2">残留高度不低于 3mm</td></tr>
<tr><td colspan="2">欠火、石灰爆裂和哑音瓦</td><td colspan="6">不允许</td></tr>
<tr><td rowspan="5">力学性能</td><td rowspan="2">抗折荷重(N)≥</td><td>平均值</td><td colspan="2">980</td><td colspan="2">870</td><td colspan="2">780</td></tr>
<tr><td>最小值</td><td colspan="2">780</td><td colspan="4">680</td></tr>
<tr><td colspan="2">饱和吸水质量(kg/m^2)≤</td><td colspan="4">50</td><td colspan="2">55</td></tr>
<tr><td colspan="2">抗冻性</td><td colspan="6">不得出现分层、开裂、剥落等损伤现象</td></tr>
<tr><td colspan="2">抗渗性</td><td colspan="6">不得出现水滴</td></tr>
</table>

3.9.3.3 脊瓦规格

<table>
<tr><th>名 称</th><th>规格(mm)</th><th>每 m 屋脊(块)</th></tr>
<tr><td>黏土脊瓦</td><td>455×190×20</td><td>24</td></tr>
<tr><td rowspan="3">水泥脊瓦</td><td>455×165×15</td><td rowspan="3">2.4</td></tr>
<tr><td>455×170×15</td></tr>
<tr><td>465×175×15</td></tr>
</table>

3.9.3.4 黏土脊瓦质量等级

<table>
<tr><th colspan="2">项　目</th><th>一等品</th><th>合格品</th></tr>
<tr><td rowspan="5">外观质量</td><td>翘曲不超过(mm)</td><td>10</td><td>15</td></tr>
<tr><td>实用面贯穿裂缝</td><td colspan="2">不允许</td></tr>
<tr><td>实用面非贯穿裂缝长度(mm)≤</td><td>30</td><td>50</td></tr>
<tr><td>缺棱掉角长度(mm)≤</td><td>30</td><td>50</td></tr>
<tr><td>欠火、石灰爆裂和哑音瓦</td><td colspan="2">不允许</td></tr>
<tr><td rowspan="2">力学性能</td><td>抗折荷重最小值(N)≥</td><td colspan="2">680</td></tr>
<tr><td>抗冻性</td><td colspan="2">不得出现分层、开裂、剥落等损伤现象</td></tr>
</table>

3.9.3.5 水泥平瓦质量要求

<table>
<tr><th colspan="3">项　目</th><th>指　标</th></tr>
<tr><td rowspan="3">尺寸</td><td rowspan="3">允许偏差(mm)</td><td>长度</td><td>±5</td></tr>
<tr><td>宽度</td><td>±5</td></tr>
<tr><td>厚度</td><td>±2</td></tr>
<tr><td rowspan="8">外观质量</td><td colspan="2">裂纹：贯穿裂纹</td><td>不允许</td></tr>
<tr><td rowspan="2">瓦爪残缺</td><td>前爪</td><td rowspan="2">允许一爪有缺，但不大于爪高的1/3</td></tr>
<tr><td>后爪</td></tr>
<tr><td colspan="2">瓦正面气泡、露砂、石灰爆裂</td><td>不允许</td></tr>
<tr><td colspan="2">掉角：在瓦面上造成的破坏尺寸不得同时大于</td><td>20mm</td></tr>
<tr><td rowspan="2">边筋残缺</td><td>外槽外缘边筋断裂</td><td>不允许</td></tr>
<tr><td>边筋的残留高度不得低于</td><td>2mm</td></tr>
<tr><td colspan="2">擦边：长度不得超过(在瓦面上造成的破坏宽度小于5mm者不计)</td><td>40mm</td></tr>
</table>

3.9.3.6 石棉水泥波形瓦及其脊瓦品种、规格

品种	波形	长度 l (mm)	宽度 b (mm)	厚度 δ (mm)	角度 θ (°)	波距 f (mm)	波高 h (mm)	波数 (个)	质量 (kg/张)
普通石棉水泥波形瓦	大波瓦	2800	994	8.0		167	50	6	45
	中波瓦	2400	745	6.5		131	33	5.7	22
		1800	745	6.0		131	33	5.7	15
		1200	745	6.0		131	33	5.7	10
	小波瓦	1800	720	6.0		63.5	16	11.5	15
		1800	720	5.0		63.5	16	11.5	13
钢丝网石棉水泥波形瓦	中波瓦	1800	745	7.5		131	33	5.7	22～24
	小波瓦	1800	720	8.5					15
		1800	720	6.0					
石棉水泥脊瓦	大波脊瓦	780	230×2	6.0	125				4
	中波脊瓦	780	230×2	6.0	125				4
	小波脊瓦	780	180×2	6.0	125				3

3.9.3.7 石棉水泥瓦一等品外观质量

外观质量指标	允许范围			
	大波瓦	中波瓦	小波瓦	脊瓦
掉角	沿瓦边长不得超过 100mm，宽度方向不得超过 50mm	沿瓦边长不得超过 50mm，宽度方向不得超过 35mm	沿瓦边长不得超过 50mm，宽度方向不得超过 20mm	沿瓦边长和宽度方向均不得超过 20mm
	一张瓦的掉角不得多于 1 个			
掉边	宽度不得超过 15mm	宽度不得超过 10mm		不允许
裂纹(不得有因成型造成的下列之一)	正表面：a. 宽度不得超过 1.2mm；b. 长度不得超过 75mm； 背面：a. 宽度不得超过 1.5mm；b. 长度不得超过 150mm			
方正度	≤6		—	
端部厚度	不得超过实测瓦厚的 25%		—	

3.9.3.8 石棉水泥瓦合格品外观质量

外观质量指标	允许范围			
	大波瓦	中波瓦	小波瓦	脊瓦
掉角	沿瓦边长不得超过 150mm，宽度方向不得超过 70mm	沿瓦边长不得超过 100mm，宽度方向不得超过 45mm	沿瓦边长不得超过 100mm，宽度方向不得超过 30mm	沿瓦边长和宽度方向均不得超过 20mm
	一张瓦的掉角不得多于 2 个			
掉边	宽度不得超过 20mm	宽度不得超过 15mm		不允许
裂纹（不得有因成型造成的下列之一）	正表面：a. 宽度不得超过 1.5mm；b. 长度不得超过 100mm； 背面：a. 宽度不得超过 2.0mm；b. 长度不得超过 300mm			
方正度	≤6		—	

3.9.3.9　彩色压型保温夹心屋面板主要技术性能

项次	项　目	性　能					
1	板厚(mm)	40		60		80	
2	钢板厚(mm)	0.5	0.6	0.5	0.6	0.5	0.6
3	质量(kg/m^2)	12	14	13	15	14	16
4	导热系数 K (W/m·K)	0.58		0.41		0.30	
5	隔音(dB)	25		38		50	
6	耐水极限(h)	0.6					
7	适用温度(℃)	−50～+120					
8	抗压强度(MPa)	≥0.25					
9	淋水试验	板面升温 70℃～75℃，伴风淋水 4 个循环 20h，无渗漏					

3.9.3.10　彩色沥青油毡瓦的技术指标

项　目	等　级	
	优等品	合格品
可溶物含量(g/m^2)	1900	1450
拉力[(25±2)℃纵向](N)≥	340	300
耐热度(℃)	85±2	
	受热 2h 涂盖层应无滑动和集中性气泡	
柔度	10℃	
	绕半径 35mm 圆棒或弯板无裂纹	

3.9.3.11 油毡瓦的外观质量要求

<table>
<tr><th colspan="2">规格及质量</th><th rowspan="2">外观质量</th></tr>
<tr><th>项目</th><th>允许偏差</th></tr>
<tr><td>长度</td><td rowspan="2">优等品±3mm
合格品±5mm</td><td rowspan="4">1. 油毡瓦包装后，在环境温度10℃～45℃，应易于打开，不得产生脆裂和有破坏油毡瓦面的粘连
2. 玻璃纤维毡必须完全用沥青浸透和涂盖，不能有未经覆盖的纤维
3. 油毡不应有孔洞、边缘切割不齐、裂纹断缝等缺陷
4. 矿物粒料的颜色和粒度必须均匀、紧密地覆盖在油毡瓦的表面
5. 自粘结点距末端切槽的一端不大于190mm，并与油毡瓦的防粘纸对齐</td></tr>
<tr><td>宽度</td></tr>
<tr><td>厚度</td><td>不小于2.8mm</td></tr>
<tr><td>质量</td><td>每平方米质量
不小于2.5kg</td></tr>
</table>

4 常用施工机具

4.1 一般施工机具

4.1.1 卷材防水施工常用工具

序号	名称	用途	规格
1	小平铲(腻子刀)	有软硬两种。软性适合于调制弹性密封膏,硬性适合于清理基层	刃口宽度(mm):25、35、45、50、65、75、90、100 刃口厚度(mm):0.4(软性)、0.6(硬性)
2	扫帚	用于清扫基层	同一般日用的
3	拖布	用于清扫基层	同一般日用的
4	钢丝刷	用于清除基层灰浆杂物	普通型
5	皮老虎(皮风箱)	用于清除接缝内的灰尘	最大宽度(mm):200、250、300、350
6	铁桶、塑料桶	用来装溶剂及涂料	普通型
7	油漆刷	用于涂刷涂料	宽度(mm):13、19、25、38、50、63、68、75、100、125、150

续表

序号	名称	用途	规格
8	滚动刷	用于涂刷涂料、胶粘剂等	ϕ600mm×250mm，ϕ60mm×125mm
9	长把刷	用于涂刷涂料	200mm×400mm，把的长度自定
10	磅秤	用于计量	根据工程需要选用
11	胶皮刮板	用于刮混合料	100mm×200mm，自制
12	铁皮刮板	用于复杂部位刮混合料	100mm×200mm，自制
13	皮卷尺	用于度量尺寸	测量上限(m)：5、10、15、20、30、50
14	钢卷尺	用于度量尺寸	测量上限(m)：1、2、3
15	镏子	用于密封材料表面修整	按需要自制
16	剪刀	用于裁剪卷材	普通型
17	小线绳	用于弹基准线	普通型
18	彩色笔	用于画基准线	普通型
19	工具箱	用于装工具等	按需要自制
20	嵌填工具	用于嵌填衬垫材料	竹或木制，按缝深自制
21	压辊	用于卷材施工压边	ϕ40mm×100mm，钢制
22	高压吹风机	清理基层	视工程情况选用

4.1.2　小型机具

4.1.2.1　电动搅拌器(图 4-1)

用途:用于搅拌糊状材料。规格:转速 200r/min,用手电钻改制。

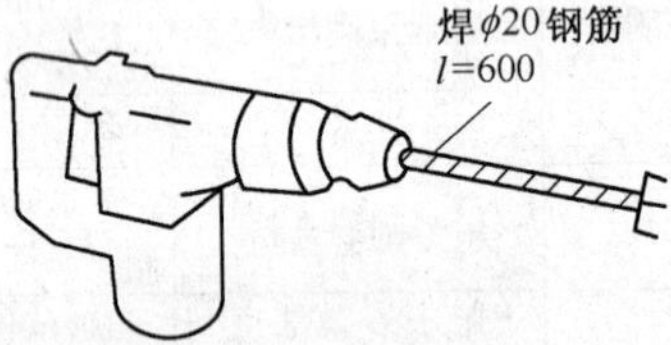

图 4-1　电动搅拌器

4.1.2.2　手动挤压枪(图 4-2)

用途:用于嵌填筒装密封材料。规格:普通型。

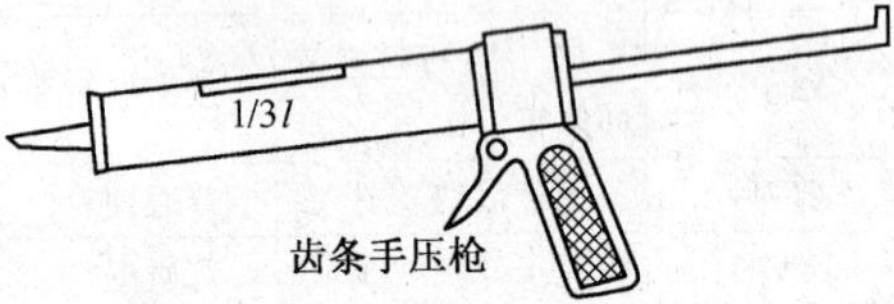

图 4-2　手动挤压枪

4.1.2.3　气动挤压枪(图 4-3)

用途:用于嵌填筒装密封材料。规格:普通型。

4.1.3　灌浆和注浆设备

4.1.3.1　手掀泵灌浆设备

手掀泵灌浆示意见图 4-4。此设备用于建筑堵漏注浆。规格:普通型。

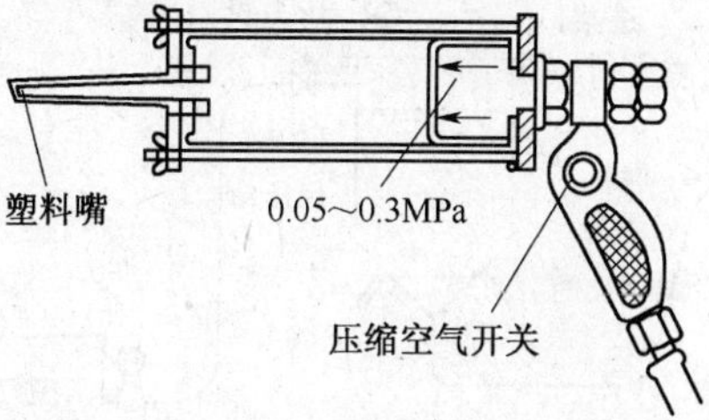

图 4-3　气动挤压枪

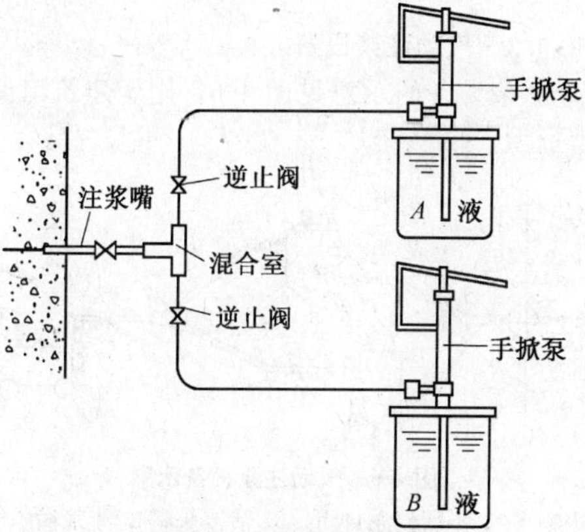

图 4-4　手掀泵灌浆示意

4.1.3.2　风压罐灌浆设备

风压罐灌浆设备系统如图 4-5 所示。常用于建筑堵漏注浆。规格:普通型。

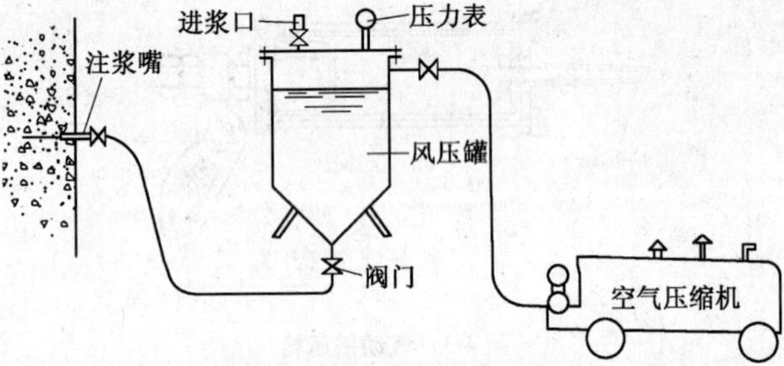

图 4-5　风压罐灌浆设备系统

4.1.3.3　气动注浆设备

气动注浆设备的示意见图 4-6。用于建筑堵漏注浆。规格:普通型。

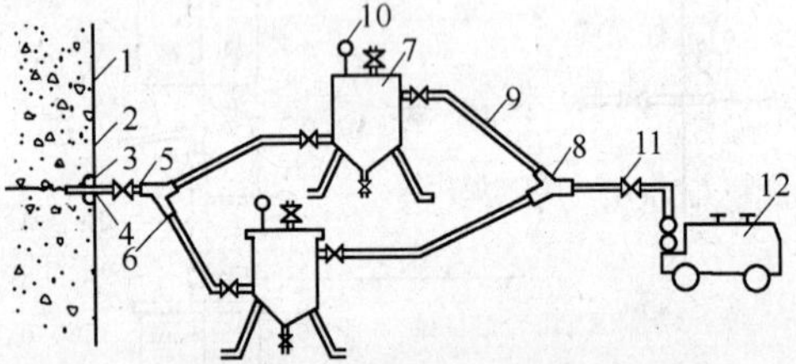

图 4-6　气动注浆设备示意

1. 结构物　2. 环氧胶泥封闭　3. 活接头　4. 注浆嘴　5. 高压塑料透明管　6. 连接管　7. 密封贮浆罐　8. 三通　9. 高压风管　10. 压力表　11. 阀门　12. 空气压缩机

4.1.3.4　电动注浆设备(图 4-7)

用于建筑堵漏注浆。规格:普通型。图 4-8 所示为注浆嘴的构造图，是注浆的专用设备，有四种型式。

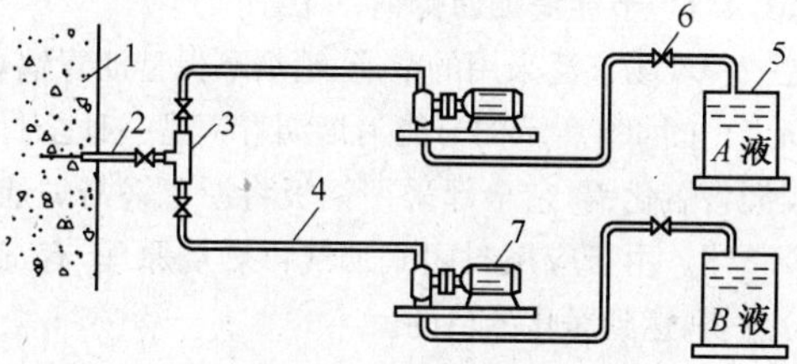

图 4-7　电动注浆设备

1. 结构物　2. 注浆嘴　3. 混合室　4. 输浆管　5. 贮浆液　6. 阀门　7. 电动泵

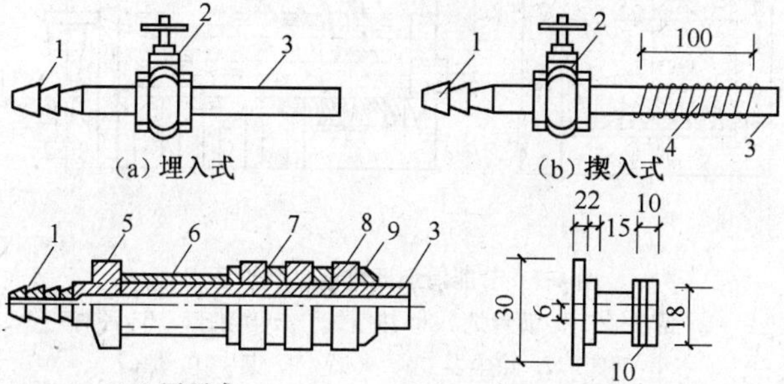

图 4-8　注浆嘴

1. 进浆口　2. 阀门　3. 出浆口　4. 麻丝　5. 螺母　6. 活动套管　7. 活动压环　8. 弹性橡胶圈　9. 固定垫圈　10. 螺纹

4.1.4　沥青加热、施工设备

4.1.4.1　节能消烟沥青锅

是一种现场广泛采用的节能、消烟环保型沥青锅，用于熬制沥青。图 4-9 所示的节能消烟沥青锅是一种全封闭式多回程沥青熔化锅，它全部采用钢板将沥青锅与炉灶合成为一个整体。由于应用封闭式烟气再燃烧原理，有毒物得到充分燃烧，达到净化的目的。

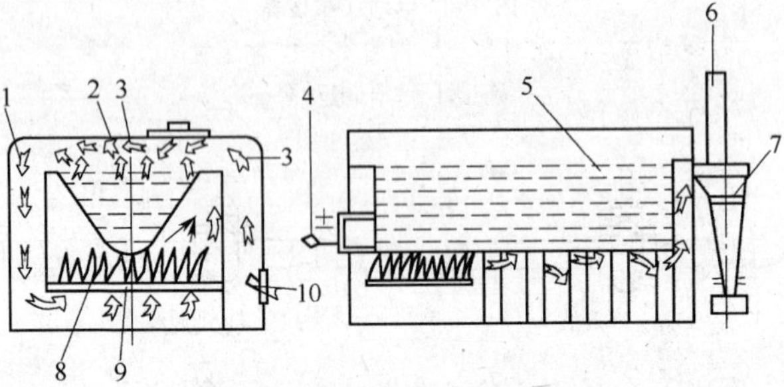

图 4-9　节能消烟沥青锅燃烧炉示意

1. 混合气　2. 沥青烟　3. 热空气　4. 出油口　5. 沥青　6. 烟囱　7. 除尘器　8. 火焰　9. 煤　10. 炉门

JXL-89 型沥青锅热效率高，熔化沥青时间短，可连续出油，出油量为 300kg/h。一台沥青锅可供 9～11 人进行沥青油毡热法施工，每班防水施工面积为 1000～1500m^2，其规格见下表：

JXL 型节能消烟沥青锅的技术性能参数

技术项目	JXL-89 型	JXL-86-0.8 型	JXL-86-1.4 型
容量(kg)	连续出油量 300	800	1400
耗煤量(kg/h)	39	20	35
烟气净化率	95%～96%	95.4%	95.4%
排烟黑度(林格曼)	0.5 级以下	0.5 级	0.5 级
出油温度(℃)	240～260	240～260	240～260
总重量(t)		1.2	2.0

4.1.4.2 沥青加热车

沥青加热车是一种加热、保温沥青的设备，可以现场加工制作，其外形和加工尺寸如图 4-10。通常用 2～3mm 的薄钢板焊制成夹层箱式结构，总重量约 150kg，一次可熔化沥青 350kg，并可连续添加。

4.1.4.3 现场自制沥青锅灶

在一些偏远、交通不便或小工程，可以在现场自制沥青锅灶，用于熬制沥青胶结材料。图 4-11 是现场自制的锅灶大样图，规格分为容积 0.5、0.75、1.0、1.5m^3，用钢材焊接。锅的两边用角钢或其他型钢与灶膛固定的铁件焊在一起。沥青锅四周与炉灶之间要留有 100mm 的空隙，以利火焰上升，使沥青锅能全面受热。

现场砌筑的普通沥青锅灶分地上式和半地下式。地上式沥青锅全部用砖砌筑，燃料口及出灰口均设在地上。半

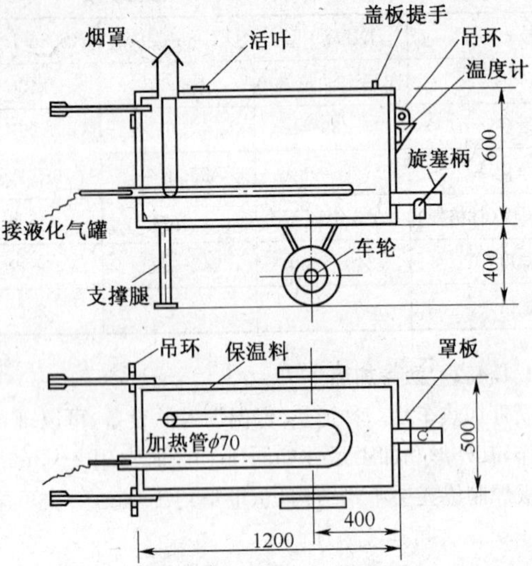

图 4-10　沥青加热车尺寸

地下式比较简单，在地面上挖个坑，炉条以下置于地下，炉条以上砌砖，炉灶均设燃料口、出灰口、鼓风口及烟囱。烟囱高度约 2m。

4.1.4.4　加热保温沥青车

图 4-12 所示的加热保温沥青车是防水工程冬季施工必备的设备，用于冬季运输沥青胶结材料。贮油桶的容积约为 0.3m^3。

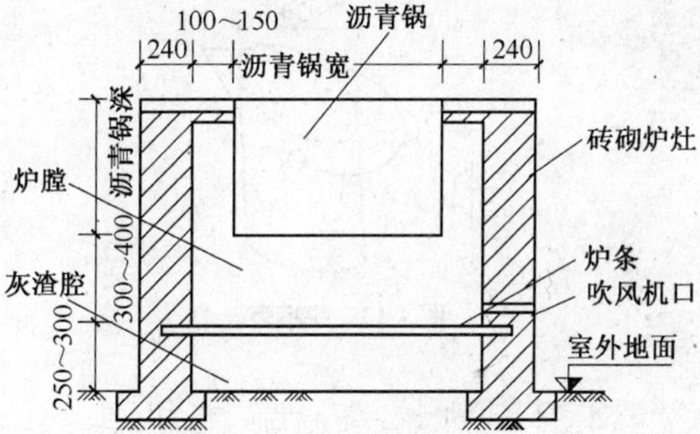

图 4-11　现场自制沥青锅灶大样图

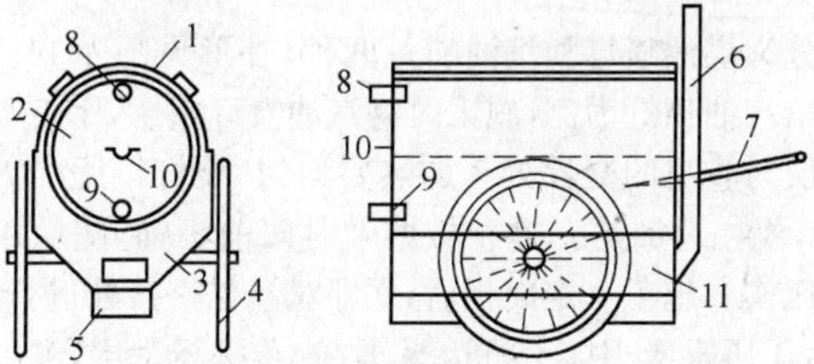

图 4-12　加热保温沥青车

1. 保温盖　2. 贮油桶　3. 保温车厢　4. 胶皮车轮
5. 掏灰口　6. 烟囱　7. 车把　8. 贮油桶出气口
9. 流油嘴及闸门　10. 吊环　11. 加热室

4.1.4.5　鸭嘴壶(图 4-13)

用途:用于浇灌沥青胶结料。规格:ϕ360mm、h=500mm。

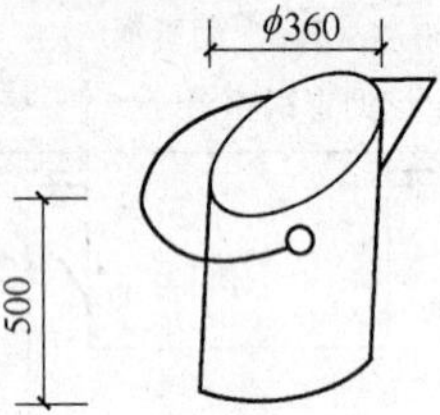

图 4-13　鸭嘴壶

4.2　热熔卷材施工机具

4.2.1　喷灯

分为煤油喷灯和汽油喷灯两种，外形见图 4-14。操作工艺以汽油喷灯为例，施工时将汽油喷灯点燃，手持喷灯加热基层与卷材的交界处。加热要均匀，喷灯口距交界处约 0.3m，要往返加热。趁卷材熔融时向前滚铺，随后用压辊将其压实。施工一定面积后，立即对卷材搭接处进行加热、封边，用压辊或小抹子将边封牢，使卷材与基层，卷材与卷材之间粘接牢固。

4.2.2　手提式微型燃烧器

4.2.2.1　构造与使用

手提式微型燃烧器由图 4-15 所示的微型燃烧器与图 4-16 所示供油罐两部分组成，并配备一台空气压缩机。微型燃烧器由手柄、油路、气路及燃烧筒组成；供油罐由罐体、油路、气路和压力表等构成。操作时先起动空气压缩

煤油喷灯　　　　汽油喷灯

图 4-14 喷灯

机将供油罐内的油增压，使之成为油雾，点燃油雾使微型燃烧器发出火焰，加热卷材与基层，使卷材达到熔融状态，趁卷材熔融时向前滚铺，随后用压辊给予一定外力将其压实。并按预定施工方案将卷材搭接处进行加热、封边，用压辊或小抹子将边封牢，使卷材与基层、卷材与卷材之间粘接牢固。

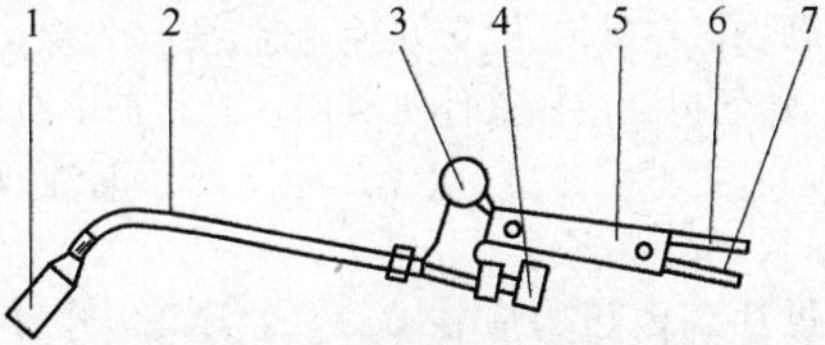

图 4-15 燃烧器结构示意

1. 燃烧筒　2. 油气管　3. 气开关　4. 油开关
5. 手柄　6. 气接嘴　7. 油接嘴

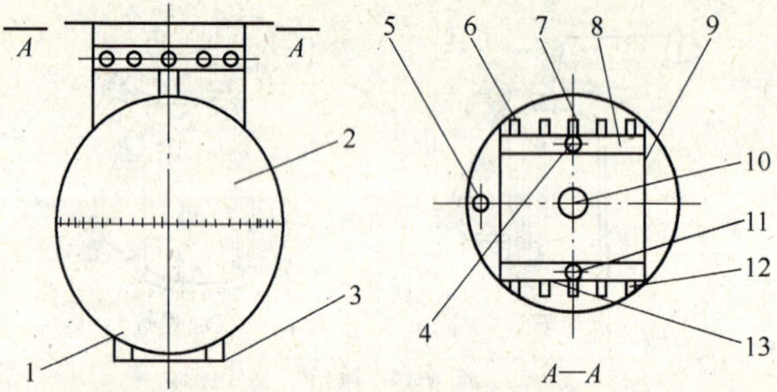

图 4-16　供油罐结构示意图

1. 放油口　2. 罐体　3. 底座　4. 通气管　5. 注油口　6. 气接嘴　7. 来气接嘴　8. 气总管　9. 提手　10. 压力表　11. 通油管　12. 油接嘴　13. 油总管

4.2.2.2　使用安全注意事项

为确保施工安全，操作时应注意下列事项：

(1)燃烧器油路开关不可猛开猛关，以免熄火。

(2)燃烧器在运输、贮存及使用时，要妥善保护，不可乱扔、乱摔、随便拆卸或做其他工具用。尤其是燃烧筒在工作时温度较高，更不准碰撞，以免产生变形或漏油、漏气而影响火焰形状，危及安全。

(3)供油罐内压力应在 0.3～0.7MPa，小于 0.3MPa 时，燃烧器工作会不正常，罐内压力最大不得大于 0.7MPa。

(4)供油罐在运输或不用时，应打开接气开关及下部的放油口，将余油放出排干净，使供油罐呈放空状态，以免发生危险。

(5)供油罐体不准碰撞或被利物划伤。供油罐每年定期检查一次,每次用完需随检,发现隐患及时上报并排除。

(6)供油罐应放置在低温处,要随时注意检查。使用时,也不准放在烈日下长时间曝晒,要有一定遮阳措施,以免使供油罐内压力增加,不利于安全。

(7)只准用煤油或轻柴油作为燃料,不准使用其他燃料。气路只准使用压缩空气,不准使用其他气体。

4.2.3 AD牌新型火焰枪

4.2.3.1 AD牌新型火焰枪特点

AD牌新型火焰枪是一种新型高效的防水施工机具,它具有下列特点:

(1)预热时间短。2~3min后打开调节阀,即呈蓝火。

(2)火焰强。火焰长度为50~600mm。

(3)耐用。长期燃烧不断火,不堵塞。

(4)使用方便。油罐与火焰枪喷火筒之间用耐用橡胶管分离连接,使用方便。

4.2.3.2 AD牌新型火焰枪的型号与性能

类别	型号	规格(mm)	火焰温度(℃)	火焰长度(mm)	颜色
汽化油火焰枪	AD-Y-02	50×100	1200~1500	50~600	蓝紫红
石油液化气火焰枪	AD-Q-01	32×100	1000~1200	50~300	蓝白
	AD-Q-02	50×100	1200~1400	50~600	蓝白
	AD-Q-03	50×2100	1200~1400	50~600	蓝白

4.2.3.3　AD 牌新型火焰枪的主要技术指标

安全压力(MPa)	工作压力(MPa)	火焰温度(℃)	装油量(kg)	耗油量(kg/h)
安全压力 1.5～2.5 爆炸压力 7.2	0.2～0.5	1000～1500	大罐:15 小罐:4	1.4～1.8

4.2.3.4　AD-Y 型火焰枪的使用方法

(1)加油打气。打开加油盖,加入定量汽油或煤油,然后拧紧加油盖,关闭油罐开关阀,用气筒注气 0.2～0.4MPa 即可,并认真检查是否泄漏。

(2)预热。打开油罐阀及枪体油阀(旋转 1～1.5 圈),然后微动打开调节阀,将少许汽油注射进喷火筒,随即关闭调节阀,点燃喷火筒内汽油,燃烧 3min 就可达到预热程度。

(3)点燃。将注入喷火筒内的汽油点燃,让其在喷火筒内燃烧 2～3min,再打开枪体油阀(旋转 1～1.5 圈),然后开启调节阀,调节到所需火焰为止。

(4)熄火。关闭油罐供油阀、枪体油阀,再将调节阀轻轻关闭。即可熄火。

4.2.3.5　AD-Q 型火焰枪的使用方法

(1)点火。接通液化气罐,打开罐体气阀,再轻动旋转枪体微动调节阀(不需预热),然后用火柴或打火机点燃。如需强火时,可手压强力阀开关,即可达到所需火焰温度和长度。需特别注意,在使用时要将液化气罐上减压阀芯抽掉。

(2)熄火。关闭液化气罐及枪体调节阀即可。

4.2.3.6 使用安全注意事项

(1)使用前应检查各连接处是否渗漏。压力容器要轻拿轻放,不得有漏油、漏气现象。

(2)调节阀只起调节火焰大小之用,不能作关闭油路使用,一般宜控制在1.5～2.5圈。

(3)发生意外火灾时,首先关闭油罐开关阀,切断油源,然后迅速使用相应的方法灭火,防止油罐出现爆炸。

4.2.3.7 故障排除

(1)喷火筒只出气而不喷火。原因及排除方法:吸油管高于油面,加油后即能喷火。

(2)火焰不稳定。原因及排除方法:油中有杂质,可清洗油罐或更换油料。

(3)火焰出现红色虚火。原因及排除方法:预热时间不到3min,调节阀打开过大;此时可延长预热时间,重新调整调节阀。

(4)有油不出火。原因及排除方法:一是气压不足,二是喷嘴内腔积炭过多;调节气压或清除杂质即可。

4.3 热焊卷材施工机具

热风焊接法是卷材防水层热法施工工艺之一。热风焊接法是将两片PVC防水卷材搭接40～50mm,通过热压焊接机的焊嘴吹热风加热,利用聚氯乙烯材料的热塑性,使卷材的边缘部分达到熔融状态,然后用压辊加压,将两片卷材融为一体。热风焊接法的主要施工机具是热压焊接机。热压焊接机主要用来焊接 PVC 防水卷材的平面直线，手动焊枪焊接圆弧及立面。

4.3.1 热压焊接机的构造

热压焊接机由传动系统、热风系统、转向部分组成，其构造如图 4-17 所示。

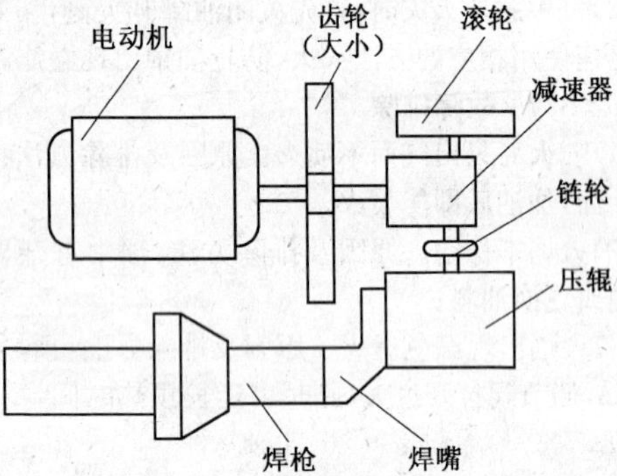

图 4-17 热压焊接机的构造

4.3.2 热压焊接机的技术性能

热压焊接速度 (m/min)	热压焊接机功率 (kW)	规格（长×宽×高，mm）	焊接厚度 (mm)	搭接宽度 (mm)	焊枪调节温度（℃）
0.45	1.5	706×320×900	0.8～2.0	40～50	10～400

4.3.3 热压焊接机的操作顺序

(1)检查焊机、焊枪、焊嘴等是否齐全,安装是否牢固。

(2)总启动开关合闸,接通电源。

(3)先开焊枪开关,调节电位器旋钮,由零转到合适的功率要逐步调节,使温度达到要求,预热数分钟。

(4)启动运行电动机开关,用手柄控制运行方向,开始热压焊接施工。

(5)焊接完毕,先关热压焊接机的电动机开关,然后再旋转焊枪的旋钮,使之到零位,经过几分钟后,再关焊枪的开关。

5 卷材防水层铺贴常识与工艺

5.1 卷材铺贴条件

5.1.1 对前期工程的验收要求

铺贴卷材防水层前，应由土建总包单位与防水施工专业队之间办理交接验收手续。交接验收的要点如下：

(1)相邻工序包括结构层、找平层、保温层、隔汽层和保护层等，应按相关工艺标准进行施工，并经检查验收合格。

(2)基层不得积水，屋面平面、檐口、天沟(尤其是水落口处)等坡度、标高应符合设计图纸要求，确保排水顺畅。

(3)女儿墙、变形缝墙、天窗及垂直墙根等转角泛水处应抹成圆弧形或钝角，卷材收头处留设的凹槽尺寸正确，不得遗漏。

(4)穿过屋面的管道、设备或预埋件，应在屋面防水层和保温层施工以前安装好，避免防水层施工完成后再次凿眼打洞。分段施工时，屋面防水、保温工程已完成的部分应妥加保护，防止损坏。

(5)卷材屋面的基层必须有坚固而平整的表面，不得有凹凸不平和严重裂缝(＞1mm)，也不允许发生酥松、起砂、起皮等情况。基层平整度当用 2m 直尺检查时，基层与直尺间的空隙应不超过 5mm。空隙仅允许平缓变化，每米长度内不得多于一处。超过上述的空隙，可根据情况用热玛帝脂或沥青砂浆填补。

5.1.2 对基层的要求

(1)基层表面必须平整、坚实、干燥、清洁，且不得有起砂、开裂和空鼓等缺陷。这有利于防水材料与基层的粘结，减少基层中多余水分在高温时导致防水层的起鼓。

凡有碍于防水层粘结的物质，如灰尘、水泥砂浆、木屑、铁锈等微细物均需彻底清除。大面积清除一般宜用空气压缩机，而局部地方则可用钢丝刷、小平铲(腻子刀)、扫帚、拖布等。其标准应达到室内地板用吸尘器后的干净程度。

基层干燥一般要求混凝土或水泥砂浆的含水率控制在6%～9%以下。如果基层干燥有困难，而急需在潮湿基层上铺贴卷材，则可做排汽屋面，并采用相应铺贴工艺。

(2)一定龄期。屋面基层多数采用水泥砂浆或细石混凝土材料，而水泥类胶结材料在硬化初期是湿度、温度剧烈变化的阶段，也是体积收缩较大的时刻，在这种情况下，进行防水层施工是很不利的。从保证工程质量出发，水泥类材料应达到一定龄期，以防止水泥类材料体积收缩引起防水层的开裂。

(3)屋面防水层的基层的坡度必须符合设计和施工技术规范的要求，不得有倒坡积水现象。

(4)防水层施工前，突出屋面的管根、预埋件、楼板吊环、拖拉绳、吊架子固定构造等处，应做好基层处理；阴阳角、女儿墙、通气囱根、天窗、伸缩缝、变形缝等处，应做成半径为30～150mm的圆弧或钝角（阳角可为$R=30$mm）。

5.1.3　其他要求

（1）基层表面温度与气候条件（如气温、湿度、太阳照射条件等）密切相关。一般而言，卷材防水应选择在晴朗天气下施工，此时防水层粘贴效果最佳；但宜避开寒冷和酷暑季节，严禁在雨天、雪天施工；五级风及其以上也不得施工。

（2）屋面保温层和防水层施工环境温度宜符合下表的要求。

屋面保温层和防水层施工环境温度

序号	项　目	施工环境温度(℃)
1	粘结保温层	热沥青不低于－10；水泥砂浆不低于5
2	沥青防水卷材	不低于5
3	高聚物改性沥青防水卷材	冷粘法不低于5；热熔法不低于－10
4	合成高分子防水卷材	冷粘法不低于5；热风焊接法不低于－10
5	高聚物改性沥青防水涂料	溶剂型不低于－5；水溶型不低于5
6	合成高分子防水涂料	溶剂型不低于－5；水溶型不低于5
7	刚性防水层	不低于5

5.2 卷材铺贴施工程序

5.2.1 卷材防水屋面施工工艺和适用范围

工艺类别	名称	施工方法	适用范围
热法施工工艺	热玛帝脂粘贴法	传统施工方法，边浇热玛帝脂边滚铺卷材，逐层铺设	石油沥青油毡，防水层可采用三毡四油或二毡三油，叠层铺贴
	热熔法	采用火焰加热器熔化热熔型防水卷材底部的热熔胶进行粘贴的方法	有底层热熔胶的高聚物改性沥青防水卷材，单层或叠层铺贴
	热风焊接法	采用热空气焊枪进行防水卷材搭接粘合的施工方法	合成高分子防水卷材搭接缝焊接
冷法施工工艺	冷玛帝脂或改性沥青冷胶料粘贴法	采用工厂配制好的冷玛帝脂或改性沥青冷胶料，施工时不需加热，直接涂刮粘贴油毡或沥青玻璃布油毡，沥青玻纤胎油毡	石油沥青油毡，防水层可采用三毡四油或二毡三油，叠层铺贴 沥青玻璃布油毡、沥青玻纤胎油毡，防水层可用二布三胶，叠层铺贴

续表

工艺类别	名 称	施 工 方 法	适 用 范 围
冷法施工工艺	冷粘法	(1)采用胶粘剂进行卷材与基层，卷材与卷材的粘结，而不需要加热的施工方法 (2)紧随水泥砂浆(粘结层)铺贴“水泥基材料粘贴的沥青基防水卷材”。此法基层无需找平，少受气候影响，节约工期，防水性能可靠	(1)合成高分子防水卷材、高聚物改性沥青防水卷材 (2)适用于冷粘法铺贴的水泥基类改性沥青防水卷材(如BAC防水卷材)，卷材之间采用平行对接，其上粘贴附加密封条
	自粘法	采用带有自粘胶的防水卷材，不用热施工，也不需涂刷胶结材料，而直接进行粘结的方法	带有自粘胶的合成高分子防水卷材及高聚物改性沥青防水卷材
机械固定工艺	机械钉压法	采用镀锌钢钉或铜钉等固定卷材防水层的施工方法	多用于木基层上铺设高聚物改性沥青防水卷材
	压埋法	卷材与基层大部分不粘结，上面采用卵石等压埋，但搭接缝及周边仍要全部粘结	用于空铺法、倒置式屋面

5.2.2　卷材防水屋面施工程序

5.2.2.1　叠层热施工程序

叠层热施工是将二层或三层的石油沥青油毡，在层间用热玛帝脂边浇边叠层滚铺卷材，从而形成“二毡三油”和“三毡四油”防水层的做法。其施工程序见图5-1。

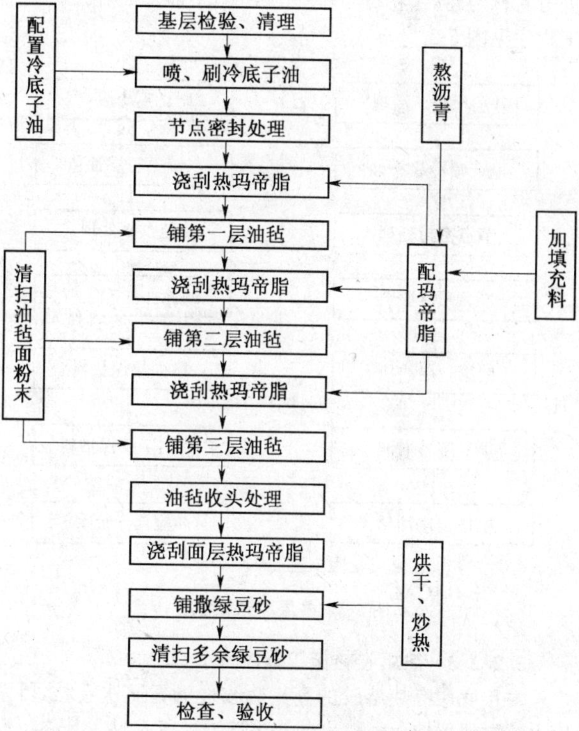

图5-1　叠层热施工程序

5.2.2.2　叠层冷施工程序

叠层冷施工是直接喷涂冷玛帝脂(或改性沥青冷胶料)进行卷材与卷材、卷材与基层的粘贴,不需加热施工。其施工程序见图 5-2。

图 5-2　叠层冷施工程序

5.2.2.3　热熔卷材施工程序

对于底层有热熔胶的高聚物改性沥青防水卷材,可采用火焰加热器熔化卷材底部的热熔胶进行粘贴。其施工程序见图 5-3。

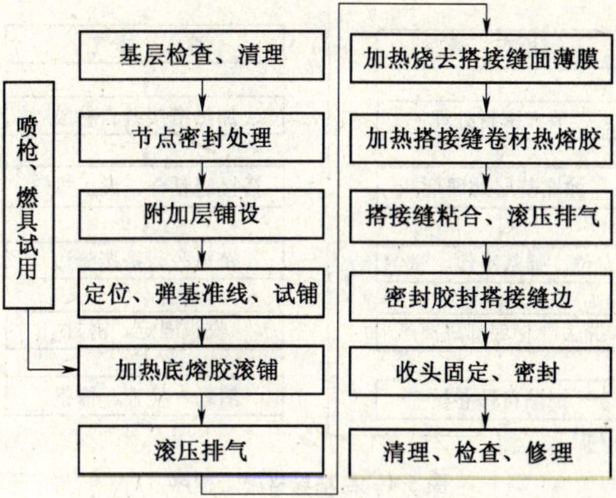

图 5-3 热熔卷材施工程序

5.2.2.4 自粘卷材施工程序

带有自粘胶的合成高分子防水卷材和高聚物改性沥青防水卷材，不用热施工，也不需涂刷胶结材料，可以直接进行粘贴，其施工程序见图 5-4。

5.2.2.5 冷粘贴卷材施工程序

冷粘贴卷材施工是采用胶粘剂进行卷材与卷材、卷材与基层之间的粘贴，不需加热施工。其施工程序见图 5-5。

5.2.2.6 卷材焊接施工程序

合成高分子防水卷材搭接缝需要用热空气焊枪进行防水卷材搭接部位的粘合作业，施工程序见图 5-6。

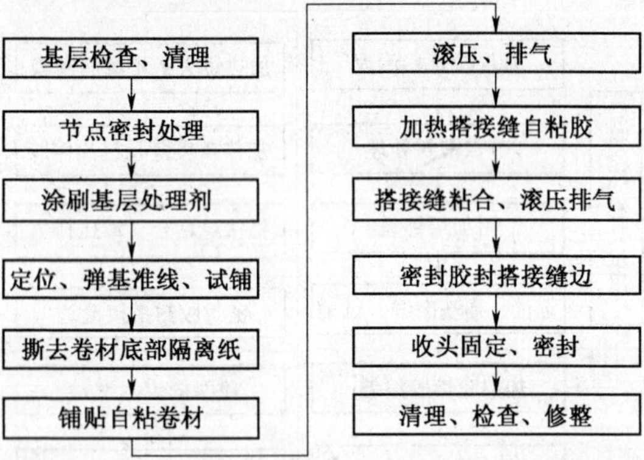

图 5-4 自粘卷材施工程序

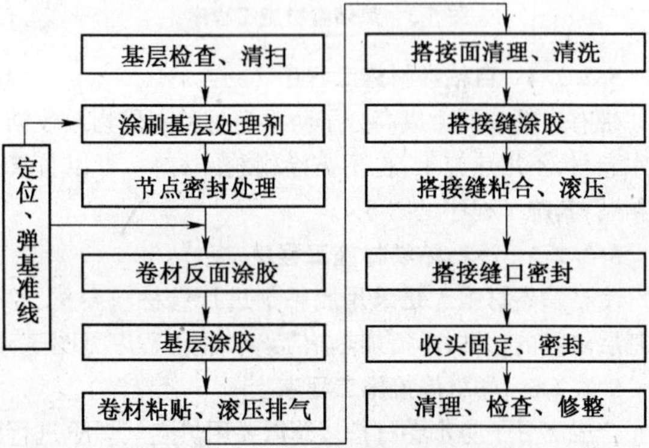

图 5-5 冷粘贴卷材施工程序

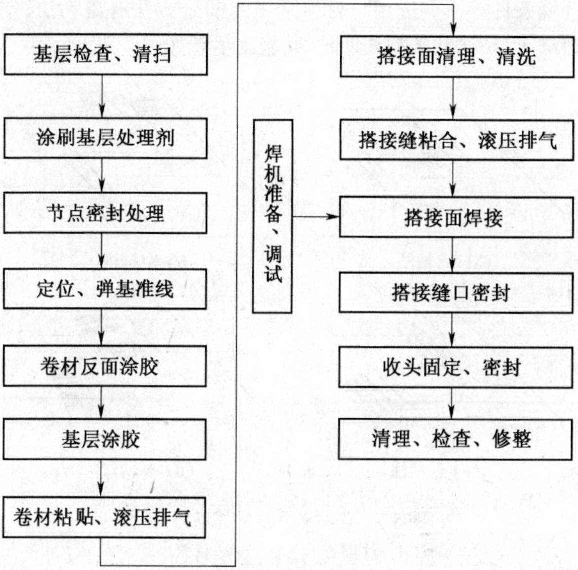

图 5-6　卷材焊接施工程序

5.3　卷材铺贴方法与工艺要求

5.3.1　卷材防水层的铺贴方法

卷材防水层的卷材与基层、卷材与卷材之间的铺贴方法关系到防水层的整体性和有效性，一定要根据基层条件、环境条件等慎重选用。目前常用的铺贴方法有满粘法、空铺法、点粘法和条粘法四种，其施工示意如图 5-7 所示。

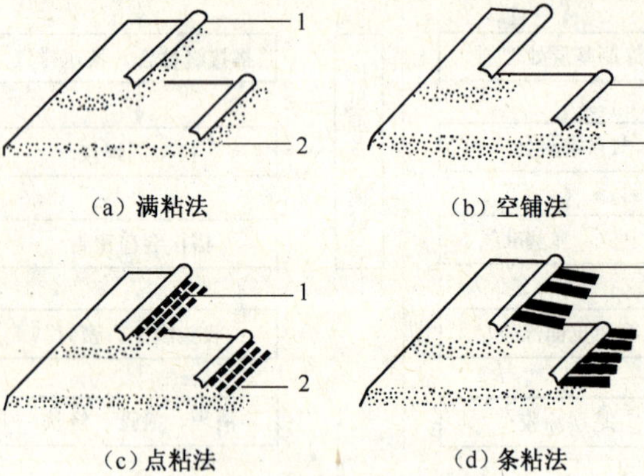

图 5-7　卷材防水层的铺贴方法

1. 首层卷材　2. 胶结材料

5.3.1.1　满粘法

满粘法又叫全粘法，即在铺贴防水卷材时，卷材与基层（找平层）采用全部粘结的施工方法。如过去常用的沥青卷材防水层热法叠层施工；热熔法、冷粘法、自粘法也常用此法铺贴卷材，这种方法提高了屋面的整体防水性能。

5.3.1.2　空铺法

空铺法即铺贴防水卷材时，卷材与基层仅在四周一定宽度内粘结，而其余部分不粘结的施工方法。铺贴时，在檐口、屋脊和屋面的转角处及突出屋面的连接处，卷材与基层应满涂胶结材料，其粘结宽度不得小于 800mm，卷材与卷材的搭接缝应满粘。叠层铺设时，卷材与卷材之间亦应满粘。这种方法有利于解决防水层开裂、起鼓等问题。

5.3.1.3 点粘法

铺贴防水卷材时，卷材或打孔卷材与基层采用点状粘结的方法称为点粘法。要求每 $1m^2$ 面积内至少有 5 个粘结点，每点面积不少小 100mm×100mm，卷材与卷材之间的搭接缝应满粘。防水层周边一定范围内（不得小于 800mm），也应与基层满粘牢固。这种方法有利于解决防水层开裂、起鼓等问题。

5.3.1.4 条粘法

条粘施工方法是在铺贴防水卷材时，卷材与基层采用条状粘结的施工方法。要求每幅卷材与基层的粘结面不少于两条，每条宽度应不小于 150mm。

采用条粘法铺贴底层时，卷材与卷材的搭接缝应满粘；当采用叠层铺贴时，卷材与卷材之间亦应满粘。这种方法适用范围与点粘法相同。

5.3.2 卷材防水层铺贴的工艺要求

5.3.2.1 卷材铺贴方向

屋面坡度及工作条件	铺贴方向		
	石油沥青防水卷材	高聚物改性沥青防水卷材	合成高分子防水卷材
坡度小于 3%时	平行屋脊	平行屋脊	平行屋脊
坡度为 3%～15%	平行或垂直屋脊	平行或垂直屋脊	平行或垂直屋脊

续表

屋面坡度及工作条件	铺贴方向		
	石油沥青防水卷材	高聚物改性沥青防水卷材	合成高分子防水卷材
坡度大于15%时	垂直屋脊	平行或垂直屋脊	平行或垂直屋脊
坡度大于25%时	宜采取防止卷材下滑的措施		
屋面受振动时	垂直屋脊	平行或垂直屋脊	平行或垂直屋脊
叠层铺贴时	上下层卷材不得互相垂直		
铺贴天沟、檐沟卷材时	宜顺天沟、檐沟方向,减少搭接		

5.3.2.2　卷材搭接宽度　(mm)

卷材种类 \ 铺贴方法		短边搭接		长边搭接	
		满粘法	空铺、点粘、条粘法	满粘法	空铺、点粘、条粘法
沥青防水卷材		100	150	70	100
高聚物改性沥青防水卷材		80	100	80	100
自粘聚合物改性沥青防水卷材		60	—	60	—
合成高分子防水卷材	胶粘剂	80	100	80	100
	胶粘带	50	60	50	60
	单缝焊	60,有效焊接宽度不小于25			
	双缝焊	80,有效焊接宽度10×2+宽腔度			

5.3.2.3 搭接缝技术要求

(1)铺贴卷材应采用搭接法。平行于屋脊的搭接缝应顺流水方向搭接;垂直于屋脊的搭接缝应顺年最大频率风向搭接。上下层卷材不得相互垂直铺贴,垂直铺贴的卷材重缝多,容易漏水。

(2)上下层及相邻两幅卷材的搭接缝应错开。两层卷材铺贴时应使上下两层的长边搭接缝错开 1/2 幅宽,如图 5-8 所示。屋面如采用三层卷材叠层施工,当坡度小于 15%时,可采用平行于屋脊方向铺贴,并应使上下层的长边搭接缝错开 1/3 幅宽,如图 5-9 所示。铺贴时应先从檐口或天沟开始,逐层向上铺贴。此时两幅卷材的长边搭接缝(俗称"压边")应顺流水方向,而短边搭接(俗称"接头")应顺年最大频率风向搭接,并在屋脊中心线两边各增铺宽度为 250mm 的卷材附加层。

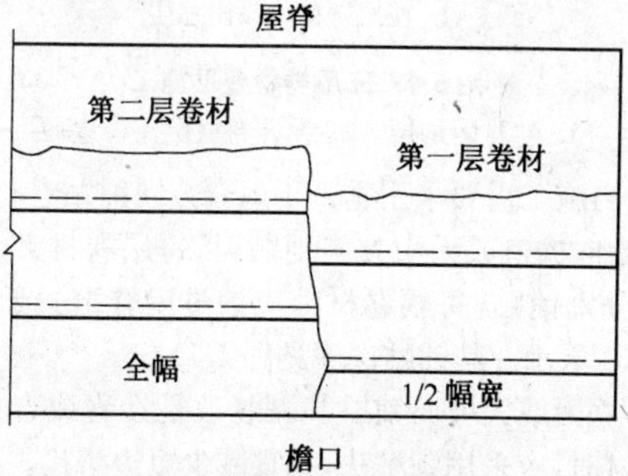

图 5-8 两层卷材铺贴

叠层铺贴的各层卷材,在天沟与屋面的交接处应采用叉接法搭接，搭接缝应错开；搭接缝宜留在屋面或天沟侧面，不宜留在沟底。

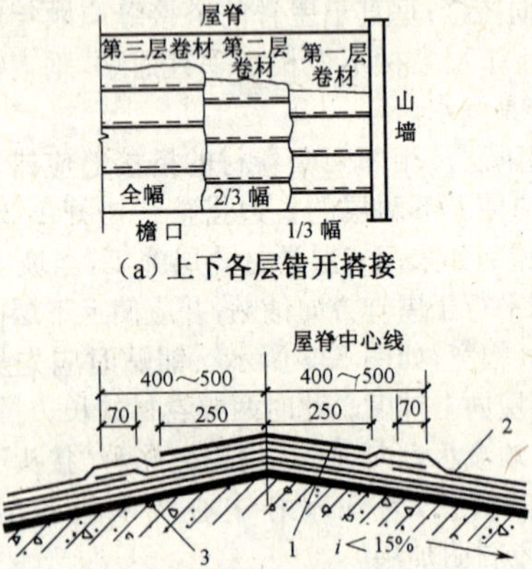

(a)上下各层错开搭接

(b)在屋脊处增设附加层

图 5-9　三层卷材叠层施工

1. 卷材附加层　2. 设计卷材层　3. 基层

(3)当施工需要采用垂直于屋脊方向铺贴卷材时，应自屋脊开始向檐口或天沟方向铺贴，且每层卷材必须两坡相互交替分别铺贴，每幅卷材都应铺过屋脊不少于 200mm，如图 5-10 所示。其铺贴次序见图 5-11。

(4)立面或大坡面铺贴高聚物改性沥青或合成高分子防水卷材时，应采用满粘法，并宜减少短边搭接。其搭接缝宜用材料性能相容的密封材料封严。

(5)在铺贴卷材时，不得污染檐口的外侧和墙面。

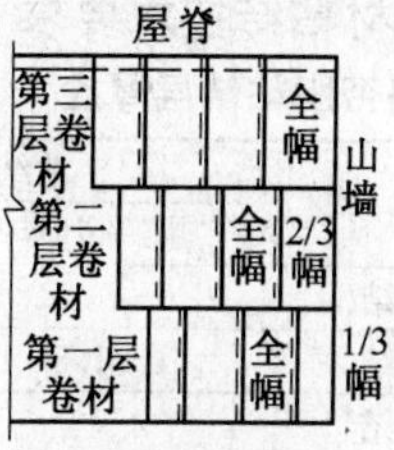

(a) 上下各层错开搭接

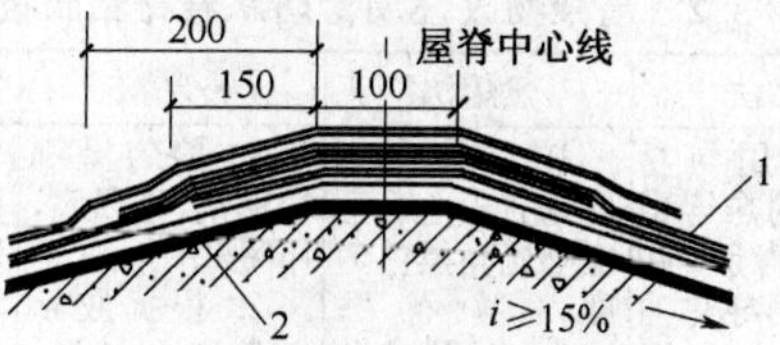

(b) 在屋脊处卷材应铺过屋脊

图 5-10 垂直于屋脊方向铺贴卷材

1. 设计卷材层 2. 基层

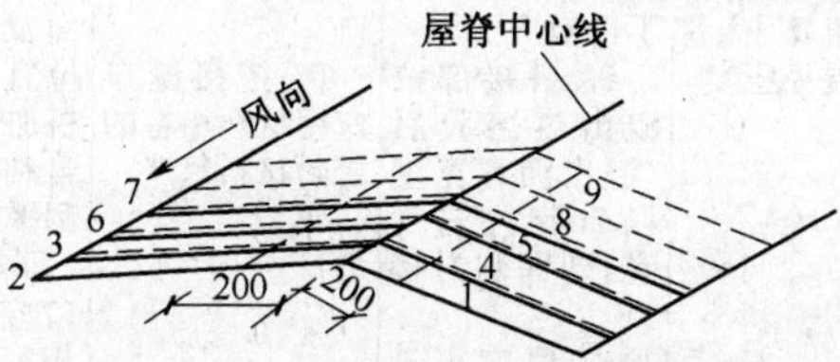

图 5-11 垂直于屋脊方向铺贴卷材的次序

5.3.3　卷材粘结技术要求

5.3.3.1　玛帝脂粘结层厚度

粘结部位	粘结层厚度(mm)	
	热玛帝脂	冷玛帝脂
卷材与基层粘结	1～1.5	0.5～1
卷材与卷材粘结	1～1.5	0.5～1
保护层粒料粘结	2～3	1～1.5

5.3.3.2　高聚物改性沥青防水卷材粘结技术要求

热粘法	热熔法	冷粘法	自粘法
1. 采用与卷材相容的热熔型改性沥青胶，施工时宜用导热油炉加热，加热温度不高于200℃，使用温度不低于180℃ 2. 沥青胶厚度宜为1～1.5mm 3. 随刮涂沥青胶随滚铺卷材，并展平压实	1. 幅宽内应均匀加热，熔融至呈光亮黑色为度 2. 不得过分加热，以免烧穿卷材 3. 热熔后立即滚铺 4. 滚压排气，使之平展、粘牢，不得皱褶 5. 搭接部位溢出热熔胶后(溢出沥青宽度以2mm左右为宜)随即刮封接口 6. 厚度小于3mm的卷材不得用本法施工	1. 均匀涂刷胶粘剂，不漏底，不堆积 2. 根据胶粘剂性能及气温，控制涂胶后粘合的最佳时间 3. 滚压、排气、粘牢 4. 溢出的胶粘剂随即刮平封口 5. 搭接缝口应用材性相容的密封材料封严	1. 基层表面应涂刷基层处理剂 2. 自粘胶底面的隔离纸应全部撕净 3. 滚压、排气、粘牢 4. 低温时的立面、大坡面及搭接部位宜用热风机加热，溢出自粘胶随即刮平封口 5. 搭接缝口应用材性相容的密封材料封严

5.3.3.3 合成高分子防水卷材粘结技术要求

冷粘法	自粘法	热风焊接法
1. 在找平层上均匀涂刷基层处理剂 2. 在基层或基层和卷材底面涂刷配套的胶粘剂 3. 控制胶粘剂涂刷后的粘合时间 4. 粘合时不得用力拉伸卷材，避免卷材铺贴后处于受拉状态 5. 滚压、排气、粘牢 6. 清理干净卷材搭接缝处的搭接面，涂刷专用配套胶粘剂，滚压、排气、粘牢 7. 卷材搭接部位也可采用胶粘带。此时粘合面应清理干净，撕去隔离纸后及时粘合上层卷材，并滚压粘牢。低温时宜采用热风机加热 8. 搭接缝口应用材性相容的密封材料封严	同高聚物改性沥青防水卷材的粘结方法和要求	1. 先将卷材结合面清洗干净 2. 卷材铺放平整顺直，搭接尺寸精确 3. 控制热风加热温度和时间 4. 滚压、排气、粘牢 5. 先焊长边搭接缝，后焊短边搭接缝

5.3.4 卷材铺贴的一般顺序

屋面防水卷材的铺贴必须遵守一定的施工顺序，这种顺序为“先高后低；先节点、后大面；由檐口向脊、由远及近”。

即高低跨屋面相连的建筑物应先铺高跨屋面，后铺低跨屋面；卷材防水大面铺时，应先将所有节点附加层铺贴好后，再铺贴大面卷材。卷材的铺贴方向一般由檐沟向屋脊方向铺贴。檐沟内从水落口处向两边“分水线”处铺贴，使防水卷材顺水接槎。在同一高度的屋面上，先铺贴距离较远的部位，后铺贴距离较近的部位，或安排合理的施工流水段，使已施工完工的屋面防水层不再上人来回行走，避免踩踏已完工的卷材。

5.4　细部构造处理

5.4.1　收头处理

卷材收头是卷材防水层的关键部位，处理不好极易产生张口、翘边、脱落等缺陷。确保卷材收头的质量关键是必须做到“固定、密封”的要求。“固定”是要求用确实有效的措施将卷材的收头固定；“密封”是在收头固定处用密封材料封口。常见的卷材收头处理见下表。

卷材收头处理

收头形式	简　图	做法要求
立面凹槽收头	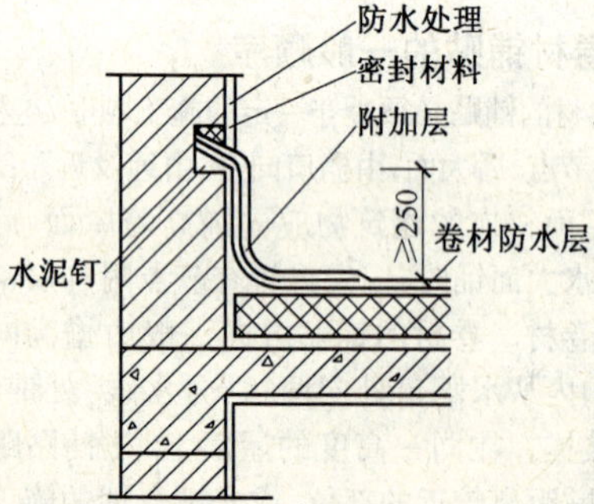	一般在砖砌体墙上预留60mm × 60mm的凹槽，槽内用水泥砂浆抹成平整的斜坡，将卷材粘贴到斜坡上，用压条和水泥钉钉入凹槽内固定，再用密封材料封口，水泥砂浆抹平

续表

收头形式	简　图	做法要求
平面凹槽收头	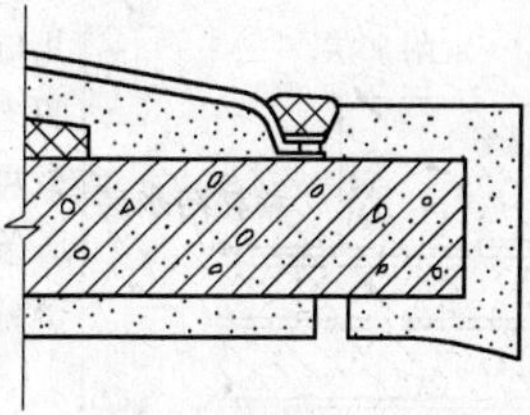	一般多用于无组织排水屋面，在抹找平层时，离开檐口 100mm 抹出 40mm × 20mm 的梯形凹槽，将卷材收头压入凹槽，再用压条和水泥钉钉压，上面用密封材料封严
埋压收头	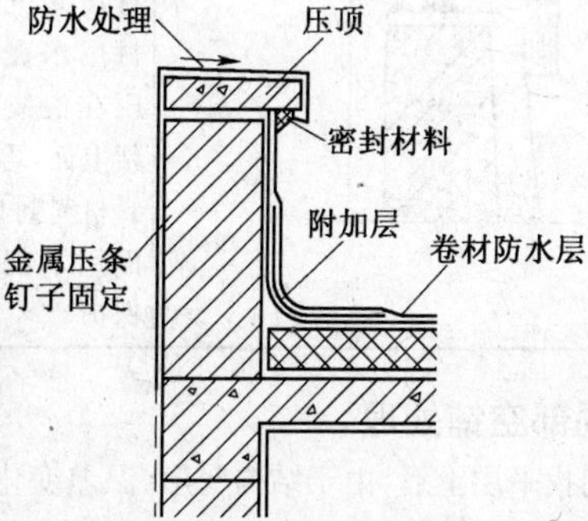	当女儿墙较低时，卷材收头可直接铺至女儿墙压顶下，用压条钉固定，并用密封材料封闭严密；压顶应做防水处理

续表

收头形式	简　图	做法要求
立面钉压收头	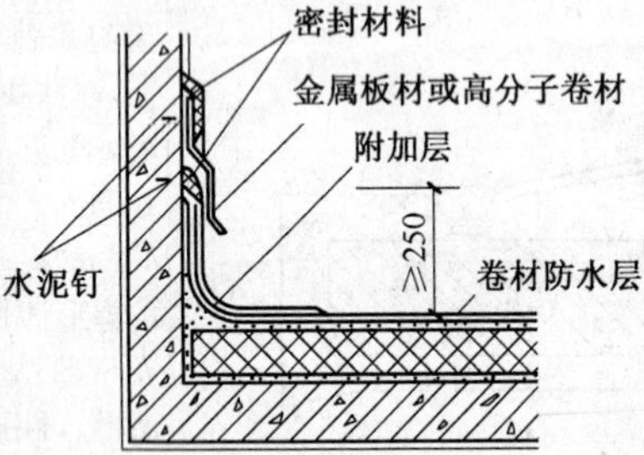	在混凝土女儿墙上不易留凹槽时，卷材收头可采用金属压条钉压，并用密封材料封固
平面钉压收头	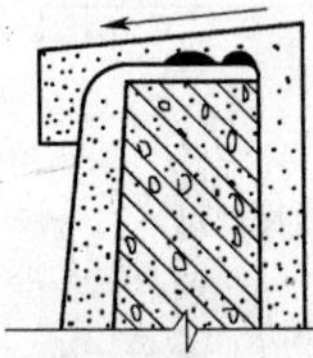	对于天沟、檐沟处的防水卷材收头，可将卷材用水泥钉钉压在混凝土沟帮上面，再用密封材料封口，上面用水泥砂浆保护

5.4.2　局部空铺处理

卷材粘贴到找平层上后，由于结构变形、温差变化等原因，常将防水层拉裂而导致渗漏，因此，在屋面的一些主要部位宜进行空铺处理。

5.4.2.1 屋面板板端缝上面的处理

在无保温层的装配式屋面上,为避免结构变形将卷材防水层拉裂,应在沿屋面板的端缝上先单边点贴一层附加卷材条,此干铺的卷材条不与基层及上面的卷材连接在一起,具体位置如图 5-12 所示。干铺卷材条的方法见图5-13。

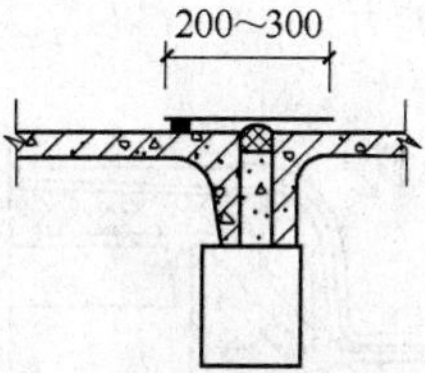

图 5-12 屋面板板端缝空铺卷材条

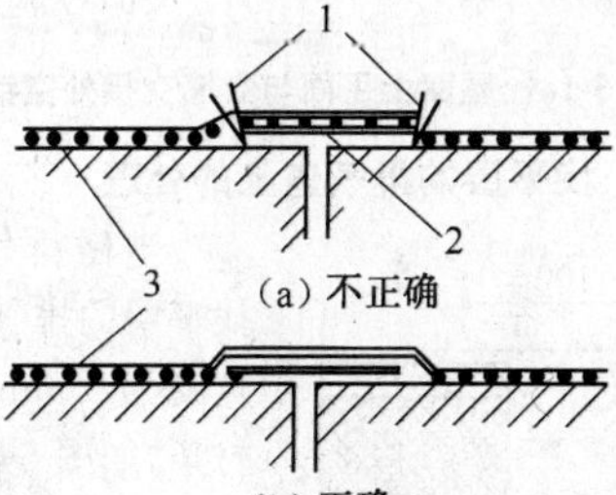

图 5-13 干铺卷材条的方法

1. 卷材破裂位置 2. 干铺卷材条与上部卷材错误粘牢 3. 胶粘层

5.4.2.2 屋面上平面与立墙交接处的处理

屋面常因温差变形及体积膨胀,导致转角部位防水层剪坏，故在此处应空铺卷材，以适应变形的需要，如图 5-14 所示的天沟、檐沟与屋面交接处，宜空铺附加层，以增加抗裂能力。

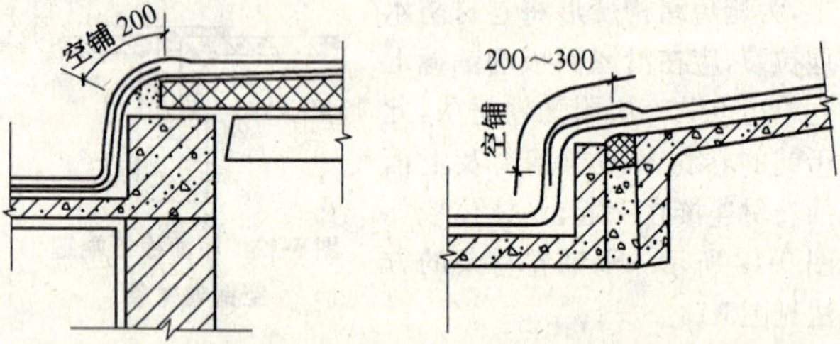

（a）檐沟 （b）天沟、檐沟

图 5-14 屋面上平面与立墙交接处空铺

5.4.2.3 找平层的排气道上的处理

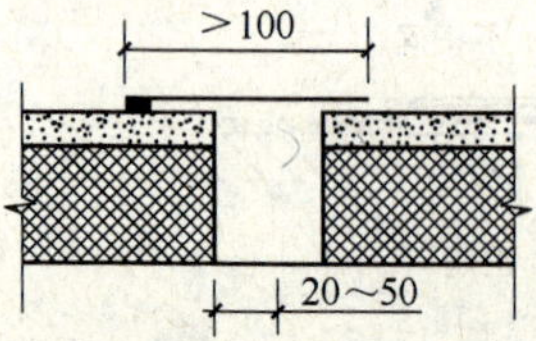

图 5-15 排气道上空铺卷材条

当做排气屋面时，在找平层的排气道上宜空铺宽度为 100mm 以上的卷材条，如图 5-15 所示。

5.4.3 水落口处理

水落口有直式和横式两种。是目前渗漏最严重的部位，应从下面几方面加以控制。

5.4.3.1 水落口防水构造规定

(1)水落口杯上口的标高应设置在沟底的最低处。

(2)防水层伸入水落口杯内应不小于 50mm。

(3)水落口周围直径 500mm 范围内坡度应不小于5%,并采用防水涂料或密封材料涂封,其厚度应不小于5mm。

(4)水落口杯与基层接触处应留置宽 20mm、深 20mm 凹槽,并嵌填密封材料。

(5)选择合适的防水材料,铺设次序依次为涂料层、卷材附加层及设计防水层,如图 5-16、图 5-17 所示。

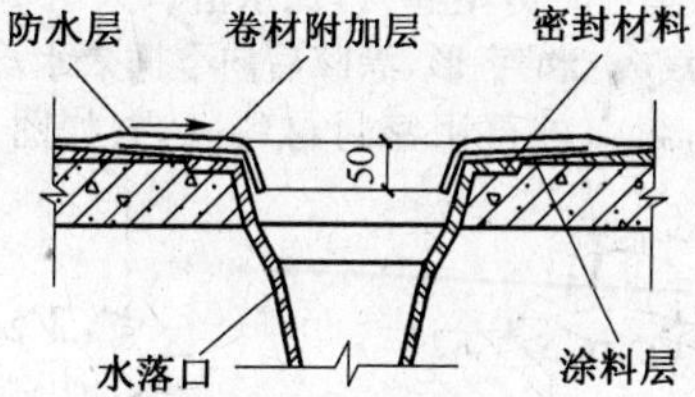

图 5-16 直式水落口

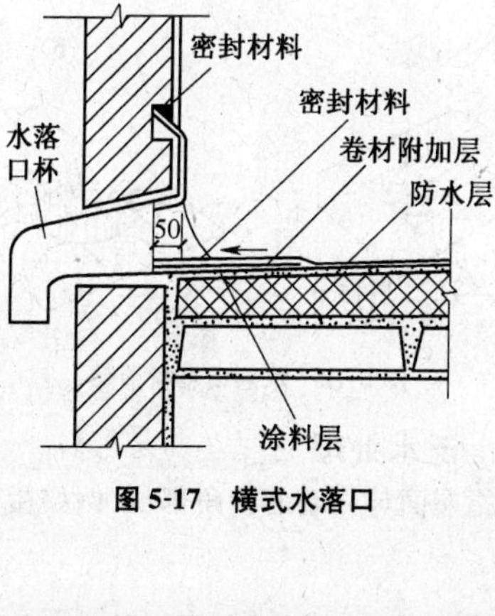

图 5-17 横式水落口

5.4.3.2 水落口处附加卷材的铺贴方法

(1)铺贴水落口处附加卷材时，先裁一条 250mm 宽的卷材，长度比排水口径大出 100mm 的搭接宽度，卷成圆筒并粘结好，伸入排水口中 150mm，涂胶后粘结牢固，如图 5-18a 所示。

(2)露出管口的卷材用剪刀裁口、翻开，涂胶后平铺在水落口四周的平面上，并加以粘牢固定，如图 5-18b 所示。

(3)再裁剪一块方型卷材，比水落口大出 150mm，以水落口中心点裁成“米”字形，涂胶后向下插入水落口孔径内，并粘结牢固，封口处再用密封材料嵌严，如图 5-18c、d 所示。

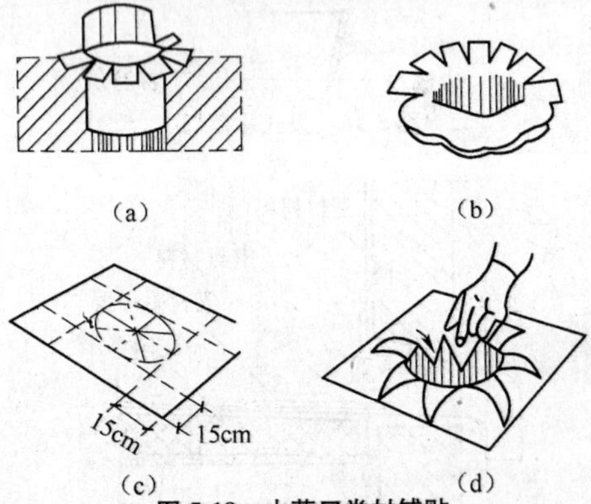

图 5-18 水落口卷材铺贴

5.4.4 泛水处理

泛水是指屋面与立墙的转角部位，例如屋面与女儿墙交接处，此处结构变形较大，容易造成防水层的破坏。为此在立面和平面上应加铺各为250mm宽的卷材附加层，如图5-19所示。此外，泛水应采取隔热防晒措施，以延长其使用年限。可在泛水卷材面砌砖后，抹水泥砂浆或浇细石混凝土保护，也可涂刷浅色涂料或粘贴铝箔保护层。

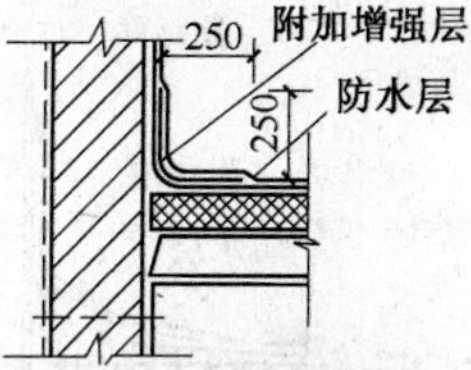

图5-19 泛水附加层

5.4.5 出屋面管道处理

5.4.5.1 出屋面管道处理

伸出屋面的管道主要是排气孔等，由于热缩冷胀的原因容易引起管道与混凝土脱开，混凝土的干缩变形，易形成孔道周围的环向裂缝。因此，出屋面管道处的防水层应做附加增强层。施工找平层时管道周围应抹成圆锥台，高出屋面找平层30mm，以防止根部积水。在管道根部与找平层之间应预留20mm×20mm的凹槽，嵌填密封材料，以适应金属管道的胀缩，然后加铺附加层，最后做防水层，如图5-20所示。

5.4.5.2 管道附加层剪裁方法

铺贴附加层时，由于管道为圆形，所以应在附加层上剪出切口，上下层切缝粘贴时错开，严密压盖。剪口方法见图5-21。

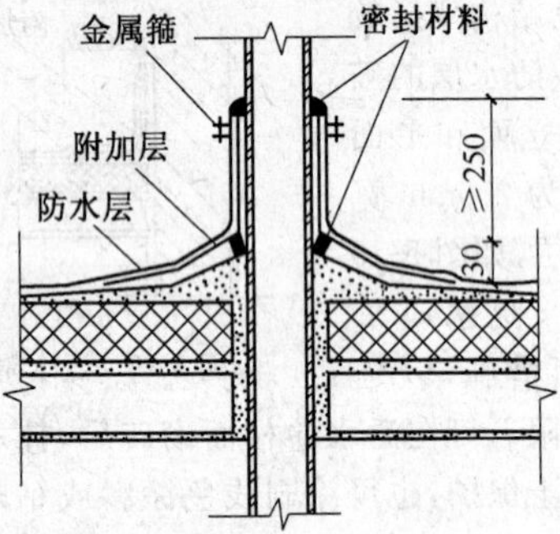

图 5-20　管子穿过防水层的做法

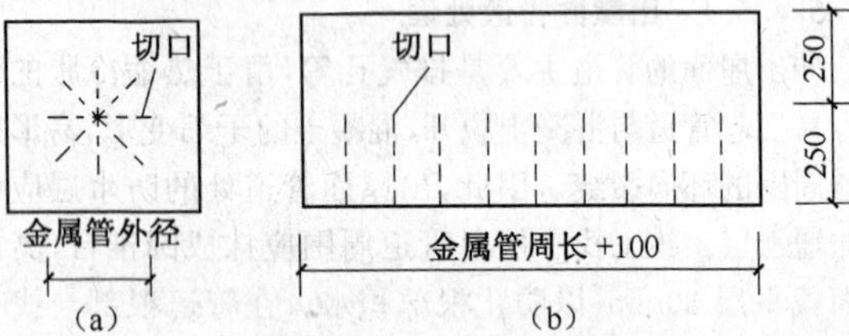

图 5-21　管道附加层剪裁方法

5.4.6　阴阳角处理

5.4.6.1　阴阳角处理办法

阴阳角是屋面防水层变形容易被拉裂的部位，由于三面交接，施工比较麻烦，稍有不慎就易发生渗漏。为此要求在阴阳角处在基层上距角每边 100mm 范围内，先用密封材料涂封，然后再铺贴增强附加层。

5.4.6.2 阴阳角附加层的剪贴方法

为了保证附加层与基层粘贴严密，阳角应采取图 5-22 的剪贴方法；阴角附加层的剪贴方法见图 5-23。

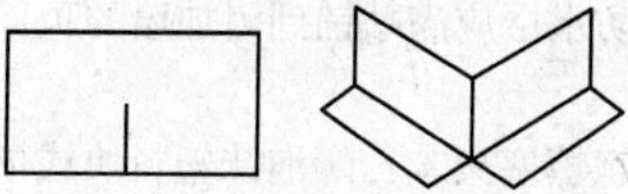

(a)

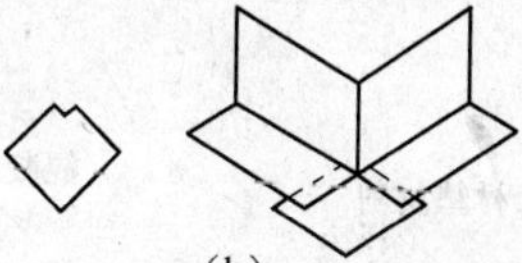

(b)

图 5-22 阳角附加层剪裁方法

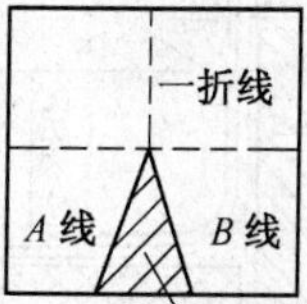

(a)

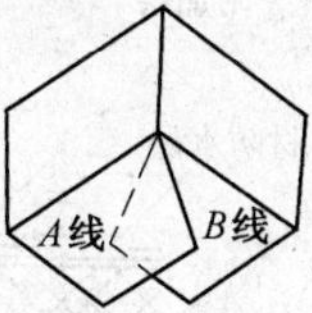

(b)

图 5-23 阴角附加层剪裁方法

5.4.7 变形缝处理

屋面变形缝是屋面上变形较大的部位。在处理时应根据下列不同情况分别处理。

5.4.7.1　等高变形缝处理(图 5-24)

(1)附加墙与屋面交接处的泛水部位,应增铺卷材附加层,立面和平面上附加层的宽度不小于 250mm。

(2)卷材防水层应满贴铺到附加墙的顶面,要求粘结牢固。

(3)缝中宜填塞聚苯乙烯泡沫塑料块或沥青麻丝,其后沿缝粘贴一层凹形卷材,并在其内放置聚氯乙烯泡沫塑料棒等衬垫材料。

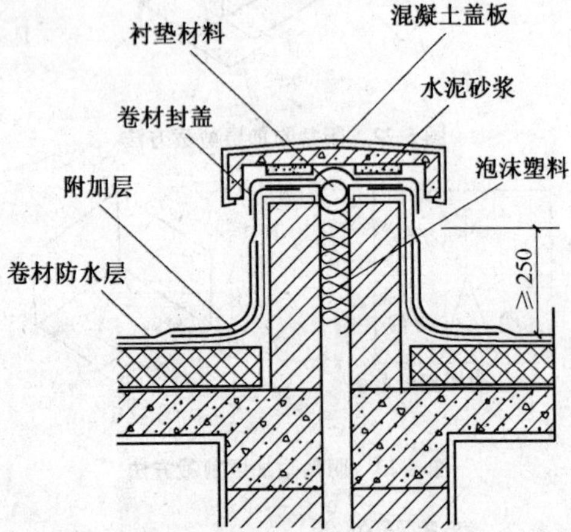

图 5-24　等高变形缝防水处理方法

(4)上部覆盖一层盖缝卷材，并延伸到附加墙立面上；卷材在立面上采用满粘法，铺贴宽度不小于100mm，但卷材与附加墙顶面不宜粘结。

5.4.7.2 不等高跨变形缝处理(图5-25)

(1)低跨的卷材防水层应先铺贴至低跨墙顶面。

(2)在变形缝中填入泡沫塑料后，上做一层U形卷材。该卷材上部一端全粘在高跨外墙上，并压入墙上预留的凹槽内固定、密封；将U形卷材放入变形缝中，另外一端全粘于低跨附加墙上面，用密封材料封口。

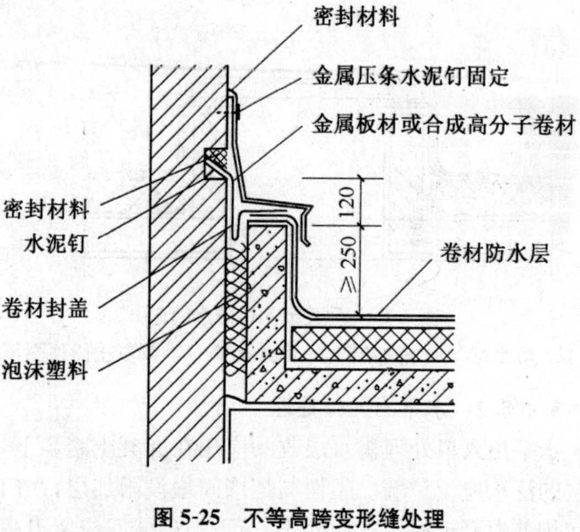

图5-25 不等高跨变形缝处理

(3)然后在其上加铺一层金属板材或合成高分子防水

卷材封盖，其一端与铺至低跨墙顶的防水卷材粘牢，另一端用金属压条水泥钉固定在高跨墙体上。

5.4.8　出入口处理

为方便屋面检修，常设有垂直出入口和水平出入口，此处也是防渗漏的重要环节。

5.4.8.1　垂直出入口处理

出入口应高出屋面250mm以上；出入口外侧四周应增设附加层，防水卷材收头应压在混凝土压顶圈下，井圈高度和井盖要挑出做好滴水，如图5-26所示。

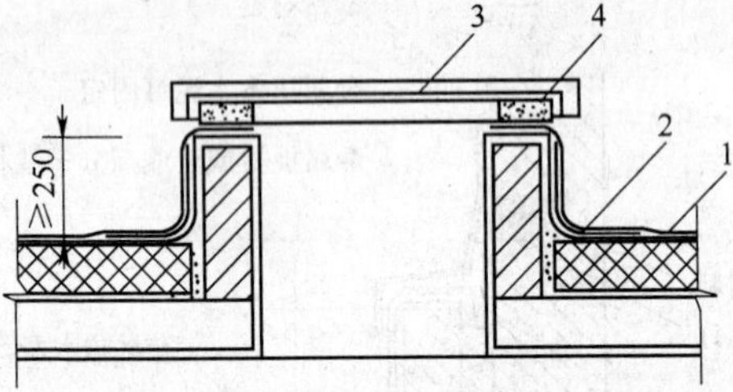

图5-26　垂直出入口防水构造

1. 防水层　2. 附加层　3. 出入孔盖　4. 混凝土压顶圈

5.4.8.2　水平出入口处理

水平出入口处理防水层收头应压在混凝土踏步下，防水层的泛水应设护墙。屋面与挡墙间增设附加层，在门口处用钢筋混凝土板挑出做踏步，板下与砌体间应留出一定的空隙，以适应沉降的需要，如图5-27所示。

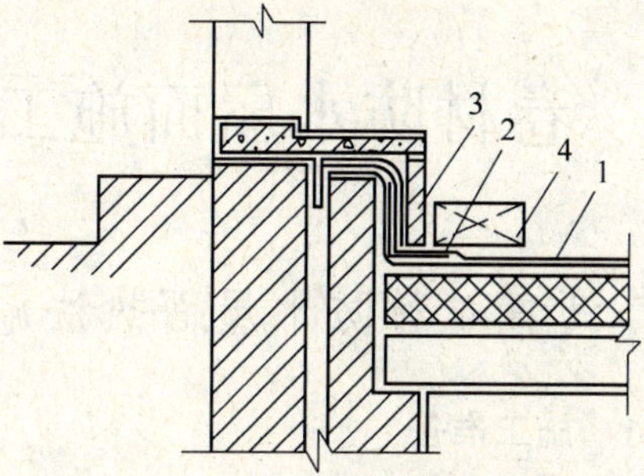

图 5-27　水平出入口防水构造

1. 防水层　2. 附加层　3. 护墙　4. 踏步

6 卷材防水屋面施工

6.1 沥青卷材防水屋面热法施工

6.1.1 施工准备

6.1.1.1 技术准备

序号	要求内容
1	熟悉施工图纸： (1)领会设计意图,解决可能出现的问题 (2)掌握屋面构造、设防层次、采用材料、施工工艺及技术要求、节点构造等内容 (3)对照施工图,认真分析和解决施工中可能出现的问题,使施工能顺利进行
2	施工方案的讨论:其内容包括施工段的划分;施工顺序;施工进度;施工工艺及操作要点、细部构造的施工方法;质量标准及其保证措施;成品保护及安全注意事项等
3	对有关人员的技术交底： (1)对施工人员进行新材料、新工艺、新技术的介绍 (2)结合现场实际向全体施工人员进行施工管理、施工技术、成品保护、防火防毒交底 (3)明确每个人的岗位责任

续表

序号	要求内容
4	检验程序的确定： (1)确定检验工艺、层次 (2)确定相应的检验内容、检验方法及记录
5	施工记录填写的内容： (1)工程基本状况：工程项目、地点、性质、结构、层次、建筑面积、屋面防水面积、设计单位、防水构造层次、防水层用材料等 (2)施工状况：施工单位、负责人、施工日期、气候及环境条件、基层及相关层次的质量、防水层的材料名称及质量、所有的检验情况、材料用量及节点处理方法、有关的修整内容及措施等 (3)工程检查及验收：包括中间检查与验收、完工后的蓄水检验、质量等级评定、有关质量问题及解决办法等

6.1.1.2 材料准备

序号	要求内容
1	防水卷材及其配套胶结材料和安全防护用品的申请采购
2	材料存放场地、库房的准备
3	进场防水卷材及其配套胶结材料的外观质量和物理技术性能抽样检验，不合格者应予退货

6.1.1.3 卷材热法操作工艺主要施工机具

名称	规格	数量	用途
空气压缩机	0.6m^3/min	1台	清理基层

续表

名 称	规 格	数量	用 途
棕扫帚	普通	3 把	清理基层和油毡
小平铲(腻子刀)	小型	2 把	清理基层
钢丝刷	普通	4 把	清理基层
长柄刷	棕刷或胶皮刷	2 把	涂刷冷底子油
剪刀	普通	1 把	剪裁卷材用
沥青锅	节能消烟沥青锅或自制	2 只	加热熬制玛帝脂
磅秤	500kg	1 台	玛帝脂配合比计算
油桶	20L	3 个	运输玛帝脂
加热保温沥青车	0.3m³	2 台	冬季低温运输时用
油壶(鸭嘴壶)		4 只	浇灌玛帝脂
笊篱	铁丝编制	2 把	熬制沥青时搅拌、捞渣
橡胶刮板		4 个	推刮玛帝脂及刮边
铁皮刮板		2 个	用于复杂部位推刮玛帝脂
滚筒	80～100kg 包胶皮	1 只	滚压大面积油毡
大平铲		2 把	撒铺绿豆砂
长柄木刮子		1 把	刮铺(推铺)绿豆砂
竹扫帚		2 把	清扫绿豆砂保护层
铁板		2 块	用于绿豆砂炒干、预热
铁锤	普通	1 把	卷材收头钉水泥钉
消防器材		若干	包括灭火器、铁板、砂等

6.1.1.4 作业条件准备

序号	要 求 内 容
1	现场屋面找平层的排水坡度、表面平整度、表面质量、分格缝的留设和处理、突出屋面结构与屋面基层的连接处以及基层转角处的圆弧半径等均经检查符合质量要求,并且各部位都已清理干净
2	水平及垂直运输方法,机具或设施的安排与协调
3	屋面上材料临时堆放点的确定与准备
4	需明火施工时,办理动火手续,预备必要的消防器材
5	选择符合防水卷材施工的气候条件。对雨、雪、冰冻天气禁止施工;雾、霜天,应等雾、霜退去,基层晒干后方可施工;五级及其以上大风天气不得施工;气温高于 35℃时,施工应尽量避开中午,热熔法施工气温不宜低于－10℃,其他卷材施工气温不宜低于 0℃

6.1.1.5 卷材防水施工常用护具一览表

名 称	配置数量及使用范围
工作服	每人一身
护脚	每人一副,或用球鞋代替
安全帽	每人一顶
墨镜	每人一副
防烫伤药膏	共用
清洗剂	共用

续表

名　称	配置数量及使用范围
手套	每人一副
安全绳	高空作业的工人配用
口罩	每人一个
防毒口罩	接触苯类、丙酮、石棉等操作时使用

6.1.2　工艺流程

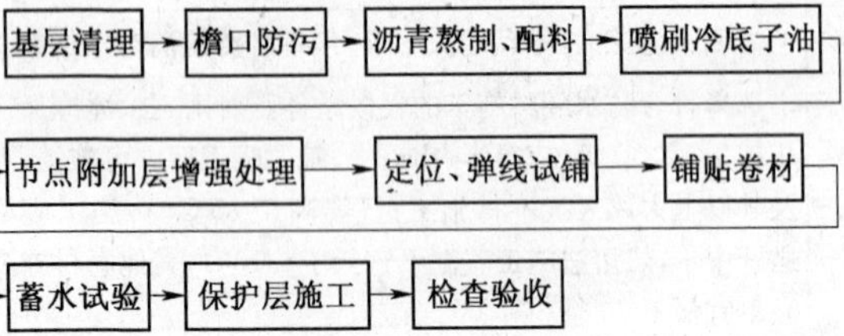

6.1.3　操作要点

6.1.3.1　基层清理

防水层做底层前，要将验收合格的基层表面的尘土、杂物清扫干净，节点处可用吹风机辅助清理。

6.1.3.2　檐口防污

为防止卷材铺贴时热沥青玛帝脂污染檐口，可在檐口前沿刷上一层较稠的滑石粉浆或粘贴防污塑料纸，待卷材铺贴完后，将滑石粉上的沥青胶铲除干净，或撕去防污塑料纸。

6.1.3.3　沥青熬制配料

该道工序包括沥青熬制、配制冷底子油和沥青玛帝脂。

6.1.3.4 喷刷冷底子油

冷底子油的作用是增强基层与防水卷材间的粘结，涂刷工作一般应在水泥砂浆养护完毕，表面基本干燥后进行（俗称“干刷法”）。冷底子油需用棕刷或胶皮刷蘸油均匀涂刷在水泥砂浆基层上。要涂刷均匀，愈薄愈好，不得留有空白。切忌涂刷太厚，否则在炎热天气会造成卷材与沥青玛帝脂的滑动，粘结不牢。冷底子油也可用机械喷涂，机械喷涂能保证质量，又节省材料与劳力。大面积喷刷前，应将边角、管根、雨水口等处先喷刷一遍，然后大面积喷刷第一遍，待第一遍油干燥后，再喷刷第二遍，要求喷刷均匀，无漏底。

涂刷冷底子油的时间宜在卷材铺贴前1～2d内进行，这样才能保证施工质量。冷底子油涂刷后经过风干感觉不粘手后即可铺贴卷材。

冷底子油的喷刷也可在水泥砂浆凝结过程中进行，此时称为“湿刷法”。采用这种方法施工时，要掌握好冷底子油的涂刷时间，防止踩踏新抹好的水泥砂浆基层。冷底子油的涂刷时间宜在水泥砂浆抹好后2～6h进行，视水泥品种、砂浆配合比、气候等条件经试验后确定。湿刷时所用的冷底子油要用慢挥发性的溶剂（如煤油）调制，比一般的冷底子油要稍浓一些。涂刷时，应顺着风向，由屋脊向檐口进行，要少蘸油，勤提刷，避免使劲揉刷、拖刷。

6.1.3.5 节点附加层增强处理

如前章所述，沥青防水卷材屋面，在女儿墙、檐沟墙、天窗壁、变形缝、烟囱根、管道根与屋面的交接处，以及檐口、天沟、斜沟、雨水口、屋脊等部位，按设计要求事先要根据节点的情况，剪裁卷材，铺设增强卷材附加层。排气道、排气帽必须通畅、排气道上的附加层必须单面点粘，宽度不小于250mm。并强调以下几点：

(1)无组织排水檐口在800mm宽范围内卷材应满铺，卷材收头应固定封严。

(2)屋面与突出屋面结构的连接处，铺贴在立墙上的卷材高度应不小于250mm，一般可用叉接法与屋面卷材相互连接，将上头固定在墙上，缝隙要用密封材料嵌封严密。

(3)内部排水铸铁雨水口，应牢固地固定在设计位置上，安装前应清除铁锈，刷好防锈漆；水落口连接的各层卷材应牢固地粘贴在杯口上，压接宽度不小于100mm。水落口周围500mm范围内，泛水坡度不小于5%，基层与水落口杯接触处应预留20mm宽、20mm深的凹槽。填嵌密封材料。

(4)伸出屋面管道根部应做成圆锥形，管道与找平层相接处预留凹槽，填嵌密封材料。防水层收头处用钢丝箍紧，并填嵌密封材料。

6.1.3.6 定位、弹线试铺

为了便于掌握卷材铺贴的方向、距离和尺寸，应事先检查卷材有无弯曲，在正式铺贴前要进行定位、弹线试铺工作。在找平层上弹线以确定卷材的搭接位置，保证铺贴顺直，卷材无扭曲、皱褶缺陷。

6.1.3.7 铺贴第一层油毡

卷材在使用的前几天，应先将表面清扫干净。第一层油毡的铺贴要严格控制下列要点：

(1)铺贴防水卷材的方向：屋面防水层卷材铺贴的方向，应根据屋面坡度、防水卷材的种类、屋面工作条件及历年主导风向等情况选定(必须从下风方向开始)。坡度小于3%时，宜平行屋脊铺贴；坡度在3%～15%时，平行或垂直于屋脊铺贴；当坡度大于15%或层面受振动，卷材应垂直于屋脊铺贴。

(2)铺贴防水卷材的顺序：先铺贴排水比较集中的部位，如雨水口、檐口、天沟等处；在高低跨屋面相毗连的建筑物，要先铺高跨屋面，后铺低跨屋面，铺贴应从标高低处往标高高的方向滚铺；在同高度的大面积屋面上，要先铺远部位后铺近部位。

在相同高度的大面积屋面上铺贴卷材，要分成若干施工流水段。分段的界线是：屋脊、天沟、变形缝等。根据操作要求再确定各流水段的先后施工程序。如在包括檐口在内的施工流水段中，应先贴檐口，再向上贴到屋脊或天窗的边墙；在包括天沟在内的施工流水段中，应先贴水落口，再向两边贴到分水岭并往上贴到屋脊或天窗的边墙。

在铺贴时，接缝应顺年最大频率风向搭接。上述施工顺序的基本原则，也适合于其他防水卷材、涂料等操作工艺，以后不赘述。

(3)铺贴各层防水卷材搭接宽度：长边不小于70mm；短边不小于100mm。上下层不得相互垂直铺贴。若第一层采用点、条、空铺方法，其长边不小于100mm，短边不小于150mm。

(4)使用正确的铺贴手法：

①浇油法。我国各地习惯采用这种操作方法。一般以三人为一小组，浇油、铺毡、滚压收边各一人。

浇油的人手提油壶，在推毡人的前方，向油毡宽度方向成蛇形浇油。不可浇得太多或太长，玛帝脂的厚度一般控制在1～1.5mm 左右，最厚不超过 2mm，如图 6-1 所示。

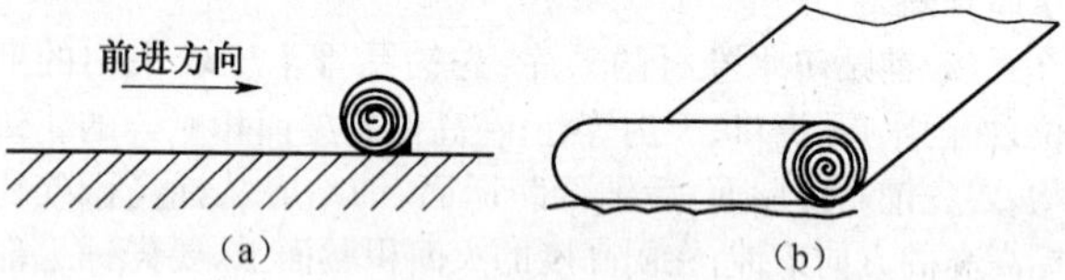

图 6-1 浇油法铺贴卷材

铺毡的人两手紧压油毡，站在油毡卷筒的中间，两腿成前弓后蹬的姿势，眼睛盯着前面浇下的油，油浇到后，就用两手推着油毡向前滚进。推毡时应将卷材前后滚动，以便把玛帝脂（或沥青胶）压匀并把多余的材料挤压出来，以将热沥青玛帝脂挤出、粘实、不存在空气为度。

推毡时，要随时注意油毡划线的位置，以免偏斜、扭曲、起鼓，并要用力压毡，力量均匀一致，平直向前。另外，还要随身带上小刀，如发现卷材有鼓泡或粘结不牢的地方，要立即用刀刺破，并用玛帝脂贴紧封死。

毡铺完后为了使卷材之间、卷材与基层之间紧密地粘贴在一起，宜采用重 80～100kg 的滚筒（滚筒的表面包有厚20～30mm 的胶皮）进行滚压收边，随铺随碾，不得来回拉动，如图 6-2 所示。

具体的操作方法是由一人(包括收边)跟着铺毡人的后面向前慢慢滚压。滚压时,不能使滚筒来回拉动,要压得及时,滚筒离铺毡处应保持 1m 左右距离。油毡边缘挤出的玛帝脂,要用胶皮刮板刮去,刮平为度,不能有翘边现象。对天沟、檐口、泛水及转角处滚压不到的地方,亦要用刮板仔细刮平压实。

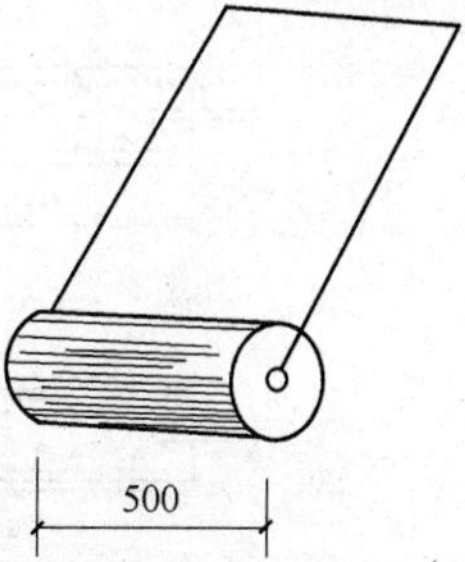

图 6-2 铁滚筒

这种操作方法的优点是,生产效率高,气泡少,粘贴密实。缺点是容易使玛帝脂铺得过厚。而且使用滚筒滚压使用效果不太理想,可以采用图 6-3 所示的卷芯辊子,在铺贴时,先在卷材里面卷进铁棍(或木棍),借助棍子的压力,将多余的沥青玛帝脂挤出,从而使油毡铺贴平整,与基层粘结牢固。

②刷油法。采用四人小组,即刷油、铺毡、滚压、收边各由一人操作。此法是将浇油工序改为用长柄刷蘸油涂刷。操作时一人用长柄刷(图 6-4)蘸油,将玛帝脂带到基层上涂刷。涂刷时人要站在油毡前面进行,刷油宽度以 30～50cm 为宜。出油毡边不应大于 5cm,油要刷饱满、均匀、厚薄一致。

铺毡时,工人应弓身前俯,双手紧压油毡,全身用力,防止油毡松卷,推压无力。滚压应及时,防止粘结不牢。滚压紧跟铺毡后 2m 进行,边滚边自检,如发现鼓泡,必须刺破

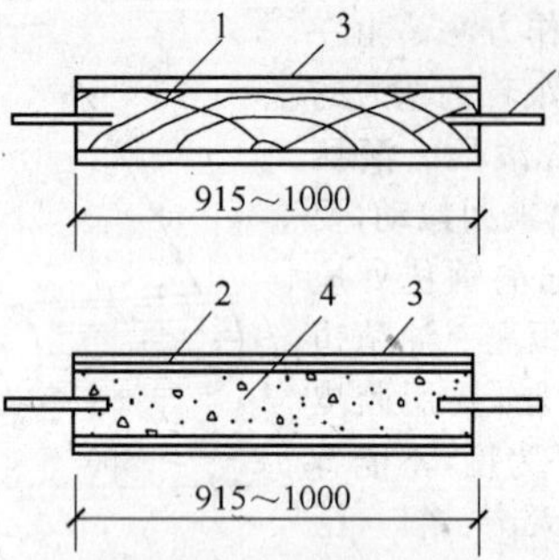

图 6-3　卷芯辊子

1. ϕ150mm 木棍　2. ϕ50mm 钢管

3. 5mm 厚胶皮　4. 混凝土　5. ϕ12mm 钢筋

排气,重新压实。滚压时操作工人不得站在未冷却的油毡上操作。在滚压同时,用胶皮刮板刮压油毡的两边,挤出多余的玛帝脂,赶出气泡,并将两边封死压平。如边部有皱褶或翘边时,需及时处理,防止堆积沥青疙瘩。

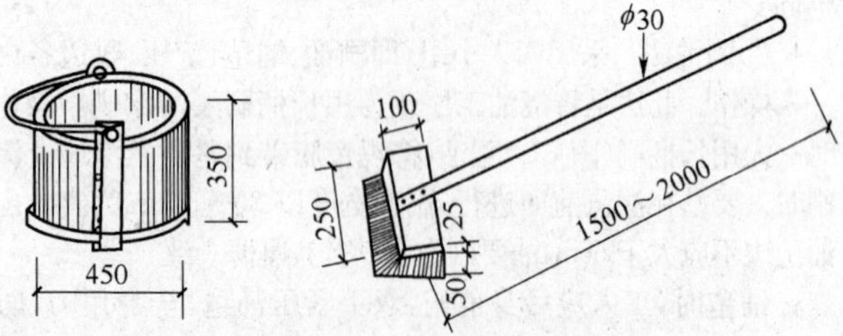

(a)油桶(装沥青胶用)　　(b)长柄刷(棕或帆布做成)

图 6-4　油桶及刷子

③刮油铺贴。本法是前两种方法的综合和改进。这种方法的操作要点是：一人在前面先用油壶浇油，随即手持长把胶皮刮板(图 6-5)进行刮油；第二个人紧跟着铺贴油毡；第三人进行收边滚压。此法质量较好，工效也高。

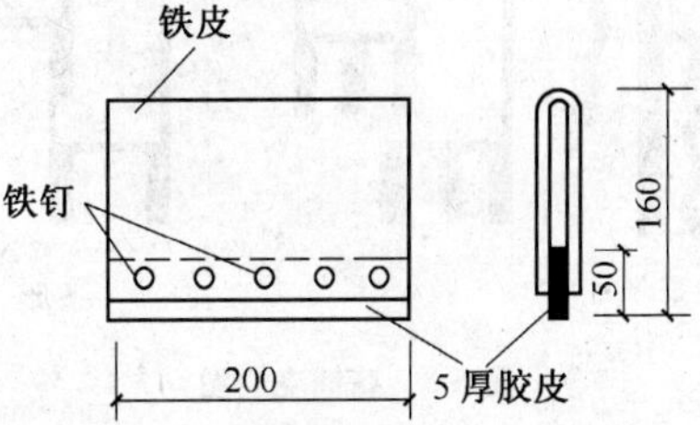

(a) 普通刮板

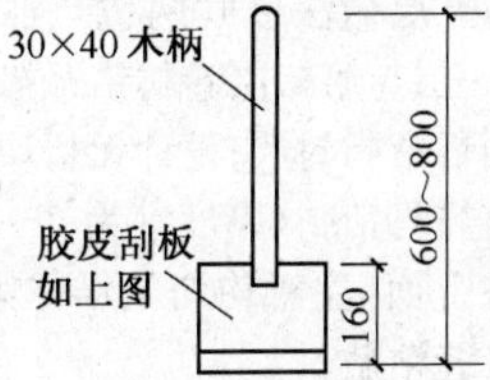

(b) 长柄刮板

图 6-5 胶皮刮板

④花铺法。这种施工方法是在铺第一层卷材时，在卷材侧边四周宽为 150～200mm 的范围内满涂沥青玛帝脂，中间不满涂玛帝脂，而是采用图 6-6 所示的蛇形、条形浇油的办法。此法使第一层卷材与基层之间有相互串通的空隙

(称为花铺)。花铺第一层卷材后,其他各层均需满涂玛帝脂,其操作方法与前三种方法相同。

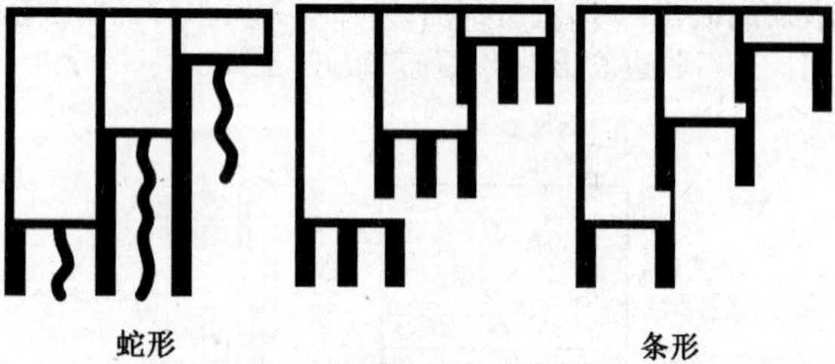

图 6-6　花铺浇油图

6.1.3.8　铺贴 2～3 层卷材

一般防水层为五层做法(即"两毡三油"),第二层做法与第一层相同,第一层与第二层卷材错开搭接,接缝不小于 250mm。搭接缝用玛帝脂封严;设计无板块保护层的屋面,应在涂刷最后一道热玛帝脂(厚度宜为 2～3mm)时随涂随将豆石保护层撒在上面,注意均匀粘结。第三层卷材与第二层卷材错进搭接缝粘贴。

6.1.3.9　蓄水试验

防水层完工后应做蓄水试验,蓄水高度宜大于 50mm,蓄水时间不宜小于 24h。经试验检查不渗漏后,然后才可进行保护层施工。如屋面无蓄水条件,则可在雨后或持续淋水以后进行检查。

6.1.3.10　铺设卷材保护层

沥青防水卷材屋面的保护层一般选用绿豆砂,豆石必须洁净、干燥，粒径为 3～5mm，要求材质耐风化，将绿豆砂预热至 100℃左右，在清扫干净的卷材防水层表面上刮涂一层热沥青玛帝脂，同时铺撒热绿豆砂，并进行滚压，使二者粘结牢固，事后清除未粘牢的豆石。

6.1.4 质量标准

6.1.4.1 主控项目

(1)沥青防水卷材和胶结材料的品种、标号及玛帝脂配合比必须符合设计要求和屋面工程技术规范的规定。

检验方法：检查防水工程队的资质证明、人员上岗证、材料的出厂合格证及复验报告。

(2)沥青防水卷材屋面防水层，严禁有渗漏现象。

检验方法：检查隐蔽工程验收记录及雨后检查或淋水、蓄水检验记录。

6.1.4.2 一般项目

(1)沥青卷材防水层的基层平整度应符合排水要求，无倒坡现象。

(2)冷底子油应涂刷均匀，铺贴方法、压接顺序和搭接长度应符合屋面工程技术规范的规定；粘贴牢固，无滑移、翘边、起泡、皱褶等缺陷。油毡的铺贴方向正确、搭接宽度误差不大于 10mm。

检验方法：观察和尺量检查。

(3)泛水、檐口及变形缝的做法应符合屋面工程技术规范的规定，粘贴牢固、封盖严密；油毡卷材附加层、泛水立面收头等，应符合设计要求及屋面工程技术规范的规定。

(4)沥青防水卷材屋面绿豆砂保护层的粒径应符合屋面工程技术规范的规定,筛洗干净,撒铺均匀,预热干燥,粘结牢固,表面清洁。其他保护层的质量标准应符合相关技术标准的要求。

检验方法:观察和尺量检查。

(5)水落口安装牢固、平正,标高符合设计要求;变形缝、檐口薄钢板安装顺直,防锈漆及面漆涂刷均匀、有光泽。镀锌钢板水落管及伸缩缝必须内外刷锌磺底漆,外面再按设计要求刷面漆。

6.1.4.3　允许偏差项目

项次	项　目	允许偏差	检查方法
1	卷材附加层搭接宽度	－10mm	尺量检查
2	玛帝脂软化点	±5℃	检查铺贴时测温记录
3	沥青胶结材料使用温度	－10℃	

6.1.5　成品保护

(1)施工过程中应防止损坏已做好的保温层、找平层、防水层、保护层。施工中及施工后操作人员不准穿硬底及带钉鞋在屋面上行走。

(2)已铺贴好的卷材防水层,应采取措施进行保护,严禁在防水层上进行施工作业和运输,并应及时做防水层的保护层。

(3)施工屋面运送材料的手推车支腿应用麻布包扎,不得在屋面上堆重物,以防损坏已做好的防水层。

(4)做防水层底层时应采取措施防止污染墙面、檐口及门窗。

(5)屋面施工过程中应及时清理施工杂物,不得有杂物堵塞和损坏水落口、天沟、排气帽等。

(6)屋面各构造层应与防水层连续施工(特别是保护层),以保证施工完的防水层不受破坏。

6.1.6 安全与环保要求

6.1.6.1 沥青的安全操作

(1)沥青锅灶的设置。

①城市市区不宜使用沥青油毡防水;郊外使用施工前应经当地环保部门批准。

②沥青锅设置地点应处于工地的下风向,场地应便于操作和运输。

③沥青锅距建筑物和易燃物应在 25m 以上,距离电线在 10m 以上,周围严禁堆放易燃物品。

④沥青锅不得搭建在煤气管道及电缆管道上方,如必须搭设应远离 5m 以外。

⑤沥青锅应制作坚固,设置烟囱,其烧火口处,必须砌筑 1m 高的防火墙,锅边应高出地面 30cm 以上,相邻两个沥青锅的间距不得小于 3m。

⑥必须备齐防火设施及工具。

(2)熬制沥青。

①熬制沥青的人员应由有经验的工人专人负责,并应严守岗位,必须备齐防火设施及工具。

②熬制沥青时应站在上风口操作,熬油前应清除锅内

杂质和积水。投放锅内的沥青数量应不超过全部容积的2/3,下料应慢慢溜放,严禁大块投放,防止溢锅发生火灾。沥青熬制过程中应经常测温,温度不得超过沥青的闪火点。

③沥青熬至熔化温度后,撤除灶内火源,用笊篱打捞杂质和悬浮物。

④当天熬制的沥青最好当天用完,如当天用不完,沥青油料需用盖子盖严,防止雨水和尘土侵入,避免次日熬油时发生溢锅。

⑤调制冷底子油时,应严格控制沥青的配置温度,防止加入溶剂时发生火灾。同时调制地点应远离明火 10m 以外。操作人员不得吸烟。

⑥预热桶装沥青或煤焦油时,应将桶上的盖子打开,盖孔朝上或侧放,让气体由盖孔导出,以免爆炸。满装的油桶侧放加热时,应将出油口处放低一点,并从出油口处,由前向后慢慢加热;当预热不满的油桶时,应特别注意火力要均匀,出油口要畅通,并要顺风向操作。

⑦用铁钎疏通出油口时,人应站在油桶的侧面,严禁站在桶口的正前方。尤其是头部,不应该对着桶口操作。

⑧下班后应留有专人负责看火,如不连续作业时,应待灶内炉火完全熄灭后才能离开;如用鼓风机,应关断电源,开关应加盖上锁。

(3)沥青起火的处理。

①锅灶附近应备有防火设备,如铁锅盖、灭火机、干砂、铁锹、铁板等。

②如发现沥青锅内着火,应立即用铁锅盖盖住锅灶,切

断电源停止鼓风，封闭炉门，熄灭炉火；如沥青外溢到地面起火，可用干砂压住，或用泡沫灭火机灭火。绝对禁止在已着火的沥青上浇水。

6.1.6.2 沥青的运输与涂刷

(1)所有参加沥青施工的人员必须穿戴工作服和手套，脚上应加帆布护盖。

(2)运送沥青玛帝脂时，只能用加盖的桶或专用车，用桶装运玛帝脂时，每次不能超过桶高的 3/4。运输道路应设有防滑措施。

(3)垂直运输的上料平台，要设有防护栏杆。

(4)在屋面上工作，油桶、油壶要放在能够移动的、按屋面坡度制成的水平木架上。不能放在斜坡或屋脊等不稳的地方。

(5)用机械涂刷冷底子油时，周围无关人员应尽量避开，以免冷底子油洒落在脸或手上。在屋面或其他基层上涂刷冷底子油时，不准在 30m 以内进行电焊、气焊等工作，操作人员严禁吸烟。

(6)用滑车运送玛帝脂时，不能猛拉猛干，要升降均匀和注意拖绳及挂钩牢靠。向上拉油的工人，应戴安全帽，并远离油桶的垂直下方。在屋面上拉油的工人，应使用 1m 长的搭钩，严禁用手拉桶，以防摇晃不定造成安全事故。

6.1.6.3 油毡铺贴

(1)屋面铺贴卷材，四周应设 1.2m 高的围栏，靠近屋面四周应侧身操作。

(2)在接近檐口的地方，不论坡度大小、高度如何，应一律使用安全带。

(3)严禁在同一平面上进行立体交叉作业。

6.1.7　职业健康

(1)沥青玛帝脂的熬制和施工均有臭味和毒素,除按规定发放劳保食品外,操作中必须配备足够的工作服、手套、口罩、胶鞋、围裙、布帽等劳保用品,防止中毒和烫伤。

(2)施工前必须有书面或口头的安全技术交底,施工中严格按安全技术规定执行。

(3)患眼病、喉病、结核病、皮肤病及对沥青刺激有过敏的人,不得从事沥青施工。

(4)工人在操作中,如感觉头痛或恶心,应立即停止工作,并到通风凉爽的地方休息,或请医生治疗。

(5)工地应设保健站,配备防护药膏(或药水)、急救药品以及治疗烧伤和防暑药品等。

(6)工地上应保证茶水供应,特别在夏季应备有清凉饮料和采取适当的防暑降温措施。

(7)工地应有洗澡设施。夏季劳动时间要合理安排。

6.2　卷材叠层冷法施工

卷材叠层冷施工主要是指采用石油沥青玻璃布油毡(简称玻璃布油毡)、石油沥青玻璃纤维胎油毡(简称玻璃纤维油毡)为卷材,以冷玛帝脂或专用冷胶料为粘结料的一种防水冷施工方法。其操作工艺与上面介绍的卷材热玛帝脂粘结施工大同小异,下面介绍其不同的地方,相同的地方不赘述。

6.2.1 施工准备

6.2.1.1 卷材附加层冷法操作施工用料表

材料名称	用途
玻璃布油毡或玻纤胎油毡	防水主体
冷玛帝脂或冷胶料	胶粘剂
玻璃丝布	附加层
云母粉	保护层

6.2.1.2 工具准备

刮板、小平铲、剪刀、小铁桶、棕刷、扫帚、卷尺、弹线包、铁锹、运输小车等。

6.2.1.3 基层要求和作业条件

与热法施工有关规定基本相同。

6.2.2 工艺流程

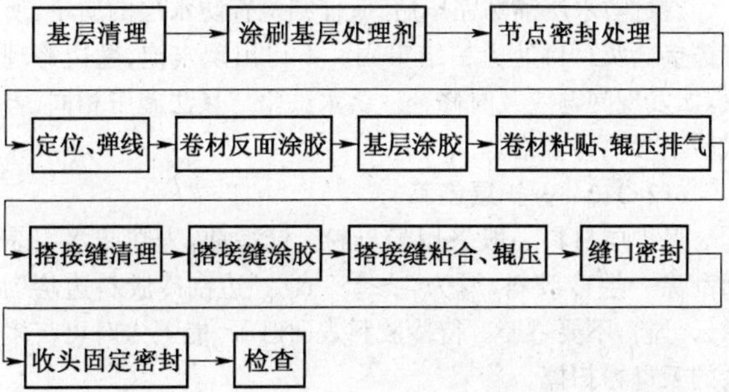

6.2.3　操作要点

6.2.3.1　粘贴附加层

先将玻璃丝布用冷胶料粘贴在管道根部、水落口、女儿墙、阴阳角等构造部位。也可用聚酯无纺布(60g)粘贴。

6.2.3.2　铺第一层油毡

卷材铺贴方向、搭接尺寸与热法操作相同。先将冷胶料倒在基层上,用刮板按弹线部位摊刮,厚度为0.8～1mm,宽度与卷材宽度相同,涂层要均匀。然后将油毡端部与冷胶料粘牢,随即双手用力向前滚铺,不得出现倾斜与折皱。卷材铺贴后应用压辊或刮板压实,将气泡赶出。

6.2.3.3　铺第二层油毡

卷材铺贴方法与第一层相同。上下两层卷材不得垂直铺贴。长边及短边的搭接缝均应错开。

6.2.3.4　检查防水层质量

卷材防水层铺贴完毕后,应仔细检查防水层的质量,所有搭接缝及封口处应粘结牢固。不得出现气泡、翘边等现象,如发现问题应及时修补。蓄水试验与热法施工相同,蓄水后不渗漏为合格。

6.2.3.5　保护层施工

保护层材料一般采用云母粉。铺撒前,先在防水层表面刮涂一层冷胶料,厚为1～1.5mm。边刮冷胶料边均匀撒云母粉,不要过厚。待冷胶料表面已干,能上人时可将多余的云母粉扫掉。

6.3 高聚物改性沥青防水卷材热熔法施工

热熔法铺贴是采用火焰加热器熔化改性沥青卷材底层的热熔胶进行粘贴。常用于 SBS 改性沥青防水卷材、APP 改性沥青防水卷材等与基层的粘结施工。热熔法施工气温不低于－5℃，环境温度不宜低于－10℃。如无可靠保证措施，达不到上述要求，禁止施工。

6.3.1 施工准备

6.3.1.1 技术准备

施工前应编制细致实用的施工方案，并对进场人员进行技术交底。选择有专业资质的施工队伍施工，操作人员必须持证上岗。

6.3.1.2 改性沥青卷材热熔法施工参考用料见 1.3.7

6.3.1.3 卷材热熔法操作工艺主要施工机具

名　称	规　格	数量	用　途
空气压缩机	0.6m^3/min	1 台	清理基层
棕扫帚	普通	3 把	清理基层
小平铲	小型	2 把	清理基层
钢丝刷	普通	4 把	清理基层
长柄刷	棕刷或胶皮刷	2 把	涂刷冷底子油
剪刀	普通	1 把	裁剪卷材

续表

名　称	规　格	数量	用　途
彩色粉袋		1个	弹基准线用
粉笔		1盒	做标记用
钢卷尺	2m	1把	度量尺寸
皮卷尺	50m	1把	度量尺寸
火焰加热器	喷灯或专用喷枪	3支	烘烤卷材用
手持压辊	$\phi40\times500$mm	2个	压实卷材用
铁辊	300mm长、30kg重	1个	压实卷材用
刮板	胶皮刮板	2个	推刮卷材及刮边
铁锤	普通	1把	卷材收头钉水泥钉

6.3.1.4 作业条件准备

(1)基层表面必须平整、坚实、干燥、清洁，不得有起砂、开裂和空鼓等缺陷。施工前应将基层表面的尘土、杂物清理干净。

(2)基层的坡度应符合设计规定，不得有倒坡积水现象。

(3)防水层施工前，找平层与凸出屋面的物体(如女儿墙、烟囱等)相连的阴角，应抹成光滑的小圆角；找平层与檐口、排水沟等相连的转角，应抹成光滑一致的圆弧形。

(4)施工前申请点火证。施工现场应备有粉末灭火器或砂袋。

6.3.2　工艺流程

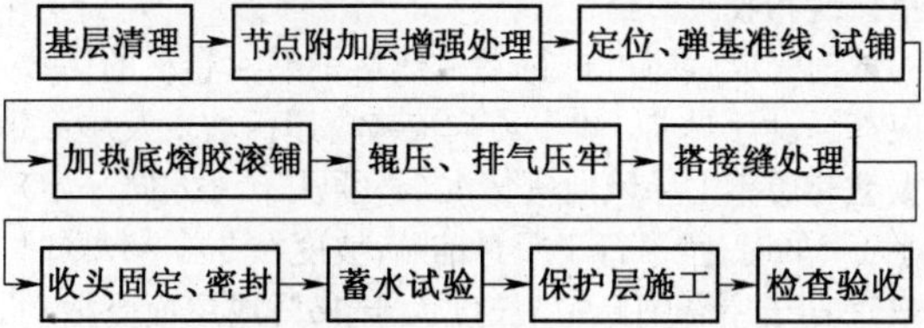

6.3.3　操作要点

6.3.3.1　清理基层

施工前将验收合格的基层表面尘土、杂物清理干净。

6.3.3.2　涂刷基层处理剂

高聚物改性沥青防水卷材施工，按产品说明书配套使用基层处理剂，通常将氯丁橡胶沥青胶粘剂加入工业汽油稀释，搅拌均匀，用长把辊刷均匀涂刷于基层表面上，常温经过4h后(以不粘鞋为准)，开始铺贴卷材。注意涂刷基层处理剂要均匀一致，切勿反复涂刷。

6.3.3.3　节点附加层增强处理

待基层处理剂干燥后，女儿墙、水落口、管根、檐口、阴阳角等细部先做附加层，在其中心200mm范围内，均匀涂刷1mm厚的胶粘剂，干后再粘结一层聚酯纤维无纺布，在其上再涂刷1mm厚的胶粘剂，干燥后形成一层无接缝和弹塑性的整体附加层。

6.3.3.4　定位、弹基准线、试铺

附加层铺设以后，可以进行定位、弹线、试铺等工作。

6.3.3.5　加热底熔胶滚铺卷材、辊压、排气压牢，处理好搭接缝和收头密封

试铺完成后即可进行卷材热熔铺贴。卷材的层数、厚度应符合设计要求。铺贴方向应考虑屋面坡度及屋面是否受振动和历年主导风向等情况（必须从下风方向开始），坡度小于3%时，宜平行于屋脊铺贴；坡度在3%～15%时，平行或垂直于屋脊铺贴；当坡度大于15%或屋面受振动，卷材应垂直于屋脊铺贴。多层铺设时上下层接缝应错开不小于250mm。将改性沥青防水卷材剪成相应尺寸，用原卷心卷好备用。铺贴卷材的操作方法分为滚铺法和展铺法两种。

(1)滚铺法。首先固定端部卷材。把成卷的卷材抬至开始铺贴位置，展开卷材1m左右，按弹好的基准线位置，对好长、短向的搭接缝，一人站在卷材的正侧面把展开的端部卷材拉起（图6-7），另一人持喷枪站在卷材背面一侧慢慢旋开喷枪开关，当听到燃料喷出的“嘶嘶”声，即可点燃火焰，再调节开关，使火焰呈蓝色时即可进行操作。

操作时，先将喷枪火焰对准卷材与基面交接处，同时加热卷材底面粘胶层和基层，使卷材附加层底面的沥青熔化。喷枪头距加热面为50～100mm，与基层成30°～45°角为宜。当烘烤到沥青熔化，卷材附加层底有光泽并发黑，有一薄的熔层时，此时提卷材端头的工人把卷材稍微前倾，并且慢慢地放下卷材，平铺在规定的基层位置上，另一人用手持压辊碾压密实排气，这样边烘烤边推压使卷材熔粘在基层。当熔贴卷材的端头只剩下30cm左右时，将卷材末端翻放在隔

图 6-7 热熔卷材端部粘贴

热板上加热,同时用喷枪火焰分别加热余下的卷材和基层表面,粘贴卷材并压实,如图 6-8 所示。

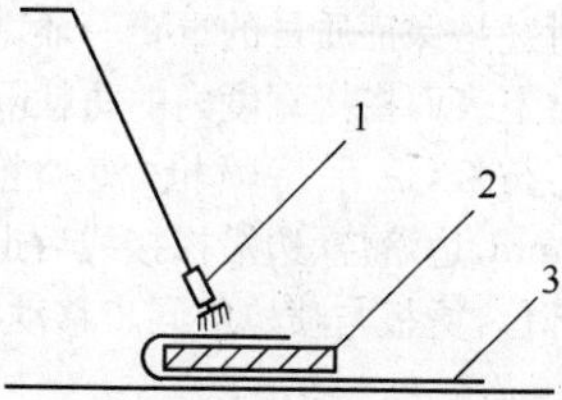

图 6-8 用隔热板加热卷材端头

1. 喷枪 2. 隔热板 3. 卷材

粘贴好端部卷材后,开始进行大面铺贴。持枪人应站在卷材滚铺的前方,把喷枪对准卷材和基面的交接处,使之同时加热卷材和基面。条粘时只需加热两侧边,加热宽度各为 150mm 左右。此时推滚卷材的工人应蹲在已铺好的端部卷材上面,待卷材加热充分后就可缓缓地推压卷材,与此同时,另一人紧跟其后,用棉纱团从中间向两边抹压卷材,赶出气泡,并用抹刀将溢出的热熔胶刮压抹平。距熔粘位置 1.2m 处,另一人用压辊压实卷材,见图 6-9。当两侧边卷材热熔粘贴只剩下末端 1000mm 长时,应按前述固定端部卷材的方法，务使末端粘贴牢固。

图 6-9　滚铺法铺贴热熔卷材

1. 加热　2. 滚铺　3. 排气、收边　4. 压实

铺贴时随时注意卷材的搭接缝宽度，搭接部位应满粘牢固，搭接宽度满粘法长边为 80mm，短边为 100mm。铺第二层卷材时，上下层卷材不得互相垂直铺贴。搭接缝的热熔封边是保证质量的重要一环，搭接缝粘结前，先熔烧下层卷材上表面搭接宽度内的防粘隔离层，处理时，操作人员一手持烫板，一手持喷枪，使喷枪靠近烫板并距卷材 5～100mm，边熔烧、边沿搭接线后退。为防止火焰烧伤卷材其他部位，烫板与喷枪应同步移动，如图 6-10 所示。

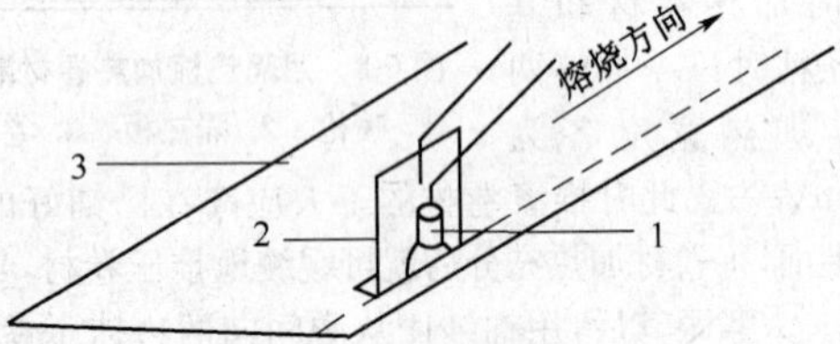

图 6-10　熔烧处理卷材上表面防粘隔离层

1. 喷枪　2. 烫板　3. 已铺下层卷材

处理完隔离层,即可依次进行纵向和横向搭接接缝的粘结,滚压时,待搭接缝口有热熔胶(胶粘剂)溢出,收边人员趁热用棉纱团抹平卷材后,即可用抹灰刀把溢出的热熔胶刮平,沿边封严。

对于卷材短边搭接缝,还可用抹灰刀挑开,同时用汽油喷灯烘烤卷材搭接处,待加热至适当温度后,随即用抹灰刀将接缝处溢出的热熔胶刮平、封严。纵横接缝熔焊粘结后,要再用火焰及抹子在接缝边缘上均匀地加热抹压一遍。

整个防水层粘结完毕,所有搭接缝用密封材料予以严密封涂。密封材料可用聚氯乙烯建筑防水接缝材料或建筑防水沥青嵌缝油膏,也可采用封口胶或冷玛帝脂。密封材料应在缝口抹平,使其形成有明显的沥青条带。

施工过程见图 6-11～图 6-14。

(2)展铺法。展铺法是先把卷材平展铺于基层表面,再沿边缘掀起卷材加热卷材底面和基层表面,然后将卷材粘

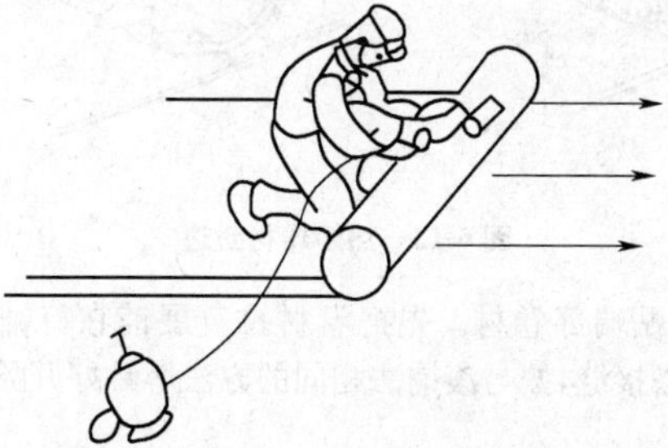

图 6-11 热熔卷材施工

贴于基层上。展铺法主要适用于条粘法铺贴卷材。其施工操作方法如下：

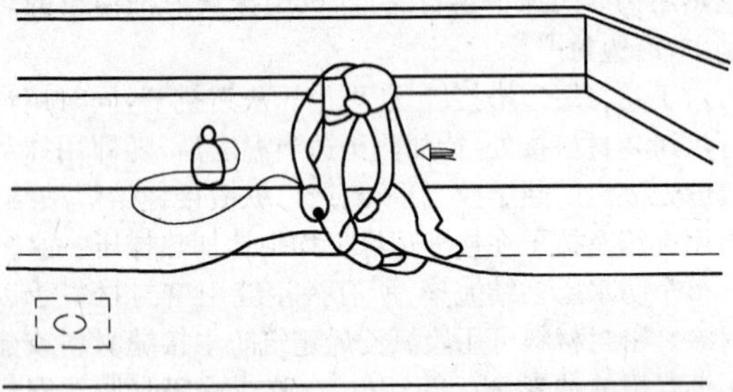

图 6-12　热熔卷材纵向搭接处理

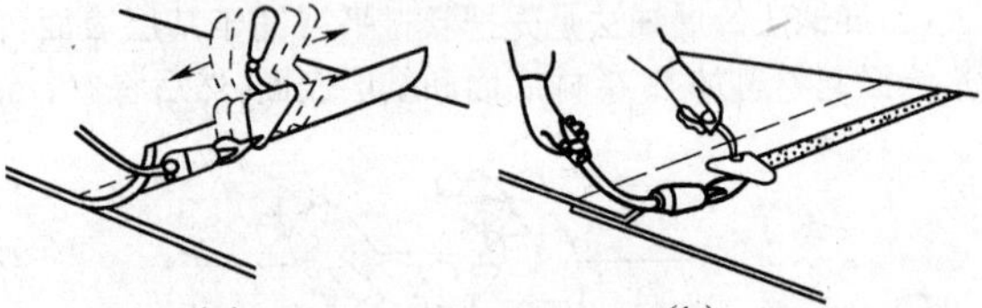

（a）　　　　（b）

图 6-13　热熔卷材封边

①熔贴端部卷材。先把卷材拉直展铺在待铺的基面上，对准搭接缝，按与滚铺法相同的方法熔贴好开始端部卷材。

②熔贴大面卷材。固定好末端后，从始端开始熔贴卷

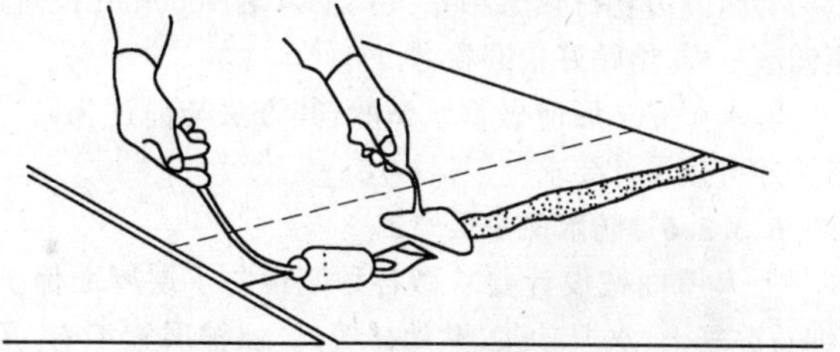

图 6-14 接缝熔焊粘结后处理

材。操作时，在距开始端约 1500mm 的地方，由手持喷枪的工人掀开卷材边缘约 200mm 高，再把喷枪头伸进侧边卷材底部，开大火焰，转动枪头，加热卷材边宽约 200mm 左右的底面胶和基面，边加热边沿长向后退。另一人拿棉纱团，从卷材中间向两边赶出气泡，并将卷材抹压平整。最后一人紧随其后及时用手持压辊压实两侧边卷材，并用抹刀将挤出的胶粘剂刮压平整，如图 6-15 所示。

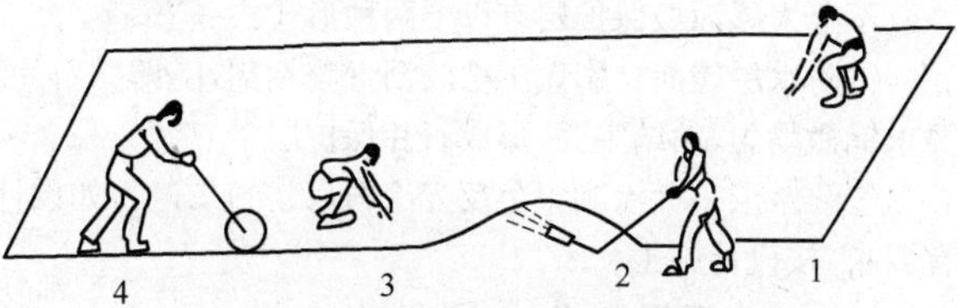

图 6-15 展铺法铺贴热熔卷材

1. 临时固定 2. 加热 3. 排除气泡 4. 滚压收边

当两侧边卷材热熔粘贴只剩下末端1000mm长时，与滚铺法一样，熔贴好末端卷材。

防水层完工后应做蓄水试验，其方法与前述相同。合格后才可按设计要求施工保护层。

6.3.3.6 防水保护层施工

上人屋面按设计要求做各种刚性防水层屋面保护层(细石混凝土、水泥砂浆、贴地砖等)。保护层施工前，必须做油纸或玻纤布隔离层。刚性保护层的分格缝留置应符合设计要求，设计无要求者，水泥砂浆保护层的分格面积为$1m^2$，缝宽、深均为10mm，并嵌填沥青砂浆；块材保护层分格面积不宜大于$100m^2$，缝宽不宜小于20mm；细石混凝土保护层分格面积不大于$36m^2$；刚性保护层与女儿墙、山墙间应预留30mm宽的缝，并用密封材料嵌填严密；女儿墙内侧砂浆保护层分格间距不大于1m，缝宽、深为10mm，内填沥青嵌缝膏。保护层的分格缝必须与找平层及保温层的分格缝上下对齐。

不上人屋面做保护层有以下两种形式：

①防水层表面涂刷氯丁橡胶沥青胶粘剂，随即撒石片，要求铺撒均匀，粘结牢固，形成石片保护层。

②防水层表面涂刷银色反光涂料(银粉)二遍。如设计有要求，按设计施工。

6.3.4 质量标准(主控项目)

(1)高聚物改性沥青防水卷材和胶粘剂的品种、牌号及胶粘剂的配合比，必须符合设计要求和有关标准的规定。

检验方法:检查防水材料及辅料的出厂合格证和质量检验报告及现场抽样复验报告。

(2)卷材防水层及其变形缝、天沟、沟檐、檐口、泛水、水落口、预埋件等处的细部做法,必须符合设计要求和屋面工程技术规范的规定。

检验方法:观察检查和检查隐蔽工程验收记录。

(3)卷材防水层严禁有渗漏或积水现象。

检验方法:检查雨后或淋水、蓄水检验记录。

6.3.5 成品保护

(1)已铺贴好的卷材防水层,应采取措施进行保护,严禁在防水层上进行施工作业和运输,并应及时做防水层的保护层。

(2)穿过屋面、墙面防水层处的管位,防水层施工完工后不得再变更和损坏。

(3)屋面变形缝、水落口等处,施工中应进行临时堵塞和挡盖,以防落杂物,屋面及时清理;施工完成后将临时堵塞、挡盖物及时清除,保证管内畅通。

(4)屋面施工时不得污染墙面、檐口侧面及其他已施工完的成品。

6.3.6 安全环保措施

除了遵守沥青防水卷材热法操作工艺有关要求外。还应特别注意以下几点:

(1)改性沥青卷材及辅助材料均系易燃品,存放及施工中注意防火,必须备齐防火设施及工具。

(2)施工现场不得有其他明火作业，遇屋面有易燃设备时，应采取隔离防护措施，以免引起火灾。

(3)火焰喷枪或汽油喷灯应由专人保管和操作，点燃的火焰喷枪(或喷灯口)不准对着人员或堆放卷材处，以免烫伤或着火。

(4)喷枪使用前，应先检查液化气钢瓶开关及喷枪开关等各个环节的气密性，确认完好无损后才可点燃喷枪。喷枪点火时，喷枪开关不能旋到最大状态，应在点燃后再缓缓调节。

(5)在地下室或其他不通风环境下进行热熔施工时，应有通风设施；应缩短施工人员作业时间。

6.4　高聚物改性沥青防水卷材冷粘法施工

冷粘法铺贴高聚物改性沥青防水卷材是指采用冷胶粘剂或冷玛帝脂将卷材粘贴于基层上的方法。施工时不需加热卷材和基层，单层防水卷材厚度不宜小于 4mm，复合防水时不宜小于 3mm。

6.4.1　施工准备

6.4.1.1　技术准备

施工前应根据现场和工程的实际情况编制切实可行的施工方案，选择防水专业施工队伍，向操作人员进行技术交底和相关培训，操作人员要持证上岗。

6.4.1.2 卷材冷粘法操作主要施工工具

工具名称	规 格	数 量	用 途
高压吹风机	300W	1台	清理基层用
扫帚	普通	3把	清理基层用
小平铲	小型	2把	清理基层用
电动搅拌器	300W	1台	搅拌胶粘剂等用
滚动刷	$\phi60\times300$mm	4把	涂布胶粘剂用
铁桶	20L	2个	装胶粘剂用
扁平辊		2个	转角部位压实卷材
手辊		2个	压实卷材(垂直部位)
大型辊	30kg重	1个	压实卷材(平面)
剪刀	普通	3把	剪裁卷材用
皮卷尺	50m	1把	度量尺寸用
钢卷尺	2m	4个	度量尺寸用
铁管	$\phi30\times1500$mm	1根	铺贴卷材用
小线绳		50m	弹基准线用
彩色笔		1套	弹基准线用
粉笔		1盒	做标记用
安全带		1套	施工安全保护用品
工具箱		1个	保存工具用

6.4.1.3 作业条件

(1)天气无雨、雪。

(2)气温在 0℃以上,无 5 级及以上风。

(3)基层应干燥、平整、洁净。

6.4.2 工艺流程

清理基层→涂刷基层处理剂→节点附加增强处理→定位、弹线→涂刷基层胶粘剂→粘贴卷材→卷材接缝粘贴→卷材接缝密封→蓄水试验→保护层施工→质量检查

6.4.3 操作要点

6.4.3.1 清理基层

剔除基层上的隆起异物,清除基层上的杂物,清扫干净尘土。

6.4.3.2 喷涂基层处理剂

高聚物改性沥青防水卷材的基层处理剂可选用氯丁沥青胶乳、橡胶改性沥青溶液、沥青溶液等,将基层处理剂搅拌均匀,先将节点部位涂刷一遍,然后进行大面积涂刷,涂刷应均匀,不得过厚、过薄,一般涂刷后 4h 左右,方可进行下道工序的施工。

6.4.3.3 节点的附加增强处理

在构造节点部位及周边扩大 200mm 范围内,均匀涂刷

一层厚度不小于 1mm 的弹性沥青胶粘剂，随即粘贴一层聚酯纤维无纺布，并在布上涂一层厚 1mm 的胶粘剂，构成无接缝的增强层。

6.4.3.4 定位、弹线

按卷材排布配置，弹出定位和基准线。

6.4.3.5 涂刷基层胶粘剂

基层胶粘剂可用胶皮刮板涂刷，涂刷在基层上的胶粘剂要求厚薄均匀，不漏底，不堆积，厚度约 0.5mm。空铺法、条粘法应在屋面周边 800mm 宽的部位满涂刷胶粘剂，进行满粘贴。点粘和条粘还应按规定的位置和面积涂刷胶粘剂，保证达到点粘和条粘的质量要求。

6.4.3.6 粘贴防水卷材

要根据各种胶粘剂的性能和施工环境要求的不同，安排粘贴的时间和控制两次涂刷的间隔时间。粘贴时，要推赶、滚压、排气、粘牢一气呵成。一人在后均匀用力推赶铺贴卷材，并注意排除卷材下面的空气，防止温度升高气体膨胀而使卷材起鼓。一人用手持压辊，滚压卷材面，使之与基层更好地粘结，溢出的胶粘剂随即刮平。整个卷材的铺贴应平整顺直，不得有扭曲、皱褶等。

卷材与立面的粘贴，应从下面均匀用力往上推赶，使之粘结牢固。当气温较低时，可考虑用热熔法施工。

6.4.3.7 卷材接缝粘结

卷材接缝处，应满涂胶粘剂（与基层胶粘剂同一品种），经过合适的间隔后，进行接缝处卷材粘结，并用辊压，溢出的胶粘剂随即刮平。

为了保证粘结更可靠,卷材与卷材搭接缝也可用热熔法粘结。

6.4.3.8 卷材接缝密封

为提高防水层的密封抗渗性能,接缝口应用密封材料封严,宽度不小于10mm。

6.4.3.9 蓄水试验

防水层完工后,按卷材热玛帝脂粘结施工的要求做蓄水试验。

6.4.3.10 保护层施工

屋面经蓄水试验合格后,放水待面层干燥,立即进行保护层施工,以避免防水层受损。做法同热法铺贴高聚物改性沥青防水卷材。

6.5 防水卷材自粘法施工

6.5.1 自粘法施工特点

自粘型卷材在工厂生产过程中,在其底面涂上了一层高性能的胶粘剂,胶粘剂表面敷有一层隔离纸。施工中剥去隔离纸,就可以直接铺贴。为了保证接缝粘结性能,搭接部位提倡用热风枪加热,尤其在温度较低时施工,这一措施更为重要。

6.5.2 自粘法操作要点

6.5.2.1 基层处理

基层检查、清理,涂刷基层处理剂,节点附加增强,定位弹基准线等与冷粘法相同。

6.5.2.2　铺贴卷材

三人一组,一人撕纸,一人滚铺卷材,一人随后将卷材压实。铺贴时应按基准线的位置,缓缓剥开卷材背面的粘结隔离纸,将卷材直接粘贴于基层上,随撕隔离纸,随将卷材向前滚铺。滚铺时,当采用的是高聚物改性沥青防水卷材时要拉得稍紧一点,不能太松弛;而对于合成高分子防水卷材,则要尽量保持自然松弛状态,但也不能有皱褶。每铺完一段卷材,应立即用长柄辊刷从开始端起彻底排除卷材下面的空气,然后再用胶皮压辊压实粘牢。

当铺贴天沟、泛水、阴阳角或有突出物的复杂部位基面时,应先将卷材按基面形状并考虑搭接长度进行裁剪好,反铺于屋面平面上,待剥去全部隔离纸后,再铺贴卷材。

当在立面或坡度较大的屋面上铺贴卷材时,容易产生流坠下滑现象,因此宜用手持汽油喷灯将卷材底面的胶粘剂适当加热后再进行铺贴和滚压。

6.5.2.3　搭接缝粘贴

自粘型卷材上表面有一层防粘层(聚乙烯薄膜或其他材料),在铺贴卷材前,应将相邻卷材待搭接部位上表面的防粘层先熔化掉,使搭接缝能粘贴牢固。操作时用手持汽油喷灯沿搭接线熔烧掉搭接卷材表面的防粘层。

粘结搭接缝时,应掀开搭接部位卷材,用扁头热风枪加热搭接卷材底面的胶粘剂并逐渐前移。另一人随其后,把加热后的搭接部位卷材用棉布由里向外排气,并抹压平整。最后紧随一人用手持压辊滚压搭接部位,使搭接缝密实。

加热时应注意控制好加热温度，其控制标准为手持压辊压过搭接卷材后，使搭接边末端胶粘剂稍有外溢。

搭接缝粘贴密实后，所有搭接缝均用密封材料封边，宽度应不小于10mm。

铺贴立面、大坡面卷材时，可采用加热方法使自粘卷材与基层粘结牢固，必要时还应加钉固定。

6.6 合成高分子防水卷材冷粘法施工

合成高分子卷材与基层粘贴的主要方法是冷粘法。合成高分子防水卷材，大多用于屋面单层防水，卷材的厚度宜为1.2～2mm，其构造如图6-16所示。各种合成高分子卷材的冷粘贴施工除了由于配套胶粘剂引起的差异外，大致相同。下面以三元乙丙橡胶防水卷材冷粘法施工为例。

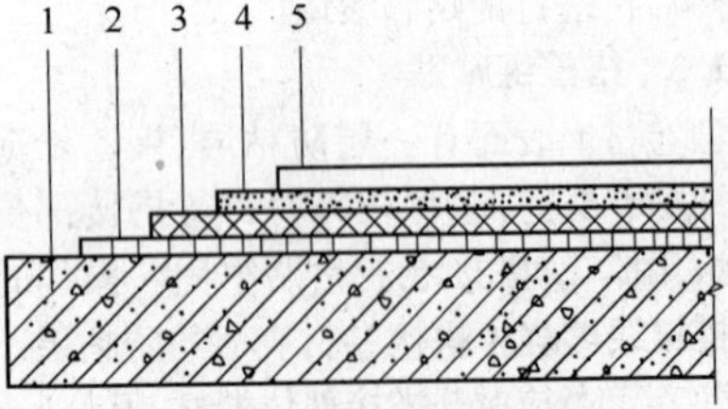

图 6-16 单层外露防水构造

1. 基层面 2. 基层处理剂 3. 基层胶粘剂
4. 高分子防水卷材 5. 表面着色剂

6.6.1 施工准备

6.6.1.1 三元乙丙橡胶防水卷材配套材料

名称	用途	颜色	容量(kg/桶)	用量(kg/m²)	备注
聚氨酯底胶	基层处理剂	甲料:黄褐色胶体 乙料:黑色胶体	18 17	0.2	
氯丁系胶粘剂(如CX-404胶)	基层与卷材胶粘剂	黄色浑浊胶体	15	0.4	亦可用BRICI J-4
丁基胶粘剂	卷材接缝胶粘剂	A料:黄色胶体 B料:黑色胶体	17 17	0.1	亦可用BRICI J-6
表面着色剂	表面着色	银色涂料	17	0.2	分水乳型和溶剂型两种
聚氨酯密封膏	接缝增补密封剂	甲料:黄褐色胶体 乙料:黑色胶体	18 24	0.1	

6.6.1.2 材料要求

基层处理剂一般以聚氨酯-煤焦油系的二甲苯溶液或氯丁橡胶乳液组成,用于处理基层表面,要求施工性能好,耐候性、耐霉菌性好。

基层胶粘剂用于防水卷材与基层之间的粘合,应具有施工性能好,耐候性良好、耐日光、耐水性等。

卷材接缝胶粘剂是用于卷材与卷材接缝的胶粘剂,应具有良好的耐腐蚀性、耐老化性、耐候性、耐水性等。

卷材密封剂是用于卷材收头的密封材料。一般选用双组分聚氨酯密封膏、双组分聚硫橡胶密封膏等。

6.6.1.3　作业条件

(1)雨天、雾天严禁施工。

(2)冷粘法施工环境温度不低于5℃。

(3)5级风(含5级)以上不得施工。

(4)施工途中下雨、下雾应做好已铺卷材周边的防护工作。

(5)基层必须干净、干燥。

6.6.2　工艺流程

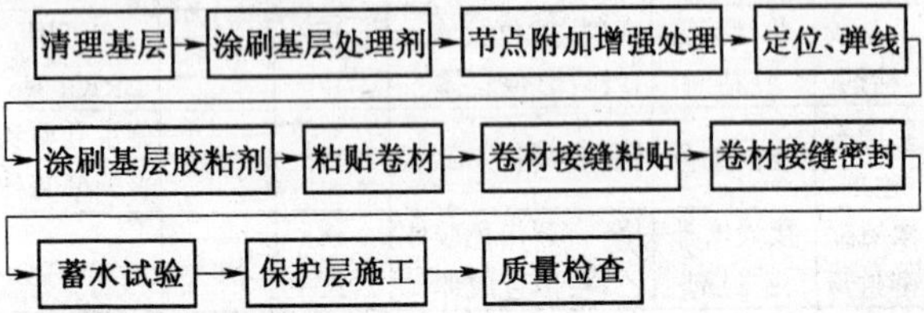

6.6.3　操作要点

6.6.3.1　清理基层

剔除基层上的隆起异物，清除基层上的杂物，清扫干净尘土。因卷材较薄易被刺穿，所以必须将基层清除干净。

6.6.3.2　涂刷基层处理剂

基层处理剂一般是用低黏度聚氨酯涂膜防水材料，其配合比为甲料∶乙料∶二甲苯＝1∶1.5∶3，用电动搅拌器搅拌均匀备用。基层处理剂可用喷或涂等方法均匀涂布在基层表面。涂刷施工时，将配制好的基层处理剂搅拌均匀，在大面积涂刷施工前，先用油漆刷蘸胶在阴阳角、水落口、管道及烟囱根部等复杂部位均匀地涂刷一遍，然后用长柄辊刷进行大面积涂刷施工。基层处理剂厚度应均匀一致，切勿反复来回涂刷，也不得漏刷露底。经干燥4h以上，即可进行下一工序的施工。基层处理剂施工后宜在当天施工防水层。

6.6.3.3 节点封闭处理

屋面容易产生漏水的薄弱处，如山墙水落口、天沟、突出屋面的阴阳角，穿越屋面的管道根部等，需采用涂膜防水材料做增强处理。用聚氨酯涂膜防水材料的处理方法是，先将甲料和乙料按1∶1.5比例搅拌均匀，再均匀涂刷于阴阳角、水落口等周围，涂刷宽度应以中心算起约200mm以上，厚度以1.5mm以上为宜。涂刷固化24h以上，才能进行下一工序的施工，除此之外还应按下列规定处理。

(1)卷材末端的收头及封边处理：为了防止卷材末端剥落或渗水，末端收头必须用与其配套的嵌缝膏封闭。当密封材料固化后在末端收头处再涂刷一层聚氨酯防水涂料，然后用108胶水泥砂浆(水泥∶砂∶108胶＝1∶3∶0.15)压缝封闭。

(2)檐口卷材收头处理：可直接将卷材贴到距檐口边20～300mm处，采用密封膏封边，也可在找平层施工时预留30mm半圆形洼坑，将卷材收头压入后用密封膏封固，再抹掺108胶的水泥砂浆。

(3)天沟卷材铺贴：卷材应顺天沟整幅铺贴，尽量减少接头，接头应顺流水方向搭接，并用密封膏封严；当整幅卷材不足天沟宽时，应尽量在天沟外侧搭接，外侧沟底坡向檐口水落口处搭接缝和檐沟外侧卷材的末端均应用密封膏封固，内侧应贴进檐口不少于50mm，并压在屋面卷材下面。

(4)水落口卷材铺贴：水落口杯应用细石混凝土或掺108胶的水泥砂浆嵌固，与基层接触处应留出宽20mm、深20mm的凹槽，嵌填密封材料，并做成以水落口为中心比天沟低30mm的洼坑。在周围直径500mm范围内应先涂基层处理剂，再涂2mm厚的密封膏，并宜加衬一层胎体增强材料，然后做一层卷材附加层，深入水斗不少于100mm，上部剪开将四周贴好，再铺天沟卷材层，并剪开深入水落口，用密封膏封严。

(5)阴阳角卷材铺贴：阴阳角的基层应做成圆弧形，其圆弧半径约20mm，涂底胶后再用密封膏涂封，其范围距转角每边宽200mm，再增铺一层卷材附加层，接缝处用密封膏封固。

(6)高低跨墙、女儿墙、天窗下泛水及收头处理：屋面与立墙交接处应做成圆弧形或钝角，涂刷基层处理剂后，再涂100mm宽的密封膏一层，铺贴大面积卷材前顺交角方向铺贴一层200mm宽的卷材附加层，搭接长度不少于100mm。

高低跨墙及女儿墙、天窗下泛水卷材收头应做滴水线及凹槽，卷材收头嵌入后，用密封膏封固，上面抹掺108胶水泥砂浆。当遇到卷材垂直于山墙泛水铺贴时，山墙泛水部位应另用一平行于山墙方向的卷材压贴，与屋面卷材向下搭接不少于100mm；当女儿墙较低时，应铺过女儿墙顶部，用压顶压封。

(7)排气洞、管卷材收头处理：排气洞根部卷材铺贴和立墙交接处相同，转角处应按阴阳角做法处理。排气管根部，应先用细石混凝土填嵌密实，并做出圆弧或45°左右的坡面，上口留20mm宽、20mm深的凹槽，待大面积的卷材铺贴完，再加铺两层附加层，然后在端部用麻丝或细钢丝绑缠后再用密封膏密封，必要时再加做细石混凝土保护层。

(8)当屋面为装配式结构时，板的端缝处必须加做缓冲层，第一种做法是在板的端缝处空铺一条150mm左右的卷材条；第二种做法是单边点贴200mm左右的普通石油沥青卷材条，然后再铺贴大面积卷材。

6.6.3.4 定位、弹基准线

按卷材排布配置，弹出定位线和基准线。

6.6.3.5 涂刷基层胶粘剂

基层胶粘剂一般为氯丁橡胶胶粘剂，需涂刷在基层和防水卷材的表面。先将氯丁橡胶系胶粘剂(或其他基层胶粘剂)的铁桶打开，用手持电动搅拌器搅拌均匀，即可进行涂刷基层胶粘剂，具体做法如下：

(1)在卷材反面涂胶。先将卷材展开摊铺在平整、干净的基层上(靠近铺贴位置)，用湿布除去卷材背面的浮灰，划出长边及短边各不涂胶的接合部位(满粘法不小于80mm，其他方法不小于100mm)，然后用长柄辊刷蘸满胶粘剂，均匀涂刷在卷材的背面，涂刷应厚薄均匀，不得有露底、凝胶现象，如图6-17所示。

涂刷胶粘剂后，经静置10～20min，待指触基本不粘手时，即可将卷材用纸筒芯卷好，就可进行铺贴。

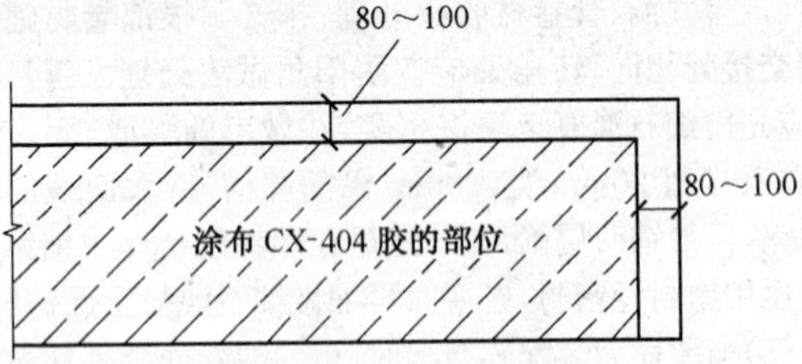

图 6-17 涂刷基层胶粘剂部位

（空白处留作涂刷接缝胶粘剂）

(2)在基层表面上涂刷。用长柄滚刷蘸满胶粘剂，均匀涂刷在基层处理剂已基本干燥和洁净的表面上。涂刷时要均匀，切忌在一处反复涂刷，经过干燥 10～20min，指触基本不粘手时，即可铺贴卷材。

6.6.3.6 卷材粘贴、滚压排气

(1)卷材粘贴。操作时，几个人将刷好基层胶粘剂的卷材抬起翻过来，将一端粘贴在预定部位，然后沿着基准线向前粘贴。应注意粘贴时不得将卷材拉伸。要使卷材在松弛不受拉伸的状态下粘贴在基层上。

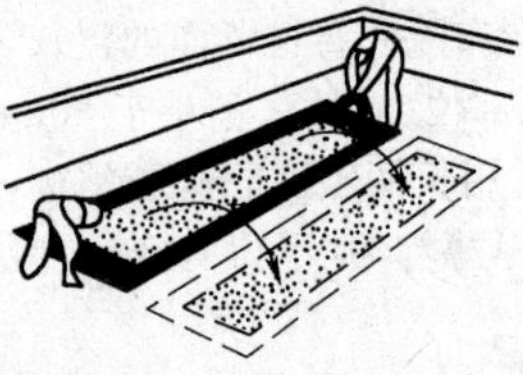

图 6-18 卷材粘贴方法

(2)滚压排气。随后用压辊用力向前和向两侧滚压，使防水卷材与基层粘结牢固，如图 6-18 所示。

每铺完一幅卷材，应立即用干净、松软的长柄压辊从卷材一端顺卷材的横向顺序滚压一遍，彻底排除卷材粘结层间的空气，排除空气后，卷材平面部位可用外包橡胶的大压辊滚压（一般重 30～40kg），使其粘贴牢固。滚压时，应从中间向两侧移动，做到排气彻底，如图 6-19 所示。

在平面、立面交接处，则应先粘贴好平面，经过转角，由下往上粘贴卷材。粘贴时切忌拉紧，要轻轻沿转角压紧压实，再往上粘贴。滚压时应从上往下进行，转角部位要用扁平辊，垂直面要用手辊，各种压辊外形见图 6-20。

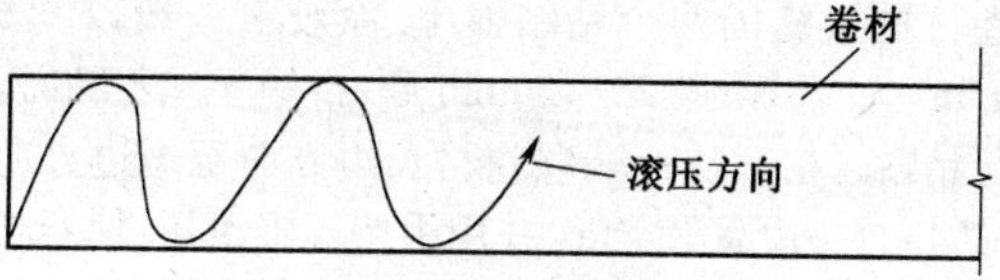

图 6-19　排气滚压方向

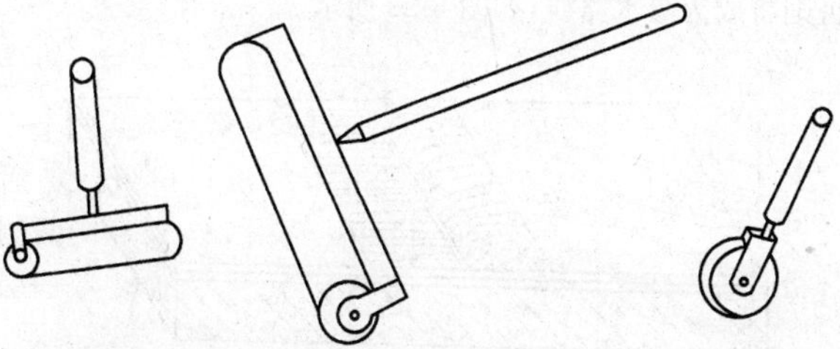

(a) 手辊　(b) 大型压辊 (30～40kg)　(c) 扁平辊

图 6-20　压辊

6.6.3.7　卷材接缝粘贴

(1)搭接面清理、清洗,将准备处理的接缝搞干净备用。

(2)搭接缝涂胶。在卷材接缝宽度范围内,用丁基橡胶胶粘剂,按 A∶B=1∶1 的比例配置并搅拌均匀,随即进行粘贴。

施工时,首先将搭接部位上层卷材表面顺边每隔 500～1000mm 处涂刷少量接缝胶粘剂,待其基本干燥后,将搭接部位的卷材翻开,临时反向粘贴固定在面层上(图 6-21),然后将配制好的接缝胶粘剂用油漆刷均匀涂刷在翻开的卷材搭接缝的两个粘结面上,涂胶量一般以 0.5～0.8kg/m^2 为宜。干燥 20～30min 后,指触手感不粘时,即可进行粘贴。粘贴从一端顺卷材长边方向至短边方向进行,一边压合一边驱除空气,并用手持压辊滚压,使卷材粘牢。接缝处不允许有气泡或皱褶存在。在纵横搭接缝相交处以及遇到三层重叠的接缝处,必须填充密封膏进行封闭,否则将成为渗水路线,如图 6-22 所示。

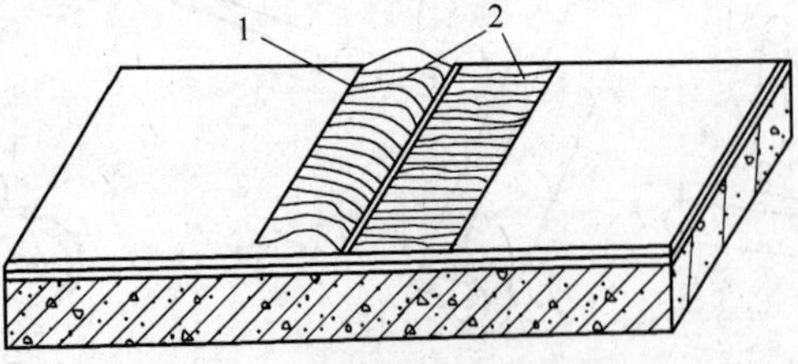

图 6-21　接缝胶粘剂的涂刷

1. 临时点粘固定　2. 涂刷接缝胶粘剂部位

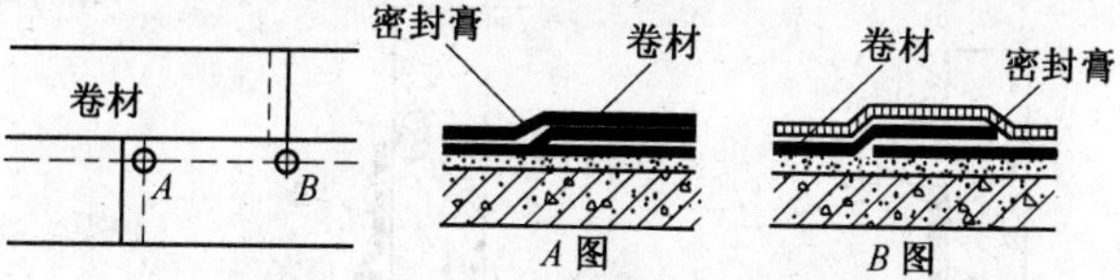

图 6-22 三层重叠部位的粘贴

(3)卷材接缝口密封。为了防止卷材末端收头和搭接缝边缘的剥落或渗漏，该部位必须用单组分氯磺化聚乙烯或聚氨酯密封膏封闭严密，并在末端收头处用掺有水泥用量 20%108 胶的水泥砂浆进行压缝处理。常见的几种末端收头处理形式见图 6-23。

在整个防水层铺贴完成后，所有卷材搭接缝边均应用密封材料涂封严密，其宽度应不小于 10mm。其方法与前述相同。

6.6.3.8 蓄水试验

按卷材热玛帝脂粘结施工的要求做蓄水试验，其方法与前述相同。

6.6.3.9 保护层施工

屋面经蓄水试验合格，待防水面层干燥后，按设计立即进行保护层施工，以避免防水层受损。

6.6.4 质量标准

6.6.4.1 主控项目质量标准

(1)所用卷材及其配套材料，必须符合设计要求。

检验方法：检查所有材料应有出厂合格证、质量检验报

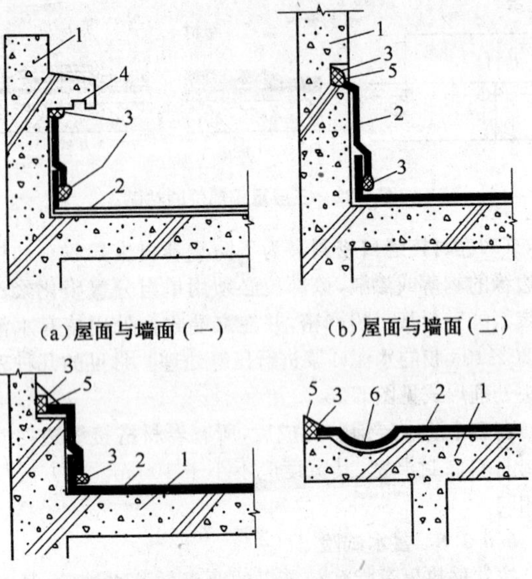

(a) 屋面与墙面（一）　　(b) 屋面与墙面（二）

(c) 屋面与墙面（三）　　(d) 檐口

图 6-23　防水卷材末端收头处理

1. 混凝土或水泥砂浆找平层　2. 高分子防水卷材
3. 密封膏嵌填　4. 滴水槽　5. 108 胶水泥砂浆
6. 排水沟

告和现场抽样复验报告。

(2)卷材防水层不得有渗漏或积水现象。

检验方法：应通过淋（蓄）水检验。

(3)卷材防水层在天沟、檐沟、檐口、水落口、泛水、变形缝和伸出屋面管道的防水构造,必须符合设计要求。

6.6.4.2 一般项目质量标准

(1)卷材防水层的搭接缝应粘(焊)结牢固,密封严密,不得有皱褶、翘边和鼓泡等缺陷;防水层的收头应与基层粘结并固定牢固,封口严密,不得翘边。

(2)卷材防水层上的撒布材料和浅色涂料保护层应铺撒或涂刷均匀,粘结牢固;水泥砂浆、块材或细石混凝土保护层与卷材防水层间应设置隔离层;刚性保护层的分格缝留置应符合设计要求。

(3)排气屋面的排气道应纵横贯通,不得堵塞。排气管应安装牢固,位置正确,封闭严密。

(4)卷材的铺贴方向应正确,卷材搭接宽度的允许偏差为－10mm。

6.6.5 成品保护

(1)施工人员应认真保护已经做好的防水层,严防施工机具等把防水层戳破;施工人员不允许穿带钉子的鞋在卷材防水层上走动。

(2)穿过屋面的管道,应在防水层施工以前进行,卷材施工后不应在屋面上进行其他工种的作业。如果必须上人操作时,应采取有效措施,防止卷材受损。

(3)屋面工程完工后,应将屋面上所有剩余材料和建筑垃圾等清理干净,以防止堵塞水落口而造成天沟、屋面积水。

(4)施工时必须严格避免基层处理剂、各种胶粘剂和着色剂等材料污染已经做好饰面的墙壁、檐口等部位。

(5)水落口应认真清理,保持排水通畅,防止天沟积水。

6.6.6 安全环保措施

(1)防水工程施工前应编制安全技术措施,书面向全体操作人员进行安全技术交底,并办理签字手续备案。

(2)各种高分子防水卷材、配套材料及辅助材料进入施工现场后,应存放在远离火源和通风干燥的室内。基层处理剂、胶粘剂和着色剂等均属易燃物质,存放这些材料的仓库和施工现场必须严禁烟火,同时要配备足够的消防器材。

(3)屋面四周应做好安全防护。严格执行相关的安全操作规程。

(4)操作人员不得赤脚或穿短袖衣服进行作业,为防止胶粘液溅泼和污染,施工时应将袖口和裤脚扎紧。

(5)施工时禁止穿高跟鞋、带钉鞋、光滑底面的塑料鞋和拖鞋。

(6)施工现场严禁吸烟。严禁在卷材或胶泥油膏防水层上方进行电、气焊作业。

(7)屋面防水层施工时,应临时切断电源或采取其他的安全措施,施工照明应使用36V安全电压,其他施工工艺电源应安装触电保护器。

6.7 合成高分子防水卷材自粘法施工

6.7.1 施工准备

6.7.1.1 技术准备

按前述冷粘法施工相关的技术准备工作要求进行。

6.7.1.2 自粘型彩色三元乙丙复合防水卷材的辅助材料用量

名　称	用　途	用量(kg/m²)
乳化沥青	基层处理剂	0.15
CX-401 胶	卷材接缝胶粘剂	0.05
丙烯酸密封膏	卷材搭接缝密封	0.01
二甲苯	CX-401 胶稀释剂	按需要购置

6.7.1.3 卷材自粘法操作主要施工工具

工具名称	规　格	数量	用　途
高压吹风机	300m	1 台	清理基层用
小平铲	小型	3 把	清理基层用
扫帚	普通	6 把	清理基层用
橡胶压辊	ϕ150×200mm	2 个	压实卷材
手持压辊	ϕ40×50mm	2 个	压实卷材搭接缝
油漆刷	5cm、15cm	各 4 把	涂刷搭接缝胶粘剂及基层处理剂用

续表

工具名称	规　格	数量	用　途
剪刀		4 把	剪裁卷材
钢卷尺	2m	1 把	度量尺寸
粉笔		1 盒	打标记用
小线绳		50m	弹基准线用
汽油喷灯	QD-3.5	2 台	立面烘烤卷材胶粘剂用
扁头喷枪	自制	2 把	与喷灯配套用

6.7.1.4　作业条件

(1)施工温度在 5℃以上为宜。温度低，不易粘结。

(2)雨、雪天，风沙天，0℃以下天气，不得施工。

(3)胶粘剂、卷材临时存放地点 100m 内无火源。

6.7.2　工艺流程

清理基层 → 涂刷基层处理剂 → 节点附加增强处理 → 定位、弹线 → 撕去卷材底部隔离纸 → 粘贴自粘卷材 → 辊压排气 → 接缝处理 → 收头固定密封 → 保护层施工 → 质量检查

6.7.3　操作要点

(1)清理基层。剔除基层隆起异物，清除基层上的浮浆、杂物、尘土。

(2)节点密封处理。按设计要求，在构造节点部位铺贴附加层。为确保质量，可在做附加层之前，再涂刷一遍增强胶粘剂，然后再做附加层。

(3)涂刷基层处理剂。基层处理剂可用稀释的乳化沥青或其他沥青基的防水涂料。涂刷要薄而均匀，不露底，不凝滞。干燥 6h 后，即可铺贴防水卷材。

(4)定位、弹基准线。按卷材排铺布置，弹出定位线、基准线。

(5)铺贴大面自粘型卷材(滚铺法)。如图 6-24 所示，施工时先用一根 ϕ30mm×1500mm 的钢管穿过卷材中间的纸卷芯筒，由两人抬至待铺位置的始端，将卷材向前铺开 500mm 左右，一人将铺开的卷材拉起来，另一人撕开此部分隔离纸并将其撕成条形，随后另两人将卷材抬起对准基线摆铺好并压实。始端卷材固定后，把撕好的隔离纸拉出卷到用过的包装纸芯筒上，随即一面剥开隔离纸，一面沿基线向前滚铺卷材并排气滚压。

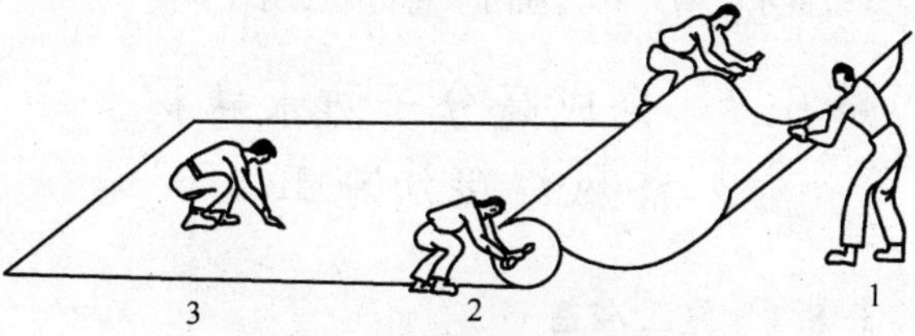

图 6-24 自粘型卷材滚铺法施工

1. 撕剥隔离纸，并卷到用过的包装纸芯筒上
2. 滚铺卷材 3. 排气滚压

每铺完一幅卷材后,用长柄滚刷从始端起至终端彻底排除卷材下面的空气,随后用大压辊将卷材压实平整,确保粘结牢固。

(6)铺贴特殊部位自粘型卷材。铺贴天沟、泛水、阴阳角或有突出物的基面时先根据屋面形状考虑卷材的搭接长度预先剪裁好卷材,然后撕剥隔离纸。

剥完隔离纸后,使卷材的粘结胶面朝外,把卷材沿长向对折,然后由两人从卷材的两端配合翻转卷材铺贴。在整个铺放过程中,各操作工人用力要均匀,配合默契。

当产生流坠下滑现象时,宜用手持式汽油喷灯将卷材底面的胶粘剂适当加热后再进行粘贴和滚压。

(7) 搭接缝粘贴。卷材搭接应在大面卷材排出空气并压实后进行,具体操作要点见 6.5.2 自粘法操作要点。

(8)嵌缝。大面卷材铺贴完毕,在卷材接缝处,用丙烯酸密封膏嵌缝。嵌缝时应宽窄一致、封闭严密。

(9)蓄水试验。同其他防水卷材施工方法。

6.8 合成高分子防水卷材热风焊接法施工

6.8.1 施工准备

热风焊接法是采用热空气焊枪进行防水卷材搭接粘合的一种操作工艺。热风焊接法一般适用于热塑性合成高分子防水卷材的接缝施工。技术准备和材料准备同冷粘法施工。进场材料经现场复检,其外观质量和技术性能指标都应合格。

热风焊接法施工所用的工具除一般机具准备外,还应准备热压焊接机、热风塑料焊枪和小压辊、冲击钻、钩针以及油刷、刮板、胶桶、小铁锤,水泥钉、膨胀螺栓、铝合金压条等。

6.8.2 工艺流程

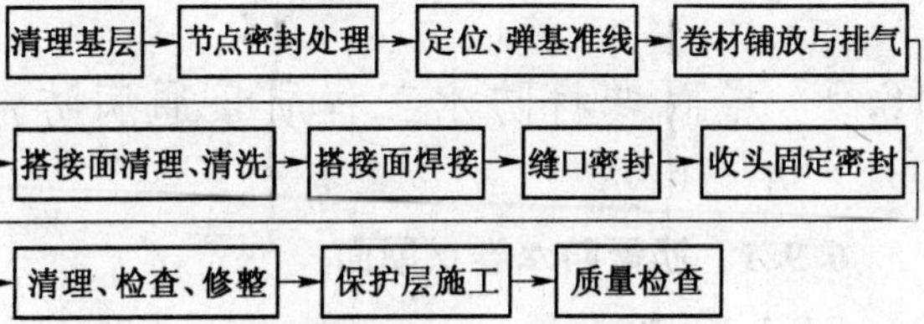

6.8.3 操作要点

热风焊接合成高分子卷材施工除搭接缝外,其他要求与合成高分子卷材冷粘法施工完全一致。接缝的焊接要求如下:

①为使接缝焊接牢固和密封,必须将接缝的接合面清扫干净,无灰尘、砂粒、污垢,必要时用清洁剂清洗。

②焊缝施焊前,搭接缝焊接的卷材必须铺贴平整,不得有皱褶。搭接部位按事先弹好的标准对齐,以保证搭接尺寸的准确。

③为了保证焊接缝的质量和便于施焊操作,应先焊长边搭接缝,后焊短边搭接缝。卷材长短边搭接缝宽度均为

50mm，可采用图 6-25 所示的单道或双道缝焊接。

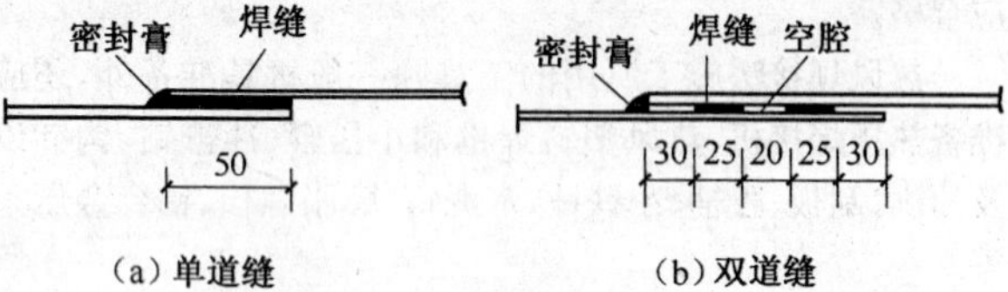

图 6-25　卷材搭接缝焊接方法

6.9　屋面卷材防水工程质量通病防治

6.9.1　沥青防水卷材屋面

6.9.1.1　屋面开裂

(1)原因分析。屋面开裂分为有规则的横向裂缝和无规则裂缝两种。产生有规则的横向裂缝的主要原因是温度变化，屋面板产生胀缩，引起板端角变而形成。产生无规则裂缝的原因，有卷材搭接太小，卷材收缩后接头开裂、翘起，卷材老化龟裂、鼓泡破裂或外伤等。

(2)防治措施。

①在基层变形较大的部位(如屋面板拼缝处)空铺或干铺卷材条以缓冲基层伸缩变化。

②重要工程选用延伸率较大的高聚物改性沥青防水卷材或高聚物改性沥青防水卷材。

③选用合格的卷材，腐朽、变质者应剔除不用。

④对已形成的有规则裂缝，应先清除缝内杂物并喷涂基层处理剂，在裂缝内嵌填密封材料，面层用不小于300mm宽的卷材覆盖，且与原防水层的有效粘结宽度不小于100mm。

⑤对已形成的无规则裂缝，因其位置、形状、长度各不相同，治理前应先清除缝内杂物并喷涂基层处理剂，在裂缝内嵌填密封材料，面层沿裂缝铺贴宽度不小于250mm的卷材或涂刷带有脂体增强材料的涂膜防水层，其厚度宜为1.5mm。

6.9.1.2 屋面流淌

严重的屋面流淌可导致卷材横向搭接产生严重错动；轻的流淌也会引起卷材产生轻微的折皱。

(1)原因分析。

①沥青玛帝脂耐热度偏低。

②沥青玛帝脂粘结层过厚。

③屋面坡度过陡，且平行于屋脊方向铺贴卷材；或采用垂直屋脊铺贴卷材，但在半坡进行短边搭接。

(2)防治措施。

①沥青玛帝脂的耐热度必须经过严格检验，其标号应按规范选用。垂直面的耐热度应提高5～10号。

②每层玛帝脂的厚度必须控制在1～1.5mm，并确保粘结牢固。

③屋面坡度大于25%时，卷材防水层应采取加固措

施，固定点应密封严密。

④重要工程选用延伸率较大的高聚物改性沥青防水卷材或合成高分子防水卷材。

⑤已发生的严重流淌应拆除重铺，轻微流淌如不发生渗漏，一般可不予处理。中等流淌可采取切割、局部切除重铺等方法处理。

6.9.1.3　屋面积水

(1)原因分析。

①基层找坡不准，形成坑洼。

②水落口标高过高，雨水在天沟中无法排除；水落口管径过小，周围排水不畅造成堵塞。

③大挑檐及中天沟反梁过水孔标高过高或过低，出水孔径过小，易引起堵塞长期积水。

(2)防治措施。

①防水层施工前应严格检查找平层的坡度，有低洼不平的地方应修补处理合格后，方可进行防水层施工。

②水落口、反梁过水孔的标高应根据设计要求，在施工时经测量后确定。

③水落管的管径和数量应根据设计确定，并经常清理其内的垃圾及杂物，防止堵塞。

6.9.1.4　卷材起鼓

(1)原因分析。卷材防水层中有粘结不实的部位，窝有水分和气体，受热膨胀形成鼓泡。

(2)防治措施。

①基层应平整、干净、干燥，基层处理剂涂刷均匀。

②防止卷材受潮，施工应连续有序进行，沥青玛帝脂应涂刷均匀，确保增强卷材与基层粘结牢固。

③不得在雨天、大雾、大风或风沙天施工，防止基层受潮。

④已形成的中小鼓泡可用针管抽出鼓泡内的空气，同时用针管灌入10号建筑纯石油沥青稀液，边抽边灌，灌实后将针眼封闭。大鼓泡可用割补法治理，先用刀将鼓泡卷材割除，进行基层清理，再用喷灯烘烤旧卷材槎口，并分层剥开，除去旧玛帝脂后，依次将新卷材与旧卷材有序搭接粘结在一起，并严密封闭。

6.9.1.5 卷材过早老化

沥青胶结材料有不同程度的早期开裂，或卷材收缩、腐烂。

(1)原因分析。沥青胶结材料标号选用不当，软化点过高；熬制温度过高，加热时间过长；涂刷过厚，维修不当等均会引起材料的提前老化。

(2)防治措施。

①合理选择沥青胶结材料的标号，并现场控制每锅的软化点。

②严格控制沥青胶结材料的熬制温度和使用温度。加强日常的维护工作。

③重要屋面防水工程，宜选用耐老化性能较好的高聚物改性沥青防水卷材或合成高分子防水卷材。

6.9.1.6 女儿墙推裂与渗漏

(1)原因分析。

①屋面结构层与女儿墙之间未留空隙,也未嵌填松散材料,致使屋面结构在高温季节暴晒时,因膨胀产生推力,使女儿墙发生开裂或位移,从而出现渗漏。

②女儿墙的压顶如采用水泥砂浆抹面,由于温差和干缩变形,使压顶出现垂直裂缝,有时往往贯通,从而引起渗漏。

③女儿墙推裂与渗漏,还与地基不均匀沉降、设计不周、施工质量低劣等有关。

(2)防治措施。

①在炎热地区砖混结构的建筑物,在屋顶上设置通风隔热层或采用种植屋面、倒置屋面等多种措施,可有效防止女儿墙由于膨胀推力引起的开裂。

②对于不良地基,应进行加固处理后,方能作为建筑物地基的土层。特别在江、河、湖、海地区,更要控制软土地基引起的不均匀沉降。

③减少约束影响。刚性防水层宜每隔 4～6m 设置一条温度伸缩缝;屋面结构层与女儿墙之间则应留出大于 20mm 的空隙,并用松散材料予以填充,封口收头处应密封。

④改进细部结构的防水处理。

⑤不严重的裂缝可不作处理,但需不断观察其发展情况。

⑥应处理的裂缝先在女儿墙的内侧进行防水处理。处理时，先将裂缝部位凿成V形槽，清洗干净后，用喷灯烘烤干燥，然后用改性沥青防水油膏密封，达到粘结牢靠和防水的双重目的。

6.9.1.7 细部构造渗漏

檐口、天沟、檐沟、水落口、变形缝、伸出屋面的管道以及各种出入口等细部构造的渗漏是屋面渗漏的重要组成部分，是防渗的关键环节。

(1)原因分析。

①细部构造是积水和雨水比较集中的地方，环境较别的地方恶劣，所以卷材的老化、腐烂或破损比别处早。

②细部构造是结构变形和温度应力集中的地方，易引起结构位移和卷材收头密封不严等情况，以致渗漏。

③屋面杂物未及时清理，造成排水不畅。

(2)防治措施。

①泛水处卷材应采用满粘法施工，确保卷材与基层粘结牢固。

②基层潮湿又急需施工时，应采用喷火方法烘烤基层，将多余潮气排除后再铺贴卷材。

③改进细部构造设计。

6.9.1.8 防水层剥离

第一层卷材铺贴后，从卷材一端稍用力撕揭，卷材即成片以至基层上剥离，有时还会带起水泥砂浆找平层上的浮皮。

(1)原因分析。

①找平层有起皮、起砂现象,卷材铺贴前基层上有灰尘和潮气。

②热沥青玛帝脂使用温度过低,卷材铺贴后未与基层粘牢。

③在屋面转角处,因卷材拉伸过紧,或因衬料收缩,使防水层与基层剥离。

(2)防治措施。

①严格控制找平层的表面质量,铺贴前基层要平整、干净、干燥。

②适当提高热沥青玛帝脂的加热和使用温度。

③在大坡面和立面施工时,一定要用满粘法铺贴,必要时可采取金属压条固定。在铺贴时,要注意压实,卷材接缝处及收头要作密封处理。

6.9.2 高聚物改性沥青防水卷材屋面

6.9.2.1 卷材起鼓

(1)原因分析。

①加热不均匀,导致卷材与基层的粘结不充分。

②卷材铺贴时压实不紧,残留的空气未全部排出。

(2)防治措施。

①热熔法铺贴卷材时,加热要均匀、充分、适度。

②趁热推滚,赶尽空气。

6.9.2.2 转角、立面和卷材接缝处粘结不牢

(1)原因分析。

①高聚物改性沥青防水卷材厚度较大，质地较硬，在屋面转角、立面等部位粘贴困难，不易压实，容易出现脱空和粘结不牢的问题。

②热熔卷材表面有一层防粘隔离层，在粘结搭接缝时如不将隔离层熔烧掉，则接缝处极易粘结不牢。

(2)防治措施。

①基层必须做到平整、干净、干燥、坚实。

②基层处理剂要涂刷均匀，无空白和漏刷现象。

③转角按规定增加附加层，附加层与原卷材层相互搭接牢固，粘结密实。

④立面的卷材应将收头固定于立墙的凹槽内，并用密封材料嵌填封严。

⑤卷材之间的搭接缝口，应用密封材料封严，宽度不小于10mm。密封材料应在缝口抹平，使其形成明显的沥青条带。

6.9.2.3 卷材施工后破损

(1)原因分析。

①热熔法铺贴卷材后，在温度未冷却时就来回走动，极易损伤或戳穿卷材。

②铺贴卷材时，喷枪离卷材面过近或熔烧沥青涂层时温度过高而损伤卷材。

(2)防治措施。

①热熔法铺贴卷材时，禁止非施工人员在屋面上走动。

②铺贴时，加热、滚铺、排气、收边与压实要一气呵成。

③加热卷材时，喷枪不能触及卷材面（保持 50～100mm 距离）并与基层成 30°～45°角度。

6.9.3　合成高分子防水卷材屋面

6.9.3.1　屋面开裂

(1)原因分析。

①设计构造考虑不周。使用外露单层的合成高分子防水卷材，因其耐穿刺性差更易出现卷材开裂现象。

②合成高分子防水卷材的材性较差。

③与施工工艺有关。满粘法施工的卷材屋面易开裂。采用条粘法和点粘法铺贴的卷材屋面，情况好些。

④成品保护差。屋面铺贴防水层后，后续工序不注意保护防水层成品，造成开裂现象较多。

(2)防治措施。

①改进设计构造，宜在合成高分子防水卷材层上加设保护层。

②使用合格产品。使用前和使用过程中，要加强原材料的抽查和检测，不合格的产品坚决不用。

③改进铺贴工艺。重点控制卷材搭接缝的搭接质量，要确保搭接宽度，粘结牢固，封固严密，不张口、不开裂。

④修补方法可参照沥青防水卷材屋面开裂的处理方法进行。

6.9.3.2　屋面渗漏

(1)原因分析。

①选用材料不当，防水构造不合理。

②细部构造及卷材收头有问题。

③屋面基层不平，防水层表面积水，使卷材发生腐烂导致渗漏。

④卷材的铺贴方法不当，搭接宽度不够。

⑤防水材料变质失效。

(2)防治措施。

①严格控制与防水工程相关各道工序的工程质量，不得将工程隐患带到下一道工序中去。

②细部构造是防渗漏的关键部位，大面积铺贴合成高分子防水卷材前，一定要按照工艺标准的要求认真、细致、一丝不苟地进行增强处理。做到粘结牢固，封闭严密。

③立面或大坡面铺贴合成高分子防水卷材应采用满粘法工艺。并宜采取减少短边搭接，立面收头用压条或垫片钉压固定，上口用密封材料封严等增强措施。

④基层必须达到平整、干净、干燥、坚实的要求。

⑤确保搭接宽度和粘结质量是合成高分子防水卷材屋面不出现渗漏的关键。为此，铺贴前要编制详尽的施工方案，铺贴时做好弹线、试铺、按序铺贴等每一步工作。

⑥施工环境温度为 5℃～30℃，雨、雪、5 级及 5 级以上大风天气，不得进行施工。施工过程中，突遇下雨，应立即封闭已粘好的卷材端部，以免雨水侵入。

6.9.3.3 粘贴不牢

(1)原因分析。

①选用材料不当，胶粘剂使用时未充分搅拌。

②基层有影响粘结的各种污物和杂质，基层处理剂涂刷不均匀。

③铺贴时基层表面太潮湿。

④卷材铺贴方法不当，滚压不充分。

(2)防治措施。

①合成高分子防水卷材的各种配套材料（基层处理剂、胶粘剂等）要专材专用，不得错用或代用。

②基层必须达到平整、干净、干燥、坚实的要求。在其上涂刷基层处理剂后，经 12h 左右才能进行下一道工序施工。

③胶粘剂涂刷前应充分搅拌，涂刷要求均匀、厚薄一致、不露底、不堆积。

④铺贴时不要用力拉伸卷材，卷材推进时要均匀一致，卷材自然展平，与基层表面紧贴铺牢即好。

⑤铺完一幅卷材后，要立即用干净而松软的长柄滚刷，从卷材的一端开始，沿卷材横向用力地顺次滚压排气，再用铁辊滚压，以提高粘结力和紧密性。

⑥卷材铺好压实后，应将搭接部位清理干净，用配套的专用胶粘剂封闭。

6.9.3.4 卷材起鼓、破损

(1)原因分析。

①基层未达到要求即急于铺贴卷材。

②卷材铺贴时，层间空气未全部赶出。

③成品保护工作不到位。

(2)防治措施。

①基层必须达到平整、干净、干燥、坚实的要求。

②涂胶时要做到按量、涂刷均匀,手感基本干燥时再铺贴卷材。

③卷材防水屋面的施工宜在屋面有关工序全部结束后进行。确需交叉施工时,应采取切实可行的保护措施予以保护。

④卷材有起鼓和破损时,可按前述方法进行修补。

7 涂膜防水屋面施工

7.1 基 本 要 求

7.1.1 屋面涂膜防水层的构造

编号	适用材料	构造简图	防水层做法及厚度	胎体增强材料
1	高聚物改性沥青防水涂料	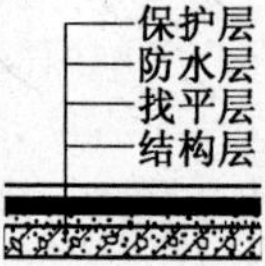	Ⅱ级防水屋面可作为一道防水层,不小于3mm Ⅲ级防水屋面,单独使用时不小于3mm;复合使用时不小于1.5mm Ⅳ级防水屋面,单独使用时不小于2mm	1.5mm防水层宜铺一层聚酯毡;3mm防水层宜铺设二层玻纤布或铺设聚酯毡、玻纤布各一层

续表

编号	适用材料	构造简图	防水层做法及厚度	胎体增强材料
2	合成高分子防水涂料	同上	Ⅰ级防水屋面只能有一道,不小于1.5mm Ⅱ级防水屋面可作为一道防水层,不小于1.5mm Ⅲ级防水屋面,单独使用时不小于2mm	1.5mm 以下防水层可不铺设胎体增强材料;2mm 以上防水层宜铺设一层聚酯毡或化纤毡
3	聚合物水泥防水涂料	同上	同上	选用 JS-1 型,1.5mm 防水层内应铺一层聚酯毡或化纤毡

7.1.2 涂膜防水分类

(1)按涂膜厚度分为薄质涂膜和厚质涂膜。

(2)按防水层胎体的做法分为单纯涂膜层和加胎体增强材料涂膜层(增强材料有玻璃丝布、化纤、纤维毡等),加胎体增强材料涂膜可以做成一布二涂、二布三涂、多布多涂等。

(3)按涂料类型分为溶剂型、水乳型、反应型 3 种。

(4)按涂料成膜物质的主要成分分为沥青基防水涂料、高聚物改性沥青防水涂料、合成高分子防水涂料 3 大类。按涂膜功能分为防水涂膜和保护涂膜两大类。

7.1.3 各种防水涂料的特点及适用范围

序号	涂料类别	防水涂料名称	特　点	适用范围	施工工艺
1	高聚物改性沥青防水涂料	水乳型氯丁橡胶沥青防水涂料	为阳离子型，成膜较快，强度高，耐候性好、无毒、不污染环境，抗裂性好，操作方便	可用于Ⅱ、Ⅲ、Ⅳ级屋面，单独使用时厚度不小于3mm，在Ⅲ级防水屋面上复合使用时厚度不小于1.5mm	涂刮法冷施工
2		溶剂型再生橡胶沥青防水涂料	有较好的耐高、低温性能，粘结性好，干燥成膜快，操作方便		
3		水乳型再生橡胶沥青防水涂料	具有一定的柔韧性及耐寒、耐热、耐老化性能，无毒、无污染、操作方便，原料来源方便、价格低	同上	冷施工，但气温低于5℃时不宜施工
4		溶剂型氯丁橡胶沥青防水涂料	有良好的耐水性和抗裂性，高温不流淌，低温不易催裂，弹塑性良好，操作方便，干燥速度快	同上	冷施工，且可在负温下操作
5		SBS改性沥青防水涂料	有良好的防水性、耐湿热、耐低温、抗裂性及耐老化性，无毒、无污染，是中档的防水涂料	适于寒冷地区的Ⅱ、Ⅲ级屋面使用	冷施工

续表

序号	涂料类别	防水涂料名称	特　点	适用范围	施工工艺
6	合成高分子防水涂料	聚氨酯防水涂料	具有橡胶状弹性，延伸性好，抗拉强度和撕裂强度高，有优异的耐候、耐油、耐磨、不燃烧及一定的耐酸碱及阻燃性，与各种基层的粘结性优良，涂膜表面光滑、施工简单，使用温度区间为－30℃～80℃	宜用于Ⅰ、Ⅱ、Ⅲ级的屋面防水，单独使用时厚度不小于2mm，在Ⅲ级防水屋面上复合使用时厚度不小于1.0mm	反应型，冷施工
7	合成高分子防水涂料	聚氨酯煤焦油防水涂料	具高弹性、高延伸性，对基层开裂适应性强，具有耐候、耐油、耐磨、不燃烧及一定的耐碱性，与各种基层的粘结性好，但与聚氨酯相比，反应速度不易调整，性能指标较易波动	同上，但外露式屋面不宜采用	冷施工

续表

序号	涂料类别	防水涂料名称	特　点	适用范围	施工工艺
8	合成高分子防水涂料	丙烯酸酯防水涂料	涂膜有良好的粘结性、防水性、耐候性、柔韧性和弹性，无污染，无毒、不燃，以水为稀释剂，施工方便，且可调成多种颜色，但成本较高	宜涂覆于水乳型橡胶沥青防水层上，适用于有不同颜色要求的屋面	冷施工，可刮、可涂、可喷。但温度需高于4℃时才能成膜
9		有机硅防水涂料	具有良好的渗透性、防水性、成膜性、弹性、粘结性和耐高、低温性能。适应基层变形能力强，成膜速度快，可在潮湿基层上施工，无毒、无味、不燃，可配制成各种颜色，但价格较高	用于Ⅰ、Ⅱ级的屋面防水	冷施工，可涂刷或喷涂

7.1.4 涂膜防水屋面施工基本要求

7.1.4.1 对基层的要求

涂膜防水屋面主要是靠涂料渗入到基层内部,并在表面形成一定厚度的涂膜而达到防水目的的。基层是涂膜防水屋面赖以生存的基础,所以涂膜防水屋面对基层的要求更为严格。基层必须达到平整、干净、干燥、坚实的要求,无严重滴漏水。施工前要对下列项目进行严格的检查。

(1)屋面坡度:上人屋面在1%以上;不上人屋面在2%以上,不得有积水。如屋面排水不畅或长期积水,则涂膜长期浸泡在水中,水乳型的防水涂料可能出现“再乳化”现象,降低防水层的功能。其他防水涂料由于积水周围温差不同,干湿不一,若长期浸泡,也会降低涂膜防水层的使用年限。

(2)基层平整度是保证涂膜防水屋面质量的关键。找平层的平整度用2m长直尺检查,基层与直尺的最大空隙不应超过5mm,空隙仅允许平缓过渡变化,且每米长度内不得多于1处。

(3)基层强度一般应不小于5MPa。不得有酥松、起砂、起皮等缺陷;出现裂缝应予修补。找平层的水泥砂浆配合比、细石混凝土的强度等级及厚度应符合设计要求。如基层表面酥松、强度过低、裂缝过大,就容易使涂膜与基层粘结不牢,在使用过程中往往会造成涂膜与基层剥离,而成为渗漏的主要原因之一。

(4)基层的干燥程度应符合所使用涂料的要求。基层含水率的大小,对不同类型的涂膜有着不同程度的影响。一般来说,溶剂型防水涂料对基层含水率的要求比水乳型防水涂料严格。溶剂型涂料必须在干燥的基层上施工，以避免产生涂膜鼓泡的质量问题。对于水乳型防水涂料，则可在基层表干后涂布施工。

7.1.4.2 施工要求

(1)施工气候条件影响涂膜防水层的质量和施工操作。溶剂型涂料的施工环境温度宜在－5℃～＋35℃；水乳型涂料的施工环境温度宜为5℃～35℃。5级风及其以上时不得施工，雨天、雪天严禁施工。

(2)涂膜应根据防水涂料的品种分层分遍涂布，不得一次涂成。

(3)应待先涂的涂层干燥成膜后，方可涂后一遍涂料。

(4)需铺设胎体增强材料时，屋面坡度小于15%时，可平行屋面铺设；屋面坡度大于15%时，应垂直于屋脊铺设。

(5)胎体长边搭接宽度应不小于50mm，短边搭接宽度应不小于70mm。

(6)采用二层胎体增强材料时，上下层不得相互垂直铺设，搭接缝应错开，其间距应不小于幅宽的1/3。

(7)应按照不同屋面防水等级，选定相应的防水涂料及其涂膜厚度。

(8)天沟、檐沟、檐口、泛水和立面涂膜防水层的收头，应用防水涂料多遍涂刷或用密封材料封严。

(9)在天沟、檐沟、檐口、泛水或其他基层采用卷材防水时，卷材与涂膜的接缝应顺流水方向搭接，搭接宽度应不小于100mm。

(10)涂膜防水屋面完工并经验收合格后，应做好成品保护。涂膜实干前,不得在防水层上进行其他施工作业,涂膜防水屋面上不得直接堆放物品。

7.2 工艺流程和施工方法

7.2.1 涂膜防水屋面的工艺流程

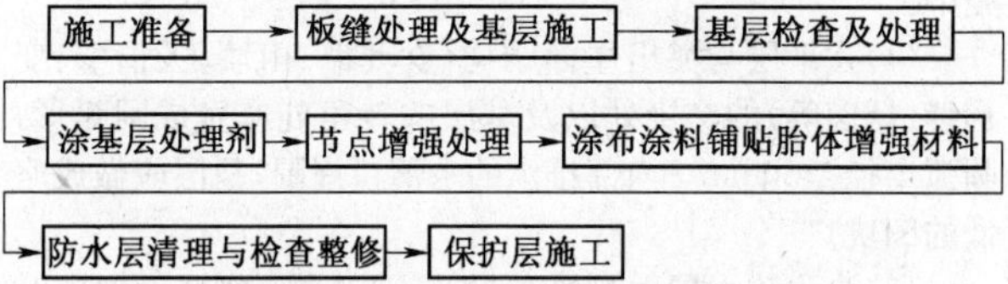

7.2.2 施工准备

7.2.2.1 涂膜防水施工机具及用途

序号	机具名称	用途	备注
1	棕扫帚	清理基层	
2	钢丝刷	清理基层及管道	
3	衡器	配料称量	
4	搅拌器	拌合多组分材料用	电动、手动均可
5	容器	装混合料	铁桶或塑料桶
6	开罐刀	开涂料罐	
7	棕毛刷、圆滚刷	涂刷基层处理剂	
8	刮板	刮涂涂料	塑料板、胶皮板
9	喷涂机械	喷涂基层处理剂、涂料	根据黏度选用
10	剪刀	裁减胎体增强材料	
11	卷尺	测量、检查	

7.2.2.2 作业条件

(1)找平层已检查验收,质量合格。找平层应平整、坚实、无空鼓、无起砂、无裂缝、无松动掉灰,含水率符合要求。

(2)消防设施齐全,安全设施可靠,劳保用品已能满足施工操作需要。

(3)施工前,应将伸出屋面的管道、设备及预埋件安装完毕。

(4)找平层与突出屋面结构(女儿墙、山墙、天窗壁、变形缝、烟囱等)的交接处以及基层的转角处应做成圆弧形,圆弧半径≥50mm。内部排水的水落口周围,基层应做成略低的凹坑。

(5)涂膜防水屋面严禁在雨天、雪天和5级风及以上时施工。

7.2.3 基层及板缝处理

7.2.3.1 基层处理

屋面坡度必须准确,找平层平整度不应超过5mm;若存在凹凸不平、起砂、起皮、裂缝、预埋件固定不牢等缺陷,应按下表的要求进行修补。

找平层缺陷的修补方法

缺陷种类	修补方法
凹凸不平	铲除凸起部分,低凹处用1∶2.5水泥砂浆掺10%~15%的108胶补抹,较浅时可用素水泥掺胶涂刷;对沥青砂浆找平层可用沥青胶结材料或沥青砂浆填补
起砂、起皮	要求防水层与基层粘结牢固时必须修补,起皮处应将表面清除,用水泥素浆掺胶涂刷一道,并抹平压光

续表

缺陷种类	修补方法
裂缝	当裂缝宽度小于 0.5mm 时，可用密封材料刮封；当裂缝宽度大于 0.5mm 时，沿缝凿成 V 形槽，清扫干净后嵌填密封材料，再做 100mm 宽防水涂料层
预埋件固定不牢	凿开重新浇筑掺 108 胶或膨胀剂的细石混凝土，四周按要求做好坡度

7.2.3.2 板缝处理

装配式钢筋混凝土屋面板的板缝内应浇灌细石混凝土，其强度等级不低于 C20，混凝土中宜掺微膨胀剂。宽度大于 40mm 的板缝或上窄下宽的板缝中，应加设构造钢筋。板缝进行柔性密封处理，非保温屋面的板缝上应预留凹槽，其内嵌填密封材料。

7.2.3.3 涂刷基层处理剂

为了增强涂料与基层的粘结，在涂料涂布前，必须对基层进行封闭处理，即先涂刷一道较稀的涂料作为基层处理剂，基层处理剂的种类有以下 3 种：

(1)若使用水乳型防水涂料，可用掺 0.2%～0.5%乳化剂的水溶液或软化水涂料稀释，其用量比例一般为：防水涂料：乳化剂水溶液(或软水)＝1：0.5～1：1。如无软水可用冷开水代替，切忌加入一般天然水或自来水。

(2)若使用溶剂型防水涂料，可直接用涂料薄涂作基层处理，如溶剂型氯丁胶沥青防水涂料或溶剂型再生胶沥青防水涂料等。若涂料较稠，可用相应的溶剂稀释后使用。

(3)高聚物改性沥青防水涂料也可用沥青溶液(即冷底

子油）作为基层处理剂，或在现场以煤油：30号石油沥青＝60：40的比例配制而成的溶液，作为基层处理剂。

涂刷基层处理剂时，应用刷子用力薄涂，使涂料尽量刷进基层表面的毛细孔中。并将基层可能留下来的少量灰尘等无机杂质，像填充料一样混入基层处理剂中，使之与基层牢固结合。涂布找平层时，先对屋面节点、周边、拐角等部位进行涂布，然后再大面积涂布。注意均匀涂布、厚薄一致，不得漏涂，以增强涂层与找平层间的粘结力。

7.2.4 涂膜防水层施工方法和适用范围

施工方法	操作要点	适用范围
刷涂法	一般用棕刷、长柄刷、圆滚刷蘸防水涂料进行涂刷。也可边倒涂料于基层上边用刷子刷开刷匀，但倒料时要控制涂料均匀倒洒。涂布垂直面层则采用蘸刷法 涂刷遍数必须按事先试验确定的遍数进行 涂布应先立面后平面，涂布采用分条或按顺序进行。分条时分条宽度应与胎体增强材料一致。涂刷应在前一层涂料干燥后才可进行下一层涂料的涂刷，各道涂层之间的涂刷方向应相互垂直。涂层的接槎处，在每遍涂刷时应退槎50～100mm，接槎时再超槎50～100mm，以免接槎不严造成渗漏 在每遍刷涂前，应检查前一遍涂层是否有缺陷，如气泡、露底、漏刷、胎体材料皱褶、翘边、杂物混入涂层等不良现象，如有则应先进行修补处理合格后再进行下道涂层施工 刷涂质量要求：涂膜厚薄一致，平整光滑，无明显接槎。同时不应出现流淌、皱纹、漏底、刷花和气泡等弊病	用于涂刷立面防水层和细部节点处理以及粘度较小的高聚物改性沥青防水涂料和合成高分子防水涂料的小面积施工

续表

施工方法	操 作 要 点	适用范围
喷涂法	将涂料倒入贮料罐或供料桶中,利用压力或压缩空气,通过喷枪将涂料均匀喷涂于屋面、墙面上。其特点为涂膜质量好、工效高,适于大面积作业,劳动强度低等特点。喷涂时,喷涂压力一般在0.4～0.8MPa,喷枪移动速度一般为400～600mm/min且保持一致,喷枪与被喷面的距离应控制在400～600mm左右,涂料出口应与被喷面垂直,喷枪移动时应与被喷面平行 喷涂行走路线可以是横向往返移动,也可以是竖向往返移动。喷枪移动范围一般直线800～1000mm后,拐弯180°向后喷下一行 喷涂面搭接宽度一般应控制在喷涂宽度的1/3～1/2,以使涂层厚度比较均匀一致。每层涂层一般要求二遍成活,且二遍互相垂直,两遍间隔时间由涂料的品种及喷涂厚度而定 喷枪喷涂不到的地方,应用刷涂法刷涂 喷涂时涂料稠度要适中,太稠不便喷涂,太稀则遮盖力差,影响涂层厚度,而且容易流淌;根据喷涂时间需要,可在涂料中适当加入缓凝剂或促凝剂,以调节涂料的凝结固化时间 喷涂质量要求:涂膜应厚薄均匀,平整光滑,无明显接槎,不应出现露底、皱纹、起皮、针孔、气泡等弊病	用于黏度较小的高聚物改性沥青防水涂料和合成高分子防水涂料的大面积施工

续表

施工方法	操 作 要 点	适用范围
抹涂法	使用一般的抹灰工具(如铁抹子、压子、阴阳角抿子等)抹涂防水涂料的方法 抹涂防水涂料前,先用喷涂法或刷涂法在基层表面涂布一层与防水层配套的底层防水涂料,以填满基层表面的细小孔洞和微裂缝,并增加基层与防水层的粘结力,当基层平整度较差时,可在底层防水涂层上再刮涂一遍涂料,但其厚度应越薄越好,以改善基层平整度 待底层防水涂料干燥后,便可进行防水层涂料施工。抹涂时,先用刮板将涂料刮平后,待表面收水尚未结膜时,再用铁抹子进行压实抹光,抹压时间应适当,过早起不到作用,过晚会使涂料粘住抹子,出现月牙形抹纹。涂层厚度应根据设计确定,而且要求涂层厚薄一致 对于墙角抹涂时,一般应由上而下,自左向右,顺一个方向边涂实边抹平,墙角接槎留在地面上,一般靠墙 30mm,墙角应抹成圆弧形;地面抹涂时,应由墙根向地面中间顺一个方向边推平边压实抹平、抹光,使整个抹面平整,要求抹涂一次成活,不能留接槎或施工缝,如有应在其周围做防水处理 抹涂质量要求:涂层应密实、平整,表面无缺损、气泡、皱褶不平、凹坑、刮痕和接槎痕迹;各层之间结合牢固,无空鼓、开裂现象	适用于防水涂料流平性差的沥青基厚质防水涂料

续表

施工方法	操作要点	适用范围
刮涂法	利用橡皮刮刀、钢皮刮刀、油灰刀和牛角刀等工具将厚质防水涂料均匀地批刮于防水基层上，形成厚度符合设计要求的防水涂膜 刮涂时，先将涂料倒在基层上，然后用力按刀，使刮刀与被涂面的倾角为50°～60°，来回刮涂1～2次，不能往返多次，以免出现“皮干里不干”现象 涂层厚度控制采用预先在刮刀上固定铁丝(或木条)或在基层上做好标志的方法，一般需刮涂二至三遍，每遍需待前一遍涂料完全干燥后方可进行，一般以脚踩不粘脚、不下陷(或下陷能回弹)为准，干燥时间不宜少于12h，前后两遍刮涂方向应互相垂直，涂膜总厚度为4～8mm 为了加快施工进度，可采用分条间隔施工，分条宽度一般为0.8～1.0m，以便抹压操作，待先批涂层干燥后，再抹后批空白处 刮涂应按先立面后平面，先节点后大面的原则进行 刮涂质量要求：涂膜不卷边、不漏刮，厚薄均匀一致，不露底，无气泡，表面平整，无刮痕，无明显接槎	用于黏度较大的高聚物改性沥青防水涂料和合成高分子防水涂料在大面积上的施工

7.3　薄质防水涂料施工

涂膜防水涂料根据其涂膜厚度，可分为薄质防水涂料和厚质防水涂料。涂膜厚度在3mm以内的涂料为薄质防水涂料，涂膜厚度在3mm以上的涂料为厚质防水涂料。目前常用的薄质防水涂料有：再生橡胶沥青防水涂料、氯丁胶沥青防水涂料、丁基橡胶改性沥青防水涂料等。

7.3.1　薄质防水涂料的施工工艺流程

7.3.1.1　涂膜单独防水工艺流程

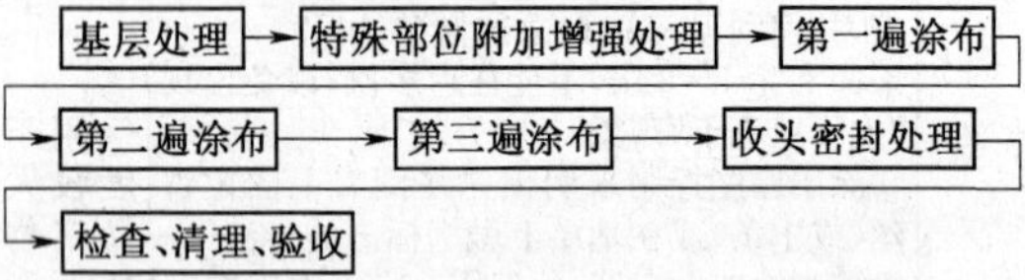

7.3.1.2　铺贴胎体增强材料的工艺流程

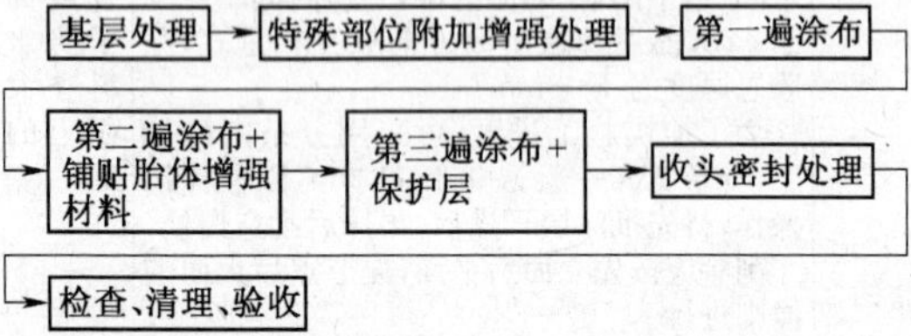

7.3.2　操作要点

7.3.2.1　涂料的配制

(1)双组分。采用双组分防水涂料时，在配制前应将甲组分、乙组分搅拌均匀，然后严格按照材料供应商提供的材料配合比现场配制，严禁任意改变配合比。

配料时要求准确计量，主剂和固化剂的混合偏差不得大于±5%。每次配制数量应根据每次涂布面积计算确定。

混合后的材料存放时间不得超过规定的使用时间，无规定时以能涂刷为准。不应一次搅拌过多使涂料发生凝聚或固化而无法使用,夏天施工时尤需注意。

对于不同组分的容器、取料勺、搅拌棒等不得混用,以免产生凝胶。

(2)单组分。单组分防水涂料使用前,只需搅拌均匀即可使用。最理想的方法是将桶装涂料倒入开口的大容器内,用机械搅拌均匀后使用。没有用完的涂料,应加盖封严,桶内如有少量结膜现象,应清除或过滤后使用。

(3)多组分。多组分防水涂料在施工现场应按厂方提供的说明书进行配料。配料时应按程序准确计量,充分搅拌,确保防水涂料具有良好的匀质性和稳定性。具体操作方法同双组分涂料有关要求。

7.3.2.2 涂层厚度控制

(1)涂层厚度控制试验。涂层厚度是影响涂膜防水质量的一个关键问题。手工操作要正确控制涂层厚度是比较困难的。因此,涂膜防水施工前,必须根据设计要求的每平方米涂料的用量、涂膜厚度与涂料材性,事先通过试验确定每道涂料涂刷的厚度,以及每个涂层需要涂刷的遍数等有关内容。

(2)涂刷间隔时间试验。工艺标准要求后一遍涂料的施工必须等前遍涂料干燥后才可进行,即涂膜层涂刷后需要一定的间隔时间。

薄质涂料每遍涂层,表干时实际上已基本达到实干,因此可用表干时间来控制涂刷的间隔时间。一般北方常温下2～4h即可干燥,南方湿度较大的季节,2～3d也不一定能干燥。因此涂刷的间隔时间应根据气候条件来确定。

7.3.2.3 特殊部位附加增强处理

(1)板端缝。在板端缝处应设置空铺附加层,以增加防水层参与变形的区域,每边距板缝边缘不得小于80mm;为保证附加层的空铺,可行的做法是利用聚乙烯薄膜空铺在板端缝上做缓冲层加以隔离,如图7-1所示。

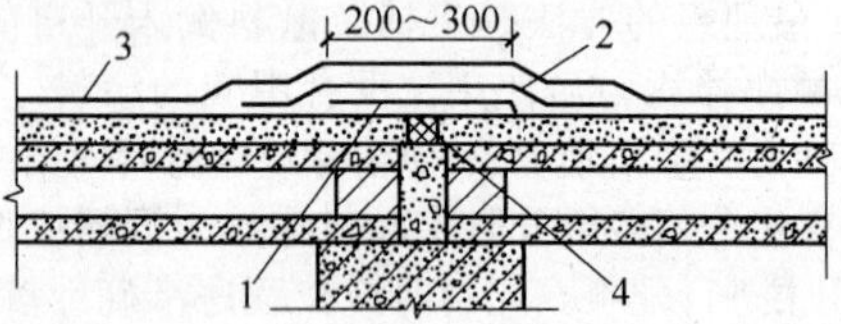

图7-1 板端缝缓冲层做法

1. 聚乙烯薄膜 2. 附加层 3. 防水层 4. 密封材料

(2)天沟、檐沟。天沟、檐沟与屋面交接处应加铺胎体增强材料附加层,此附加层宜空铺,空铺宽度不应小于200mm,如图7-2所示。

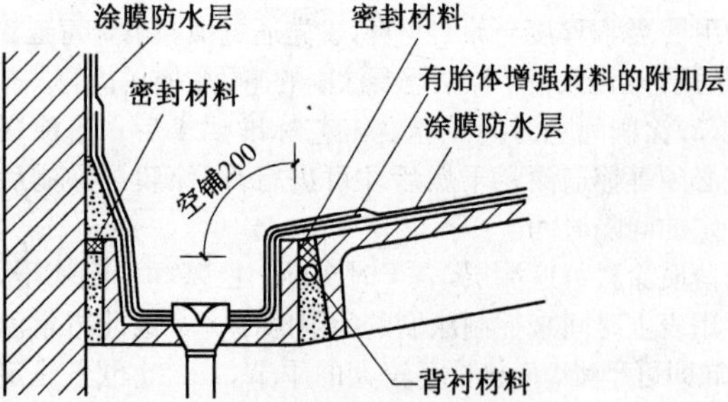

图7-2 屋面天沟、檐沟处理

(3)檐口。无组织排水檐口的涂膜防水层收头,应用防水涂料多遍涂刷或用密封材料封严(图 7-3)。檐口下端应做滴水处理。

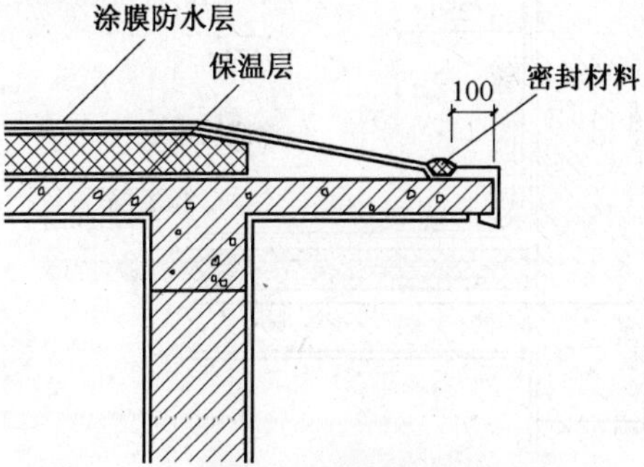

图 7-3 屋面檐口处理

(4)泛水。泛水处应加铺胎体增强材料附加层,其上面的涂膜应涂布至女儿墙压顶下,压顶处可采用铺贴卷材或涂布防水涂料做防水处理,也可采取涂料沿女儿墙直接涂过压顶的做法,如图 7-4 所示。

(5)变形缝。变形缝内应填充泡沫塑料,其上放衬垫材料,并用卷材封盖;顶部应加扣混凝土盖板或金属盖板,如图 7-5 所示。

(6)板缝。预制装配式钢筋混凝土屋面板的板缝内应浇灌细石混凝土,其强度等级不低于 C20,上部用密封材料嵌严实,密封材料嵌入深度应大于 20mm,并增设带胎体增强材料的附加层,其宽度为 200～300mm,如图 7-6 所示。

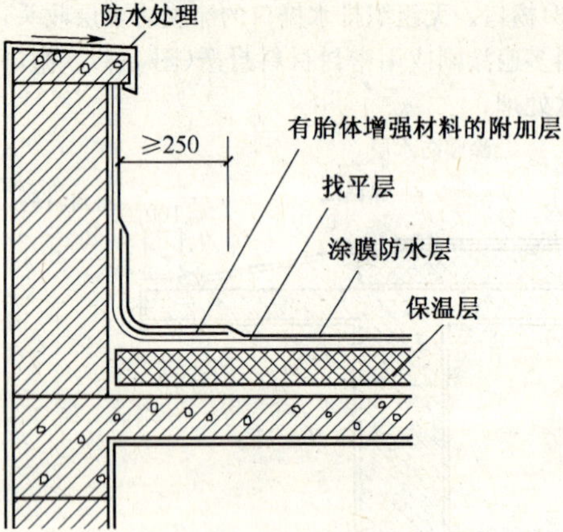

图 7-4 屋面泛水处理

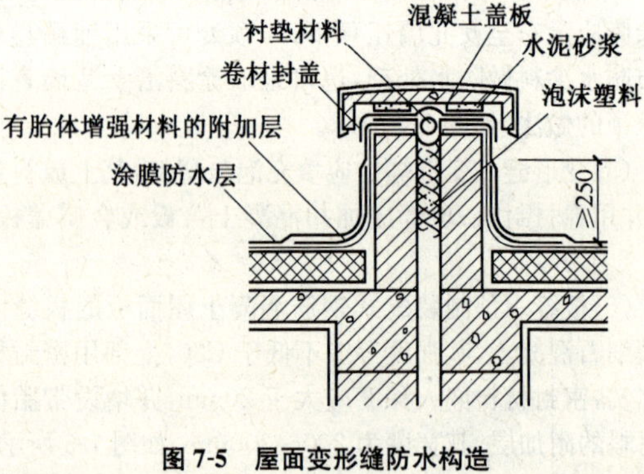

图 7-5 屋面变形缝防水构造

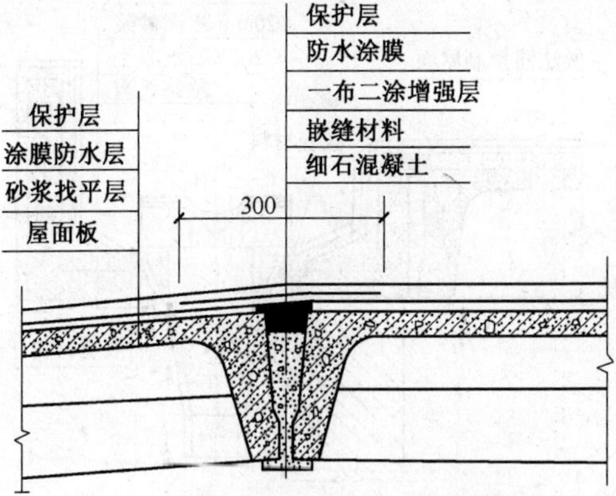

图 7-6 预制钢筋混凝土板接缝处理

(7)水落口。水落口外应先用 C20 细石混凝土找坡，再用厚 20mm、1∶2 水泥砂浆抹面，水落口周围应用密封材料嵌严实，其构造见图 7-7。

(8)管道与屋面板交接处。管道与屋面板交接处应用密封材料嵌严实，增设带胎体增强材料的附加层。涂膜收头处应用防水涂料多遍涂刷封严。其防水构造如图 7-8 所示。

7.3.2.4 涂料涂布

待找平层封闭涂层固化干燥后，应先全面仔细检查其涂层上有无气孔、气泡等质量缺陷，若无即可进行涂布；若有，则应立即修补，然后再进行涂布。为确保涂膜质量，应着重注意下面几点。

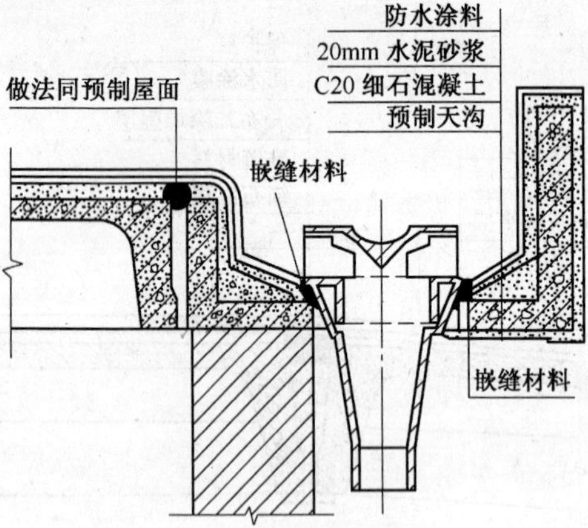

图 7-7 水落口的防水构造

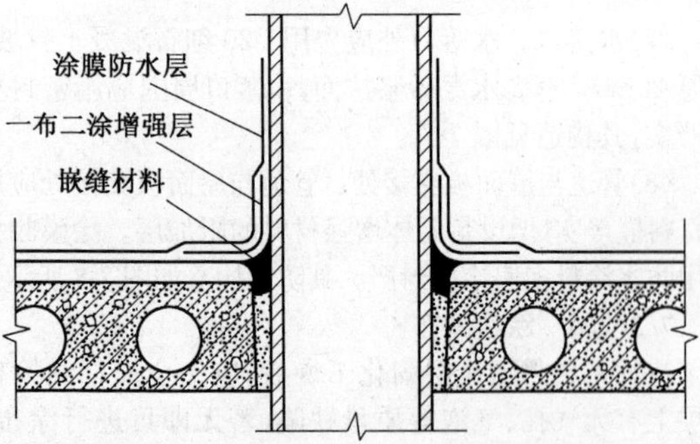

图 7-8 管道出屋面处的防水构造

(1)涂布顺序合理。

①涂布防水涂料应按照“先高后低、先远后近、先檐口、后屋脊”的顺序进行。即遇到高低跨屋面,一般先涂布高跨屋面,后涂布低跨屋面,再合理划分施工段,分段应尽量安排在变形缝处。根据运输和操作方便安排施工先后顺序,在每段中要先涂布较远部分,后涂布较近屋面;先涂布排水集中的水落口、天沟、檐沟,再往高处涂布至屋脊或天窗下。

②涂层应按分条间隔方式或按顺序倒退方式涂布,分条间隔宽度应与胎体增强材料宽度一致。涂布完后,涂层上严禁上人踩踏走动。

(2)薄涂多遍,确保厚度。

①涂膜应分层、分遍涂布,应待前一遍涂层干燥或固化成膜后,并认真检查每一遍涂层表面确无气泡、无皱褶、无凹坑、无刮痕等缺陷时,方可进行后一遍涂层的涂布。每层的涂膜厚度应符合下表的规定。

涂膜厚度选用表

屋面防水等级	设防道数	高聚物改性沥青防水涂料	合成高分子防水涂料
Ⅰ	三道或三道以上设防	—	应不小于1.5mm
Ⅱ	二道设防	应不小于3mm	应不小于1.5mm
Ⅲ	一道设防	应不小于3mm	应不小于2mm
Ⅳ	一道设防	不应小于2mm	—

②在涂布时，无论是厚质防水涂料还是薄质防水涂料，均不得一次涂成。

(3)涂布方向与接槎。

①为确保涂膜致密，要求相邻两道涂层的涂刷方向要相互垂直，下道涂层将上层涂层覆盖严密，避免产生直通的针眼气孔，提高防水层的整体性和均匀性。

②每遍涂布时，应退槎 50～100mm，接槎时应超过 50～100mm，避免在接槎处涂层过薄，发生渗漏。

(4)大面积涂布。涂料涂刷可采用棕刷、长柄刷、圆辊刷、塑料或胶皮刮板等进行人工涂布，也可采用机械喷涂。

用刷子涂刷一般采用蘸刷法，也可边倒涂料边用刷子刷。涂布时应先涂立面，后涂平面，涂布立面最后采用蘸涂法，使之涂刷均匀一致。

(5)铺贴胎体增强材料。铺贴胎体增强材料应在涂布第二遍涂料的同时或在第三遍涂料涂布前进行。胎体增强材料应尽量顺屋脊方向铺贴，以方便施工，提高劳动效率。

胎体增强材料铺设后，应严格检查表面有无缺陷或搭接不足等毛病，如有应及时修补完整才能在其上面继续涂刷涂料。

根据设计要求可按上述要求铺贴第二层或第三层胎体增强材料，最后表面加涂一遍防水涂料。

(6)收头处理。

①为了防止收头部位出现翘边现象，所有涂膜收头均应采用防水涂料多遍涂刷密实或用密封材料压边封固，压边宽度不得小于 10mm。

②收头处的胎体增强材料应裁剪整齐，如有凹槽应压入凹槽，不得有翘边、皱褶、露白等缺陷。否则应先进行处理合格后，再嵌涂密封材料。

(7)涂膜保护层。

①涂膜保护层应在涂布最后一遍防水涂料的同时进行，即边涂布防水涂料边均匀撒布细砂等粒料。

②在水乳型防水涂料层上撒布细砂等粒料时应撒布后立即进行滚压，才能使保护层与涂膜粘结牢固。

③采用浅色涂料做保护层时，应在涂膜干燥或固化后才能进行涂布。

7.3.3 质量标准

7.3.3.1 主控项目

(1)防水涂料、胎体增强材料、密封材料和其他材料必须符合质量标准和设计要求。施工现场应按规定对进场的材料进行抽样复验。

(2)涂膜防水屋面施工完后，应经雨后或持续淋水 2h 的检验。具备做蓄水检验的屋面，应做蓄水检验，蓄水时间不小于 24h。必须做到无渗漏、不积水。

(3)天沟、檐沟必须保证纵向找坡符合设计要求。

(4)细部防水构造(如天沟、檐沟、檐口、水落口、泛水、变形缝和伸出屋面的管道)必须严格按照设计要求施工，必须做到全部无渗漏。

7.3.3.2 一般项目

(1)涂膜防水层。

①涂膜防水层应表面平整、涂布均匀，不得有流淌、皱褶、鼓泡、裸露胎体增强材料和翘边等质量缺陷，发现问题，及时修复。

②涂膜防水层与基层应粘结牢固。

③涂膜防水层的平均厚度应符合规定和设计要求，涂膜最小厚度应不小于设计厚度的 80%。采用针测法或取样量测方式检验涂膜厚度。

(2)涂膜保护层。

①涂膜防水层上采用细砂等粒料做保护层时，应在涂布最后一遍涂料时，边涂布边均匀铺撒，使相互间粘结牢固，覆盖均匀严密，不露底。

②涂膜防水层上采用浅色涂料做保护层时，应在涂膜干燥固化后做保护层涂布，使相互间粘结牢固，覆盖均匀严密，不露底。

③防水涂膜上采用水泥砂浆、块材或细石混凝土做保护层时，应严格按照设计要求设置隔离层。块材保护层应铺砌平整，勾缝严密，分格缝的留设应准确。

④刚性保护层的分格缝留置应符合设计要求，做到留设准确，不松动。

7.4 厚质防水涂料施工

厚质防水涂料的品种主要有：石灰膏乳化沥青防水涂料、膨润土乳化沥青防水涂料、石棉乳化沥青防水涂料、焦油塑料防水涂料等。厚质防水涂料的涂层厚度一般为 4～

8mm,有纯涂层,也有铺衬胎体增强材料的涂层。

7.4.1 厚质防水涂料的施工工艺流程

7.4.1.1 湿铺法工艺流程

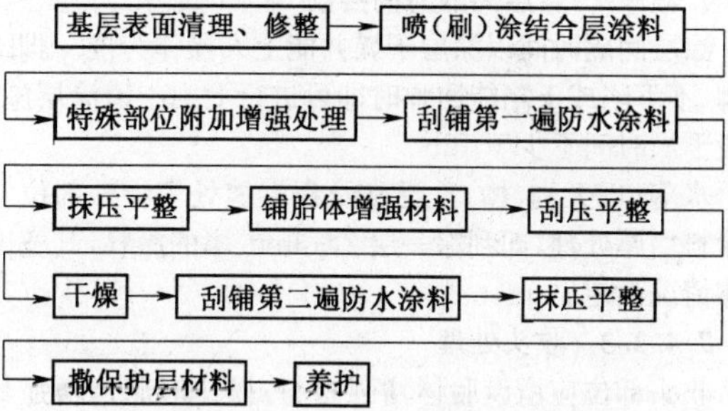

7.4.1.2 干铺法工艺流程

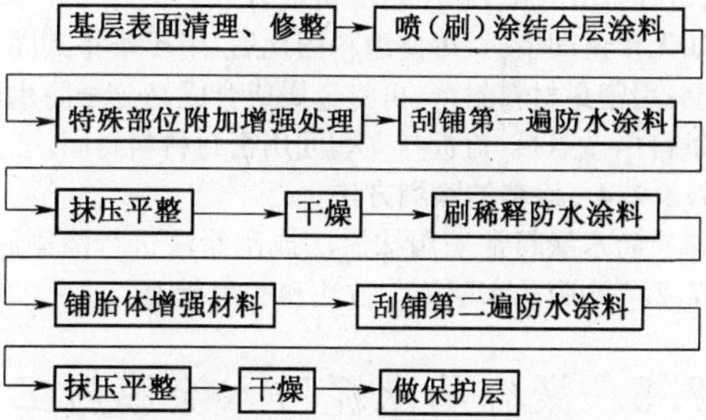

7.4.2 操作要点

7.4.2.1 涂料配制和厚度控制

配制时应将涂料充分搅拌均匀,清除杂质。涂层厚度控制可采用预先在刮板上固定铁丝(或木条)或在屋面上做好标志的方法,铁丝或木条高度与每遍涂层刮涂厚度一致。涂层总厚度 4～8mm,分 2～3 遍刮涂。

7.4.2.2 涂层间隔时间控制

涂层间隔时间以涂层干燥并能上人操作为准。脚踏不粘脚、不下陷或下陷能回弹时即可进行上面一道涂层施工,一般干燥时间不少于 12h。

水落口、天沟、檐口、泛水及板端缝处等特殊部位常采用涂料增厚处理,即刮涂一层 2～3mm 厚的涂料,其宽度视具体情况而定。

7.4.2.3 收头处理

收头部位应增设胎体增强材料,操作时胎体增强材料应裁齐,防水层收头应压入凹槽内,并用密封材料嵌严,待墙面抹灰时用水泥砂浆压封严密。

如无预留凹槽时,可待涂料固化后,用压条将其固定在墙面上,用密封材料封严,再将金属或合成高分子防水卷材用压条钉压做盖板,盖板与立墙间用密封材料封固。

7.4.2.4 涂料的涂刷方法

厚质防水涂料常采用抹涂法或刮涂法进行涂刷施工,详见 7.2.4 涂膜防水层施工方法和适用范围。

7.5 聚合物水泥防水涂膜施工

7.5.1 产品主要特点和性能

聚合物水泥防水涂料(简称 IS 复合防水涂料),是近几年发展起来的一大类型，因其技术性能优异、施工简便、经济性好以及符合环保等原因，发展十分迅速，显示出强大生命力。

7.5.1.1　技术特点

(1)能在潮湿或干燥多种材质（如砖石、混凝土、木材、金属、玻璃、沥青、卷材等）的基面上直接施工。

(2)涂层坚韧高强度，耐水性、耐候性、耐久性优异；能耐140℃高温，尤其适用于道路、桥梁防水，并可加颜料以形成彩色涂层。

(3)在常温条件下施工，涂料可以自行干燥，维修方便。

(4)无毒、无味、无污染、施工简单、工期短，属于环保型产品，使用安全，对四周环境和人员无任何危害。

(5)产品能在立面、斜面和顶面上施工不流淌。

(6)与各种建筑材料具有很好的附着性，能形成整体无缝致密稳定的弹性防水层。

(7)可用时间：JS-Ⅰ型和JS-Ⅱ型在液：粉：水配合比分别为10：10：(0～2)和10：20：(0.5～3)，环境温度为20℃的露天条件下，涂料可用时间约3h。现场环境温度低，可用时间长些；反之短些。涂料过时稠硬后，不可加水再使用。

(8)干固时间：JS-Ⅰ型和JS-Ⅱ型在液：粉：水配合比分别为10：10：(0～2)和10：20：(0.5～3)，环境温度为20℃的露天条件下，涂层干固时间约2～6h。现场环境温度低、湿度大、通风差，干固时间长些；反之短些。在特别潮湿又不通风的环境中，干固时间会很长，甚至不干。

(9)聚合物水泥防水涂料的本色为乳白色,加占涂料重量5%~10%的颜料,可制成各种彩色涂层。颜料应选用中性的无机颜料(建议选用氧化铁系列),选用其他颜料需先经试验确认无异常现象后方可使用。

7.5.1.2 聚合物水泥防水涂料物理性能

试验项目			技术指标	
			Ⅰ型	Ⅱ型
固体含量(%)		≥	65	
干燥时间	表干时间(h)	≤	4	
	实干时间(h)	≤	8	
拉伸强度	无处理(MPa)	≥	1.2	1.8
	加热处理后保持率(%)	≥	80	80
	碱处理后保持率(%)	≥	70	80
	紫外线处理后保持率(%)	≥	80	80
断裂伸长率	无处理(%)	≥	200	80
	加热处理(%)	≥	150	65
	碱处理(%)	≥	140	65
	紫外线处理(%)	≥	150	65
低温柔性(绕 ϕ10mm 棒)			−10℃无裂纹	—
不透水性(0.3MPa,30min)			不透水	不透水
潮湿基面粘结强度(MPa)		≥	0.5	1.0
抗渗性(背水面,MPa)		≥	—	0.6

7.5.2 施工工艺

7.5.2.1 东海牌JS防水涂料工法

工法	P3(三层)工法	P4(四层)工法	Q5(增强层)工法
适用范围	用于厕浴间、内外墙等防水工程	用于地下、水池、隧道等防水工程	用于屋面防水工程以及异形部位(例如管根、墙根、雨水口、阴阳角等)的增强
涂层结构简图	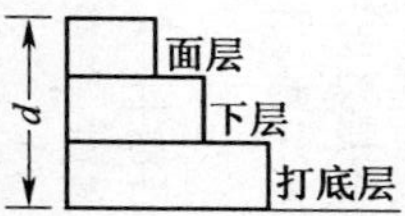	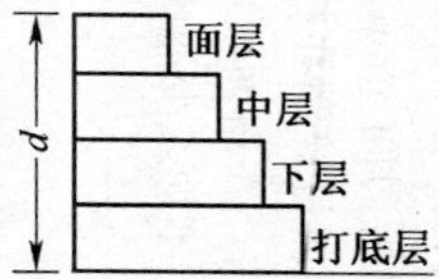	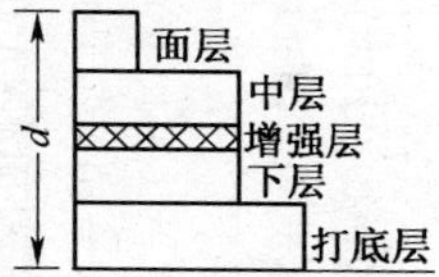
施工工序	打底层→下层→面层	打底层→下层→中层→面层	打底层→下层→增强层→中层→面层
涂料用量	打底层 0.3kg/m^2 下层 0.9kg/m^2 面层 0.9kg/m^2 总用料量 2.1kg/m^2 厚度(d)0.8～1mm	打底层 0.3kg/m^2 下层 0.9kg/m^2 中层 0.9kg/m^2 面层 0.9kg/m^2 总用量 3.0kg/m^2 厚度(d)1.2～1.4mm	打底层 0.3kg/m^2 下层 0.9kg/m^2 中层 0.9kg/m^2 面层 0.9kg/m^2 总用料量 3.0kg/m^2 厚度(d)1.3～1.5mm

7.5.2.2　操作要点

(1)配料配合比。打底层涂料质量配合比应根据所选用的产品型号确定。

JS-Ⅰ型　液：粉：水＝10：10：14

JS-Ⅱ型　液：粉：水＝10：20：14

其余涂层重量配合比：

JS-Ⅰ型　液：粉：水＝10：10：0～2

JS-Ⅱ型　液：粉：水＝10：20：0.5～3

(2)配料搅拌。如果需要加水，先在液料中加水，用搅拌器边搅拌边徐徐加入粉料，随后用拌料器充分搅拌均匀，直至料中不含团料为宜(搅拌时间 5min 左右)。

彩色涂层中颜料的掺加量控制在粉料重量的 10%以下，加水量应在规定范围内。在斜面、顶面或立面上施工，为了能挂住足够的涂料，应不加或少加些水；平面施工为了涂膜平整可多加些水。

(3)涂料涂布。

①根据选定的工法，按照打底层→下层→无纺布→中层→面层的次序逐层完成。各层之间的时间间隔以前一层涂膜干固不粘为准。对于 Q5 工法，其下层、增强层和中层需连续施工，不能间隔。

②用辊子或刷子涂覆，若涂料(尤其是打底料)有沉淀时应随时搅拌均匀，每次蘸料时，先在料桶底部搅动几下，以免沉淀。

③涂覆要尽量均匀，不能有局部沉淀，并要求多滚刷几次使涂料与基层之间不留气泡，粘结严实。

④每层涂覆必须按规定用量取料，切不能过厚或过薄，若最后防水层厚度不够，可加涂一层或数层。

⑤增强层可选用 50～100g/m^2 的聚酯长纤维无纺布或优质玻璃纤维网格布。

⑥施工中间休息或施工结束时，应及时用水清洗沾有涂料的工器具和工作服。否则，等涂料干固后很难洗净。

(4)保护层或装饰层施工。保护层或装饰层施工，需在防水层完成 48h 后进行。在立面上抹砂浆时，为了方便砂浆与防水层的粘结，可在防水层最后一遍涂覆后，立即撒上干净的中粗砂。当粘贴块材(如瓷砖、马赛克、大理石等)时，将 JS 复合防水涂料按液料：粉料＝10：(15～20)调成腻子状，即可用作粘结剂。如按液料：粉料＝10：(25～30)调成腻子状时，也可用作密封材料。

7.5.3 旧屋面返修或维修

7.5.3.1 屋面返修

对已失去防水功能的旧屋面可采用 JS 防水涂料进行返修，施工简便、造价经济、与旧屋面基层粘结可靠，在Ⅱ、Ⅲ级防水建筑屋面返修时可优先使用。

(1)原屋面基层处理。

①原屋面基屋如发现有起鼓时，应将保护层及防水层全部敲掉，重新补做水泥石屑找平层。

②对于较大裂缝但基层未松动的部位，则应将裂缝处剔凿成宽度和深度均不小于 10mm 的沟槽，清除槽中的浮土杂物，随后在槽内嵌填密封材料。

(2)修复。原屋面基层处理好后，用 P3 或 Q5 工法(视工程重要性而定)涂覆防水涂料。新做防水层必须与原有防水层搭接严实,并经过蓄水试验。确认无渗漏后,最后做保护层。

7.5.3.2　屋面日常维修

采用JS防水涂料进行屋面日常维修,施工简便、效果良好。对屋面较小的裂缝,可先剔除表面保护层,使裂缝暴露,并清除裂缝中浮灰杂物,随后在其洇湿的表面,用JS防水涂料按P3施工工艺涂布防水层,经蓄水试验合格后,最后修复表面保护层。

7.6　涂膜防水屋面常见质量问题与防治方法

7.6.1　屋面渗漏质量问题与防治方法

原因分析	防治方法
1. 屋面积水,排水系统不通畅	主要是设计问题。屋面应有合理的分水和排水措施,所有檐口、檐沟、天沟、水落口等应有一定排水坡度,并切实做到封口严密,排水通畅
2. 设计涂层厚度不足,防水层结构不合理	应按屋面规范中防水等级选择涂料品种与防水层厚度,以及相适应的屋面构造与涂层结构
3. 屋面基层结构变形较大,地基不均匀沉降引起防水层开裂	除提高屋面结构整体刚度外,在保温层上必须设置细石混凝土(配筋)刚性找平层,并宜与卷材防水层复合使用,形成多道防线

续表

原因分析	防治方法
4. 节点构造部位封固不严,有开缝、翘边现象	主要是施工原因。坚持涂嵌结合,并在操作中务必使基面清洁、干燥,涂刷仔细,密封严实,防止脱落
5. 施工涂膜厚度不足,有露胎体、皱皮等情况	防水涂料应分层、分次涂布,胎体增强材料铺设时不宜拉伸过紧,但也不得过松,以能使上下涂层粘结牢固为度
6. 防水涂料含固量不足,有关物理性能达不到质量要求	在防水层施工前必须抽样检查,复验合格后才可施工
7. 双组分涂料施工时,配合比与计量不正确	严格按厂家提供的配合比施工,并应充分搅拌,搅拌后的涂料应及时用完

7.6.2 粘结不牢质量问题与防治方法

原因分析	防治方法
1. 基层表面不平整、不清洁、有起皮、起灰等现象	(1)基层不平整如造成积水时,宜用涂料拌合水泥砂浆进行修补 (2)凡有起皮、起灰等缺陷时,要及时用钢丝刷清除,并修补完好 (3)防水层施工前,应及时将基层表面清扫,并洗刷干净
2. 施工时基层过分潮湿	(1)应通过简易试验确定基层是否干燥,并选择晴朗天气进行施工 (2)可选择潮湿界面处理剂、基层处理剂等方法改善涂料与基层的粘结性能

续表

原因分析	防治方法
3. 涂料结膜不良	(1)涂料变质或超过保管期限,应更换 (2)涂料主剂及含固量不足,应重新配制 (3)涂料搅拌不均匀,有颗粒、杂质残留在涂层中间,应重新配制 (4)底层涂料未实干时,就进行后续喷涂层施工,使底层中水分或溶剂不能及时挥发,而双组分涂料则未能充分固化形成不了完整防水膜,应改进操作
4. 涂料成膜厚度不足	应按设计厚度和规定的材料用量分层、分遍涂刷
5. 防水涂料施工时突遇下雨	掌握天气预报,并备置防雨设施
6. 突击施工,工序之间无间歇时间	根据涂层厚度与当时气候条件,试验确定合理的工序间歇时间

7.6.3　涂膜出现裂缝、脱皮、流淌、鼓泡、露胎体、皱褶等质量问题与防治方法

原因分析	防治方法
1. 基层刚度不足,抗变形能力差,找平层开裂	(1)在保温层上必须设置细石混凝土(配筋)刚性找平层 (2)提高屋面结构整体刚度,如在装配式板缝内确保灌缝密实;同时在找平层内应按规定留设温度分格缝 (3)找平层裂缝如大于 0.3mm 时,可先用密封材料嵌填密实,再用 10～20mm 宽的聚酯毡做隔离条,最后涂刮 2mm 厚涂料附加层 (4)找平层裂缝如小于 0.3mm 时,也可按上述方法进行处理,但涂料附加层厚度为 1mm

续表

原因分析	防治方法
2. 涂料施工时温度过高，或一次涂刷过厚，或在前遍涂料未实干前即涂刷后续涂料	(1)涂料应分层、分遍进行施工，并按事先试验的材料用量与间隔时间进行涂布 (2)若夏天气温在 30℃以上时，应尽量避开炎热的中午施工，最好安排在早晚（尤其是上半夜）温度较低的时刻操作
3. 基层表面有砂粒、杂物	涂料施工前应将基层表面清除干净
4. 基层表面未充分干燥，或在湿度较大的气候下操作	可选择晴朗天气下操作；或可选用潮湿界面处理剂、基层处理剂等材料，抑制涂膜中鼓泡的形成
5. 基层表面不平，涂膜厚度不足，胎体增强材料铺贴不平整	(1)基层表面局部不平，可用涂料掺入水泥砂浆中先行修补平整，待干燥后即可施工 (2)铺贴胎体增强材料时，要边倒涂料、边推铺、边压实平整。铺贴最后一层胎体增强材料后，面层至少应再涂刷二遍涂料 (3)铺贴胎体增强材料时，应铺贴平整，松紧有度。同时在铺贴时，应先将布幅两边每隔 1.5～2.0m 间距各剪一个 15mm 的小口

7.6.4　保护材料脱落质量问题与防治方法

原因分析	防　治　方　法
保护层材料(如蛭石粉、云母片或细砂等)未经辊压,与涂料粘结不牢	(1)保护层材料颗粒不宜过粗,使用前应筛去杂质、泥块,必要时还应冲洗和烘干 (2)在涂刷面层涂料时,应随刷随撒保护材料,然后用表面包胶皮的铁辊轻轻碾压,使材料嵌入面层涂料中

7.6.5　防水层破损质量问题与防治方法

原因分析	防　治　方　法
涂膜防水层较薄,在施工时若保护不好,容易遭到破损	(1)坚持按程序施工,待屋面上其他工程全部完工后,再施工涂膜防水层 (2)当找平层强度不足或有酥松、塌陷等现象时,应及时返工 (3)防水层施工后一周以内严禁上人

8 其他防水屋面施工

8.1 刚性防水屋面施工

刚性防水屋面施工是指用细石混凝土、块体材料或补偿收缩混凝土等做防水层，主要依靠混凝土自身的密实性，并采取一定的构造措施（如增加配筋、设置隔离层、设置分格缝，油膏嵌缝等）以达到防水目的。

8.1.1 细石混凝土防水层施工

8.1.1.1 工艺流程

细石混凝土防水层施工工艺流程见图 8-1。

8.1.1.2 操作要点

(1)清理隔离层表面。在浇筑细石混凝土之前，应将隔离层表面浮渣、杂物清除干净；检查隔离层质量及平整度、排水坡和完整性。

(2)按正确位置放好钢筋网片。钢筋网片的位置应放在混凝土内的上部，离防水层上表面 10mm（可用马凳固定），钢丝间距 100～200mm，并在分格缝处断开。绑扎钢筋的搭接长度应大于 30 倍钢筋直径，且不小于 250mm。同一截面内的接头不得超过钢筋面积的 1/4。

(3)支分格缝模板。为了使分格缝位置准确，必须在隔

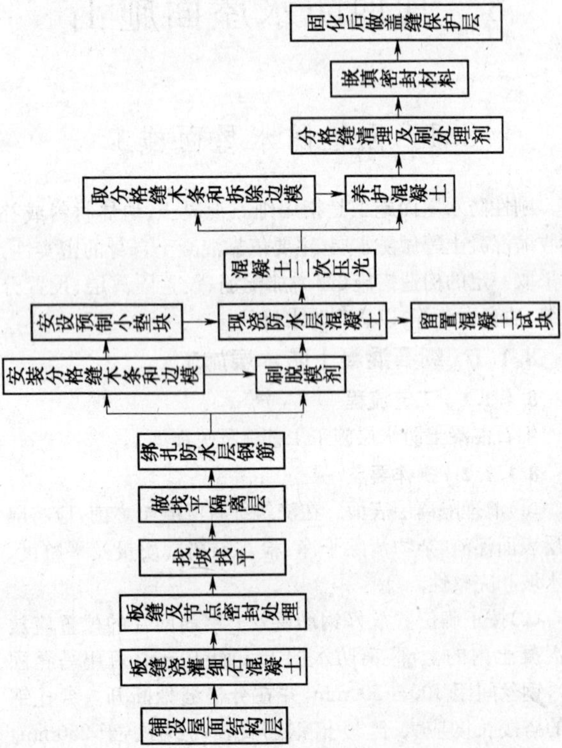

图8-1　细石混凝土防水层施工工艺流程

离层上进行弹线，确定分格缝的位置。如遇有花篮梁，应在梁两侧板端均留分格缝。分格缝模板应制成上宽下窄，上口一般为 25mm，下口为 20mm，事先用水浸透，并刷隔离剂，然后用水泥砂浆固定在隔离层上，并在模板上标出混凝土浇捣厚度(厚度不宜小于 40mm)和排水坡度。

(4)混凝土制备。细石混凝土应按防水混凝土的要求配制。一般要求每 $1m^3$ 混凝土水泥最小用量应不少于 330kg，含砂率为 35%～40%，灰砂比应为 1∶2～1∶2.5，水灰比不大于 0.55，坍落度以 3～5cm 为宜。

(5)混凝土浇捣。混凝土的浇捣应按先远后近、先高后低的原则进行。在一个分格缝范围内的混凝土必须一次浇捣完成，不得留施工缝。混凝土从搅拌机出料至浇筑完成时间不宜超过 2h，在浇筑过程中应防止混凝土的分层、离析。如有分层离析现象，应重新搅拌后使用。

混凝土宜采用机械振捣，用高频平板振捣器振捣，振捣至表面出浆为度，然后用质量为 40～50kg、长为 600mm 左右的滚筒来回碾压，直至混凝土密实和表面泛浆为止。在分格缝处，宜在两边同时铺设混凝土后再振捣，以避免分格缝移位。

如无振捣器，可先用木棒等插捣，再用小滚筒(30～50kg)来回滚压，边插捣边滚压，直至密实和表面泛浆，泛浆后用铁抹子压实抹平，并要确保防水层设计厚度和排水坡度。

(6)防水层表面处理。混凝土收水初凝后，及时取出分格缝隔板，用铁抹子第二次压实抹光，并及时修补分格缝的缺陷部分，做到平直整齐。抹压时，严禁在表面洒水、加水泥浆或撒干水泥，待混凝土终凝前进行第三次压实抹光，要求做到表面平光、不起砂、不起层、无抹压板痕为止。

(7)混凝土养护。细石混凝土浇筑 12～24h 后进行养护，养护时间不得少于 14d，养护期间必须保持覆盖材料的湿润，并禁止闲人上屋面踩踏或在上继续施工。

8.1.2 补偿收缩混凝土屋面防水层施工

补偿收缩混凝土防水层操作工艺与细石混凝土基本相同，其技术关键是控制膨胀剂掺量、掺入方法、混凝土搅拌时间和养护。

8.1.2.1 工艺流程

补偿收缩混凝土刚性防水层施工工艺流程见图 8-2。

8.1.2.2 关键工艺操作要点

(1)膨胀剂掺量控制。由于膨胀剂的类型不同，混凝土防水层的约束条件和配筋率不同，膨胀剂的掺量也不一样，要求在屋面防水工程中掺用膨胀剂后，补偿收缩混凝土的技术参数为：

自由膨胀率：0.05%～0.1%；

约束膨胀率：稍大于 0.04%(配筋率 0.25%)；

自应力值：0.2～0.7MPa。

(2)掺入方法。混凝土搅拌投料时，膨胀剂与水泥同时投入搅拌。

(3)搅拌时间和养护。搅拌时间应不少于 3min。做好养护工作是确保补偿收缩混凝土防水层施工质量的重要环节，浇水养护时间应不少于 14d。

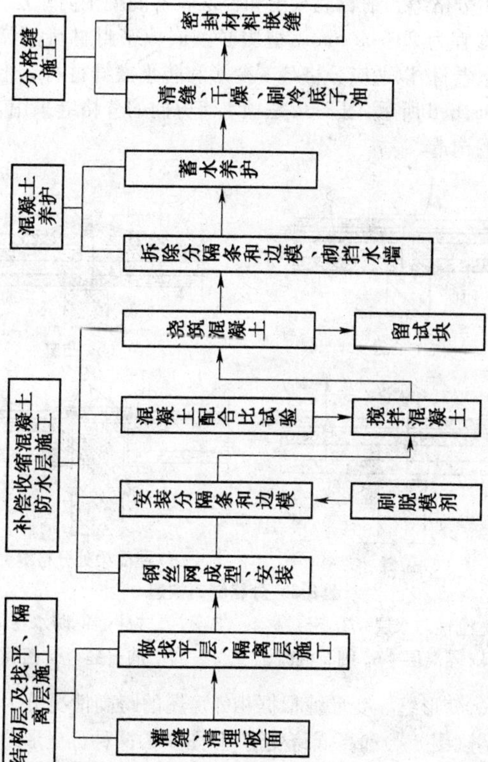

图 8-2 补偿收缩混凝土刚性防水层施工工艺流程

(4)分格缝。变形缝等细部构造的密封处理。

①分格缝。细石混凝土和补偿收缩混凝土防水层分格缝宽度宜为 20～40mm。缝内必须嵌填密封材料，上部铺设防水卷材，以适应分格缝的变形和防止嵌缝材料老化，如图 8-3a、b、d 所示，图 8-3c 是顺水流方向的分格缝采用盖瓦式时的构造。

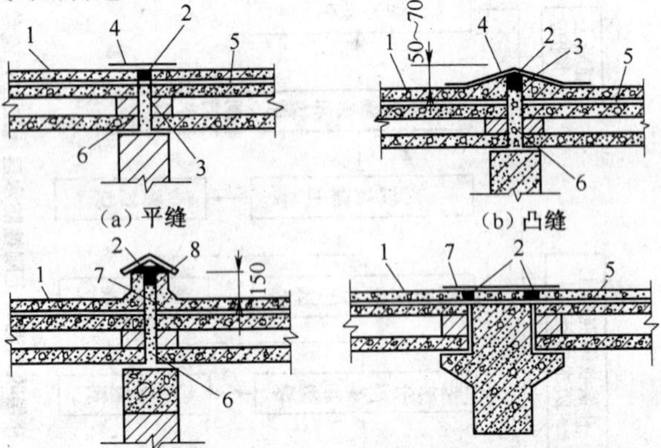

(a) 平缝　(b) 凸缝　(c) 盖缝　(d) 屋面梁处分格缝

图 8-3　分格缝的构造

1. 刚性防水层　2. 密封材料　3. 衬垫材料　4. 防水卷材　5. 隔离层　6. 细石混凝土　7. 一布二油盖缝　8. 盖瓦

②变形缝。变形缝根据相邻房屋的跨高情况分为等高变形缝(图 8-4)和高低跨变形缝(图 8-5)两种。变形缝两侧墙体交接处应留宽度为 30mm 的缝隙，缝内嵌填密封材料。泛水处应铺设卷材或涂膜附加层，变形缝中间应填充泡沫

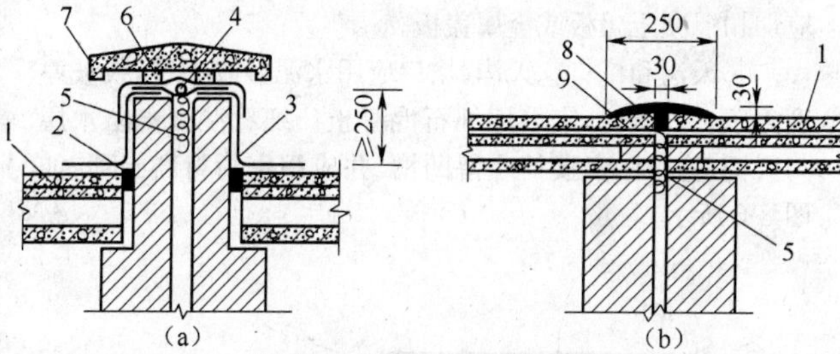

图 8-4　等高屋面变形缝构造

1. 刚性防水层　2. 密封材料　3. 防水卷材　4. 衬垫材料　5. 沥青麻丝　6. 水泥砂浆　7. 混凝土盖板　8. 油膏　9. 二布二油

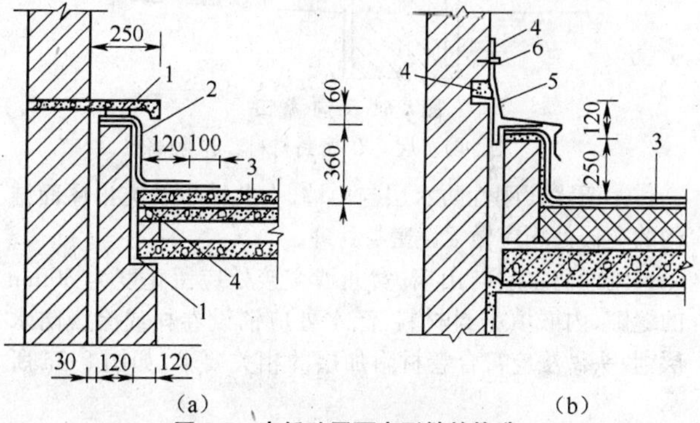

图 8-5　高低跨屋面变形缝的构造

1. 沥青麻丝　2. 二布二油　3. 刚性防水层　4. 密封材料　5. 金属或高分子盖板　6. 金属压条钉子固定

塑料或沥青麻丝，其上填放衬垫材料，并用卷材封盖，顶部应加扣混凝土盖板或金属盖板。

③天沟和檐口。天沟、檐口应用水泥砂浆找坡，找坡厚度大于 20mm 时，宜采用细石混凝土。细石混凝土防水层与天沟、檐口的交接处应留凹槽，并应用密封材料封严，如图 8-6 所示。

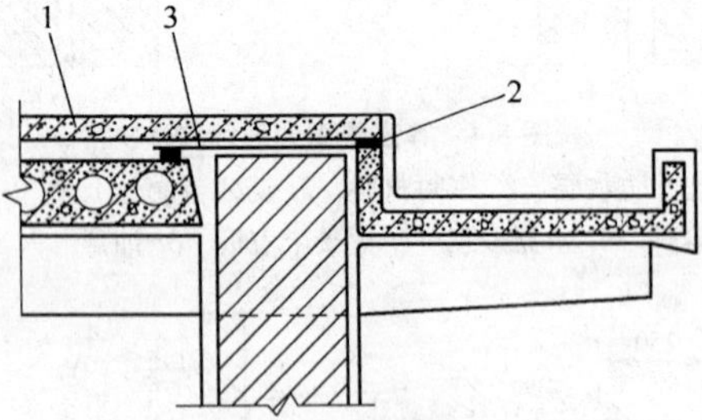

图 8-6 天沟、檐口

1. 刚性防水层 2. 密封材料 3. 隔离层

④泛水。刚性防水层与山墙、女儿墙以及突出屋面结构的交接处均应做柔性密封处理。

刚性防水层与山墙、女儿墙交接处应留宽度为 30mm 的缝隙，内嵌填密封材料，泛水处应铺设卷材或涂膜防水层，收头做法应符合卷材附加层的相关要求，如图 8-7a 所示。

采用细石混凝土泛水时，其垂直高度不得小于 120mm，并用密封材料嵌填，如图 8-7b 所示。

女儿墙上的砖或预制混凝土压顶上面应采用彩色合成高分子防水卷材或高延伸性防水涂料进行防水处理，以防止因压顶处开裂而引起渗漏，如图 8-7c 所示。

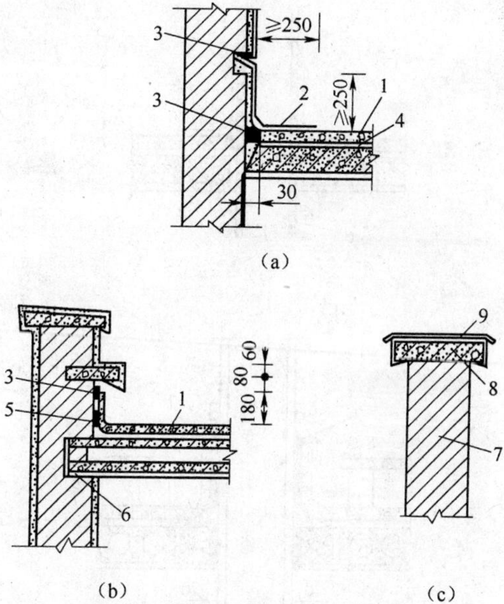

图 8-7　山墙、女儿墙泛水及压顶构造

1. 刚性防水层　2. 防水卷材或涂膜　3. 密封材料
4. 隔离层　5. 沥青麻丝　6. 板底垫油毡两层
7. 女儿墙　8. 混凝土压顶　9. 彩色合成高分子卷材

突出屋面结构与刚性防水层的交接处应留设缝隙，用密封材料嵌填，并加设柔性防水附加层，收头应固定密封，如图 8-8 所示。

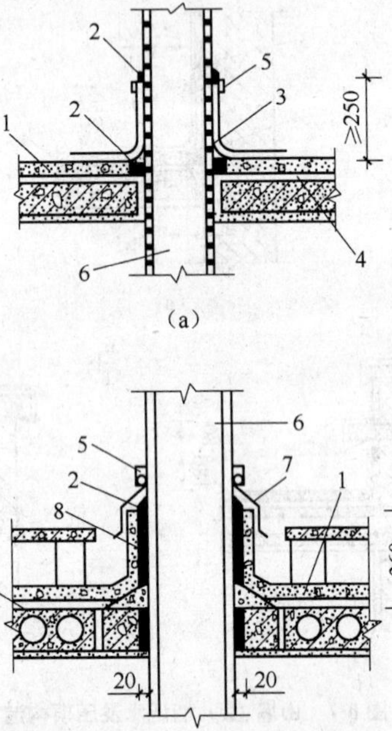

(a)

(b)

图 8-8　伸出屋面管道防水构造

1. 刚性防水层　2. 密封材料　3. 卷材(或涂膜)防水层　4. 隔离层　5. 金属箍　6. 管道　7. 24 号镀锌铁皮　8. 沥青麻丝

8.2 保温隔热屋面施工

保温隔热屋面是一种集防水和保温隔热于一体的防水屋面，防水是主要功能，兼顾保温隔热。保温层可采用松散材料保温层、板状保温层或整体保温层；隔热层可采用架空隔热层、蓄水隔热层、种植隔热层等。

8.2.1 保温隔热材料的配制方法

8.2.1.1 沥青膨胀珍珠岩板配合比及配制方法

材料名称	配合比（质量比）	每 m^3 用料		配制方法
		单位	数量	
膨胀珍珠岩	1	m^3	1.84	1. 将膨胀珍珠岩散料倒在锅内不断翻动，预热至 100℃～120℃，然后倒入已熬化的沥青中拌合均匀。沥青熬化温度不宜超过 200℃，拌合温度控制在 180℃以内。 2. 将拌合物倒在铁板上，不断翻动，下降至成型温度（80℃～100℃） 3. 向钢模内撒滑石粉或用水泥袋做隔离层，将拌合物倒入钢模内压料成型
沥青	0.7～0.8	kg	128	

8.2.1.2 现浇水泥蛭石保护层配合比及配置方法

配合比 水泥：蛭石：水(体积比)	每 m^3 水泥蛭石浆用料 水泥(kg)	每 m^3 水泥蛭石浆用料 蛭石(L)	表观密度 (kg/m^3)	导热系数 W/(m·K)	抗压强度 (MPa)	配置方法
	42.5普通硅酸盐水泥					1. 将定量的水泥与水均匀调成水泥浆，然后用小桶将水泥浆均匀地泼在定量的膨胀蛭石上，随泼随拌，拌合均匀
1：12：4	110	1300	290	0.087	0.25	
1：10：4	130	1300	320	0.093	0.30	
	42.5普通硅酸盐水泥					
1：12：3.3	110	1300	310	0.092	0.30	
1：12：3	130	1300	330	0.099	0.35	2. 水灰比一般以2.4～2.6为宜(体积比)，检查方法是用手紧捏成团不散，并稍有水泥浆滴下时为合适
	42.5矿渣水泥					
1：12：3.3	110	1300	290	0.870	0.25	
1：12：4	110	1300	290	0.870	0.25	
1：10：4	130	1300	290	0.870	0.25	

8.2.1.3 现浇珍珠岩灰浆配合比及配制方法

项次	用料体积比		表观密度(kg/m³)	导热系数W/(m·K)	抗压强度(MPa)	配置方法
	42.5普通硅酸盐水泥	膨胀珍珠岩堆积密度(120～160kg/m³)				
1	1	6	548	1.7	0.121	1. 将水泥和珍珠岩按一定配合比干拌均匀,然后加水拌合 2. 水不宜过多,灰浆稠度以外观松散,手紧捏成团不散,挤不出水泥浆或只能挤出少量水泥浆为宜
2	1	8	510	2.0	0.085	
3	1	10	380	1.2	0.080	
4	1	12	360	1.1	0.074	
5	1	14	351	1.0	0.071	
6	1	16	315	0.9	0.064	
7	1	18	300	0.7	0.059	
8	1	20	296	0.7	0.055	

8.2.2 保温层施工

8.2.2.1 松散材料保温层施工操作要点

(1)基层应平整、干燥、干净。

(2)保温层含水率不能超过规定要求,若保温材料的含水率超过规定要求,应将其晾干或烘干。采用锯木屑或稻壳有机材料作保温材料时,应事先做防腐处理。

(3)松散材料保温层施工时,松散材料应分层铺设,并适当压实。每层虚铺厚度不宜大于150mm,压实的程度与厚度应经试验后确定。铺压时不得过分压实,以免影响保温效果。压实后不得直接在保温层上行车或堆放重物,施工人员宜穿软底鞋进行操作。

平面铺设松散材料时,可每隔 800～1000mm 预埋木龙骨,砌半砖矮隔断墙或抹水泥砂浆矮隔断墙一条,以解决找平层问题。

(4)保温层压实后不得直接在保温层上行车或堆放重物,施工人员宜穿软底鞋进行操作。

(5)保温层施工完成后,应及时尽快进行下一道工序的施工,完成上部防水层的施工。在雨季施工的保温层应采取遮盖措施,防止雨淋保温层。

8.2.2.2 板材保温层施工

(1)铺设块状保温层的基层应平整、干燥、干净。块状保温材料要防止雨淋受潮,要求板形完整,不碎不裂。

(2)保温层的铺设可采取干铺和粘贴两种方法。当采用干铺方法时,干铺的块状保温材料应紧靠在需保温的基层表面上,并应铺平垫牢。分层铺设的板块,上下层接缝应相互错开,板间缝隙应用同类材料嵌填密实。

采用粘贴方法铺设板状保温材料时,应粘严、铺平。用玛帝脂及其他胶结材料粘贴时,板状材料相互之间和基层之间,均应满涂胶结材料,以便相互粘牢。玛帝脂的加热温度应不高于 240℃,使用温度不宜低于 190℃。

若用水泥砂浆粘贴板状保温材料时,板间缝隙应采用保温灰浆填实并勾缝。保温灰浆的配合比(体积比)为:1∶1∶10(水泥∶石灰膏∶同类保温材料的碎粒)。

8.2.2.3 整体现浇保温层施工

整体现浇保温层施工主要采用炉渣、矿渣、陶粒、膨胀蛭石、珍珠岩等材料为骨料，以石灰或水泥为胶凝材料现浇而成。不同材料的现浇保温层施工要求稍有不同，水泥膨胀蛭石、水泥膨胀珍珠岩保温层的施工应符合下列规定：

(1)应采用人工拌合，先将水泥与水调成水泥浆，然后均匀泼在定量的膨胀蛭石、膨胀珍珠岩上，拌合均匀，随拌随铺。

(2)分仓铺抹。每仓宽度 700～900mm，可用木条分格，控制宽度。每隔 4～6m 应设置分格缝，分格缝不得填死。

(3)按设计和试验确定的虚铺厚度控制铺设厚度，铺后拍实抹平。

(4)压实抹平后，应立即做找平层，以保护保温层。

8.2.3 隔热屋面施工

8.2.3.1 架空隔热屋面施工要点

(1)先将屋面清扫干净，然后根据架空板的尺寸，弹出支座中心线。

(2)布置支座。支座的布置应整齐划一，条形支座应沿纵向平直排列；点式支座应沿纵横向排列整齐，保证通风良好。支座宜采用水泥砂浆砌筑，其强度等级为 M5。

(3)铺设架空板时，应将防水层上的落灰、杂物随时扫除干净，以保证架空隔热层气流畅通。

(4)架空板的铺设应平整、稳固，缝隙宜采用水泥砂浆或水泥混合砂浆嵌填，并按设计要求留变形缝。

(5)操作时不得损坏已完工的防水层。

8.2.3.2 蓄水屋面施工要点

(1)蓄水屋面的所有孔洞应预留，不得后凿。防水层施工前，应将所有的给水管、排水管和溢水管安装完毕。

(2)每个蓄水区的防水混凝土应一次浇筑完成，不得留施工缝。立面和平面的防水层应同时做好，确保不渗漏。

(3)屋面板的质量要求要严格，其强度、密实性均应符合设计要求。结构层嵌填密封材料后，宜做充水试验，无渗漏后再做上部防水层。

(4)刚性防水层的材料要求：水泥强度等级不低于42.5的普通硅酸盐水泥；水灰比0.5～0.55；砂子用中砂或粗砂，含泥量不大于2%；石子粒径宜为5～20mm，含泥量不大于1%；混凝土强度等级不低于C20。

(5)施工温度宜为5℃～35℃，应避免在0℃以下或烈日曝晒下施工。

(6)刚性防水层完工后应及时养护，蓄水后不得断水。

8.2.3.3 种植屋面施工要点

(1)屋面结构层应充分考虑种植介质的荷载，以确保屋面结构的承载能力。种植屋面的坡度不宜大于3%，以免种植介质流失，可选用陶粒、加气混凝土、泡沫玻璃等轻质材料做找坡层。

(2)卷材防水层可优先采用空铺法、点粘法、条粘法施工，但应确保卷材接缝牢固、封闭严密。

(3)种植屋面四周挡墙施工时，留设的泄水孔位置应正确，并不得堵塞，确保排水畅通。

(4)在砌筑挡墙及覆盖种植介质时，不得损坏已完工的防水层。

(5)种植屋面施工完毕后，在覆土前应进行蓄水试验，静置时间不小于 24h，确认不渗漏后方可覆盖种植介质。种植介质应按设计要求的品种、厚度进行覆盖，严禁超载。

8.3 瓦屋面施工

8.3.1 平瓦屋面施工

8.3.1.1 工艺流程

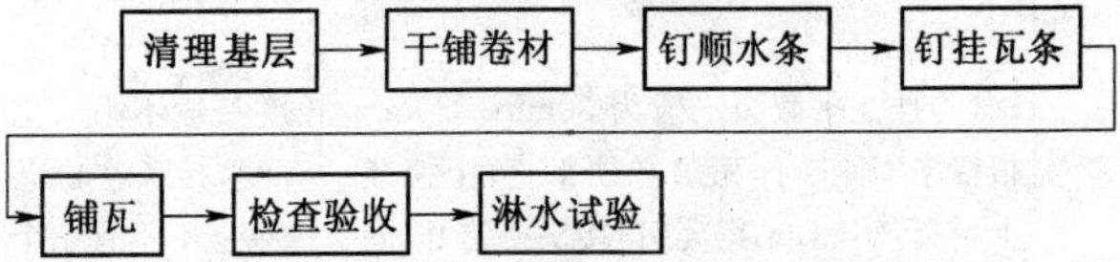

8.3.1.2 平瓦屋面施工操作要点

序号	技术要求
1	清理基层、铺钉卷材：木基层上的灰尘，杂物清除干净后，涂刷防火涂料两遍，干燥后自下而上平行屋脊干铺一层卷材。檐口卷材应盖过封檐板上边口 10～20mm；卷材搭接顺流水方向，长边搭接不少于 100mm，短边搭接不少于 150mm，搭边要钉住，不得翘边；要求铺平铺直，不得有缺边破洞

续表

序号	技术要求
2	钉顺水条：干铺卷材后用顺水条垂直屋脊方向钉住，间距不大于500mm，顺水条一般为25mm×25mm，要求顺水条表面平整
3	钉挂瓦条：(1)在顺水条上拉通线钉挂瓦条，其间距应根据瓦的尺寸和屋面坡面的长度经计算确定，黏土平瓦一般间距为280～330mm (2)檐口第一根挂瓦条，要保证瓦头出檐(或出封檐板外)50～70mm，上下排平瓦的瓦头和瓦尾的搭扣长度50～70mm；屋脊处两个坡面上最上两根挂瓦条，要保证挂瓦后两个瓦尾的间距在搭盖脊瓦时，脊瓦搭接瓦尾的宽度每边不少于40mm (3)挂瓦条截面一般为30mm×30mm，长度一般不小于三根椽条间距。挂瓦条必须平直，上棱成一直线，接头在椽条上，钉置牢固，不得漏钉，接头要错开，同一椽条上不得有三个接头；钉置檐口条或封檐板时，要比挂瓦条高20～30mm，以保证檐口第一块瓦的平直；钉挂瓦条一般从檐口开始逐步向上至屋脊，钉置时要随时检查挂瓦条的间距尺寸一致 现浇钢筋混凝土屋面板基层，在基层找坡找平后，按挂瓦条间距弹出挂瓦条位置线，按500mm间距打1.5水泥钉，拉$\phi4$钢筋与水泥钉绑扎，然后嵌引条抹1∶2.5水泥砂浆(加108胶)做出挂瓦条，挂瓦条每1.5m留出20mm缝隙，以防胀缩 现浇钢筋混凝土屋面板基层及砂浆挂瓦条宜涂刷一层防水涂料或批抹防水净浆一道，以提高屋面防水能力

续表

序号	技 术 要 求
4	挂瓦:(1)铺瓦前要选瓦,凡缺边、掉角、裂缝、砂眼、翘曲不平、张口缺爪的瓦,不得使用。通过铺瓦预排,山墙或天沟处如有半瓦,应预先锯好 (2)上瓦要自上而下,两坡同时对称上,严禁单坡上瓦,以防屋架受力不均匀导致变形 (3)摆瓦一般有“条摆”和“堆摆”两种。条摆要求隔三根挂瓦条摆一条瓦,每米约 22 块;堆摆要求一堆 9 块,间距为:左右隔两块瓦宽,上下隔二根挂瓦条,均匀错开,摆置稳妥 (4)挂瓦应从两坡的檐口同时对称进行。每坡屋面从左侧山头向右侧山头推进,屋面端头用半瓦错缝。瓦要与挂瓦条挂牢,瓦爪与瓦槽要搭扣紧密,并保证搭接长度。檐口瓦要用镀锌铁丝拴牢于檐口挂瓦条上。当屋面坡度大于 50%、大风和地震地区,每片瓦均需用镀锌铁丝固定于挂瓦条上。瓦搭接要避开主导风向,以防漏水。檐口要铺成一条直线,瓦头挑出封檐板长度 50～70mm;沟边瓦要伸入天沟、檐沟内 50～70mm。靠近屋脊处的第一排瓦应用水泥石灰砂浆窝牢,但切忌灰浆突出瓦外,以防此处渗漏。整坡瓦面应平整,行列横平竖直,无翘角和张口现象 (5)斜脊、斜沟瓦铺设时,先将整瓦(或选择可用的缺边瓦)挂上,沟瓦要求搭盖泛水宽度不小于 150mm,弹出墨线,编好号码,将多余的瓦锯去,然后按号码、按次序重新挂上;斜脊处的平瓦也先将整瓦挂上,保证脊瓦搭盖平瓦每边不小于 40mm,弹出墨线,编好号码,锯去多余瓦面,再按号码、按次序挂好。斜沟、斜脊处的平瓦要保证使用部分的瓦面质量 (6)挂平脊和斜脊瓦时,应拉通长麻线,铺平挂直,接头顺主导风向。扣脊瓦要用 1∶2.5 石灰麻刀砂浆铺座平实。脊瓦搭口和脊瓦与坡面瓦的缝隙,要用麻刀灰嵌严刮平,平脊与斜脊的交接处要用麻刀灰封严,如为彩色平瓦时,外露的封口麻刀灰要用相近颜色的涂料抹涂,以保证色泽一致

8.3.2 波形瓦屋面施工

8.3.2.1 工艺流程

清理基层 → 干铺卷材 → 钉顺水条 → 钉挂瓦条 → 铺瓦 → 检查验收 → 淋水试验

8.3.2.2 波形瓦屋面施工操作要点

序号	技术要求
1	铺波瓦时应由下向上,由左至右进行。双坡屋面,应两坡同时对称铺设。瓦应光面在上,糙面在下。相邻两瓦,应顺年最大频率风向压边搭接。其搭接宽度:大波、中波瓦不少于半波,屋面坡度小于20%时,应为一个半波;小波瓦不应小于一个半波。山墙处边缘瓦波应向下。上下两排波瓦的搭接长度,应按设计规定,一般为150～200mm
2	当波瓦采用不切角铺设时,上下两排瓦的长边搭接缝应错开:大波、中波瓦至少应错开一个波;小波瓦至少应错开两个波,一般应错开半张瓦为宜 当采用切角铺设时,上下两排瓦的长边搭接缝可以不错开,但相邻四块瓦的搭接处随盖瓦方向的不同,先将对瓦切角,对角缝隙宜为5mm。此法铺设整齐。玻璃钢波瓦和塑料波瓦因较薄,可以不切角
3	固定波形瓦的钉孔,用电钻或手摇钻在盖瓦时钻孔,孔径应比固定螺栓或螺钉的直径大2～3mm,孔位应在波峰和木檩条上口中心;如用钢檩或混凝土檩条,则孔位应在檩条上口边缘处。固定螺栓或螺钉不应拧得太紧或太松,以垫圈稍能转动为合适,避免强打产生裂缝

续表

序号	技术要求
4	大风地区采用螺钉固定波瓦时，应按设计要求增加螺钉数量。但要遵守钉位要求 每块石棉波瓦钉挂数量见 8.3.2.3
5	玻璃钢波形瓦铺设时，应用木螺钉或对拧螺栓固定，并加橡胶垫衬，每张波形瓦至少应有 6 处与檩条固定
6	波形瓦铺设应横平竖直，不得歪斜。搭接应严实，不得漏钉瓦钉(螺栓)和漏放防水垫圈。铺瓦时如有损坏，应立即更换
7	用麻刀灰浆填塞脊瓦与波形瓦及泛水与波形瓦之间的空隙时，其灰浆应嵌入盖瓦底面内，不得露出瓦口之外，避免灰浆干缩开裂产生渗漏

8.3.2.3 每块石棉波形瓦钉挂数量

项次	石棉瓦搁檩数	小波瓦		中波瓦		大波瓦	
		下檩	中间檩	下檩	中间檩	下檩	中间檩
1	一瓦二檩	2	—	2	—	2	—
2	一瓦三檩	2	1	2	1	2	1
3	一瓦四檩	2	1	2	2	2	2

注：檐口、山檐瓦可适当增加钉数。

8.3.3 油毡瓦屋面施工

油毡瓦是一种新型屋面防水材料，适用于防水等级为Ⅲ级、Ⅳ级的屋面防水工程。国产油毡瓦产品示意图见图 8-9。

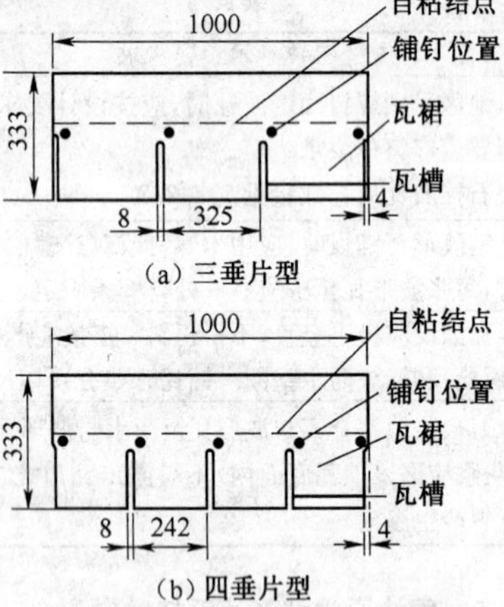

图 8-9　国产油毡瓦产品示意图

8.3.3.1　工艺流程

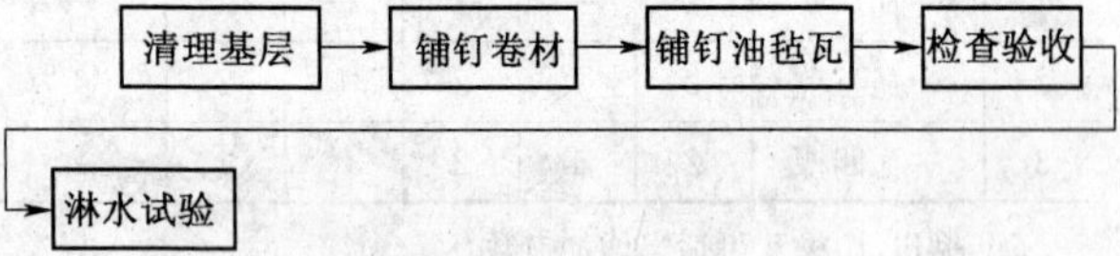

8.3.3.2　油毡瓦屋面施工操作要点

(1)细部构造操作要点

①檐口：油毡瓦屋面的檐口应设金属滴水板，其构造如图 8-10、图 8-11 所示。

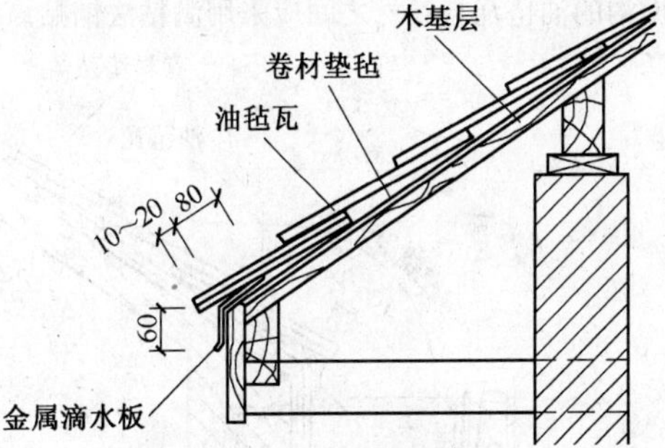

图 8-10 油毡瓦屋面檐口(一)

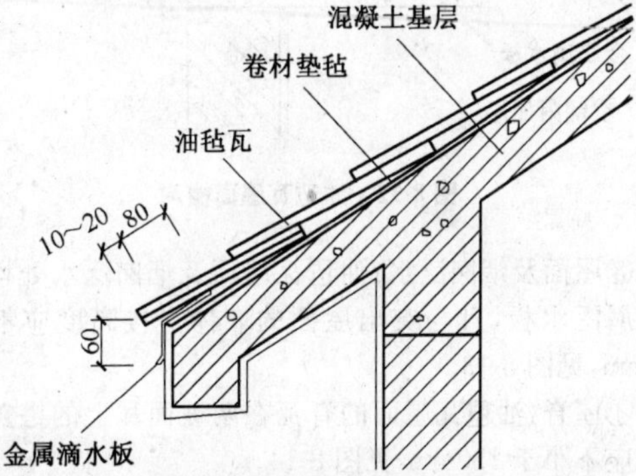

图 8-11 油毡瓦屋面檐口(二)

②檐沟:除了在檐沟内需增设附加防水层(空铺)外,并应在卷材收头部位有较好的固定密封措施,如图 8-12 所

示。檐沟的油毡瓦与卷材之间应采用满粘法铺贴。

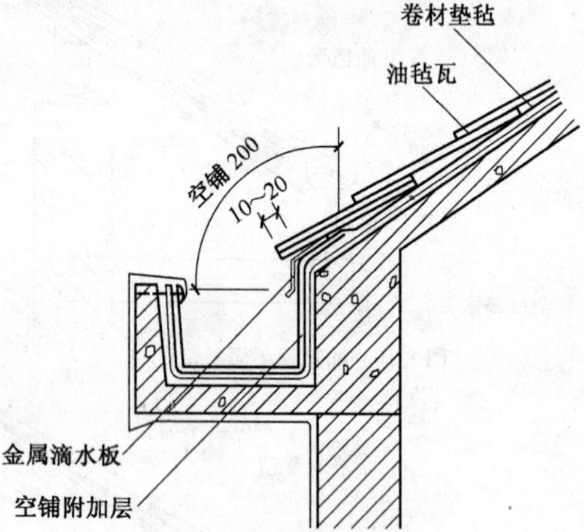

图 8-12　油毡瓦屋面檐沟

③屋面及烟囱泛水：油毡瓦屋面及烟囱泛水处均需设置金属泛水板，且与突出屋面的墙体搭接高度应不小于 250mm，见图 8-13。

④屋脊：油毡瓦屋面的脊瓦在两坡面瓦上的搭盖宽度每边应不小于 150mm，见图 8-14。

⑤屋顶窗：油毡瓦屋面与屋顶窗交接处，应采用金属排水板、窗框固定铁角、窗口防水卷材等连接方式，见图 8-15。

⑥变形缝：油毡瓦屋面在变形缝处宜采用图 8-16 所示的构造方式，附加卷材防水层需选用抗裂与延伸性较好的

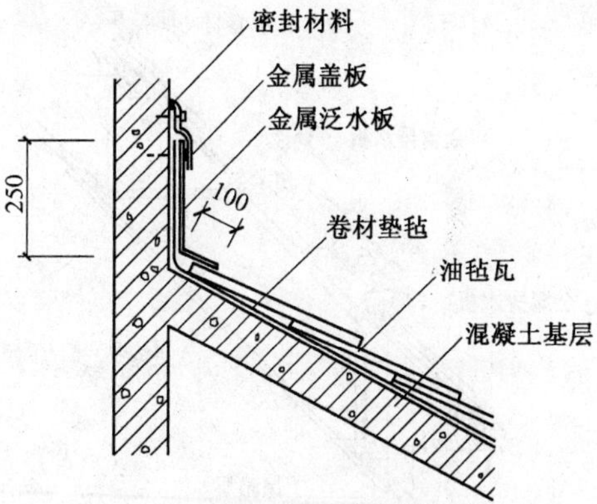

图 8-13 油毡瓦屋面泛水

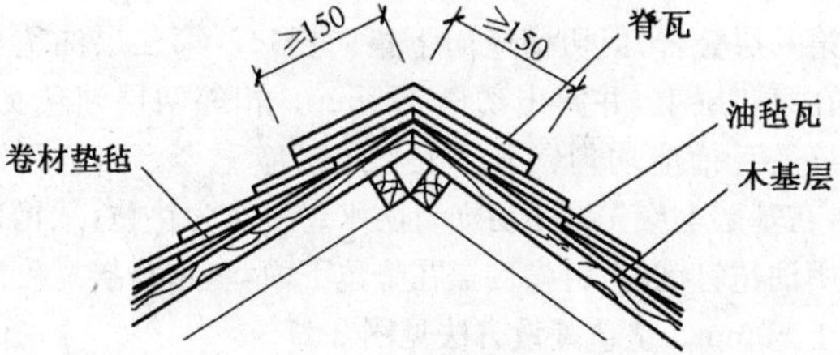

图 8-14 油毡瓦屋脊

卷材，且在外面还应覆盖和固定金属板材。变形缝的泛水高度≥250mm。

(2)整体操作要点

①铺设顺序。油毡瓦应自檐口向上铺设。第一层油毡瓦应与檐口平行，切槽应向上指向屋脊。第二层油毡瓦应

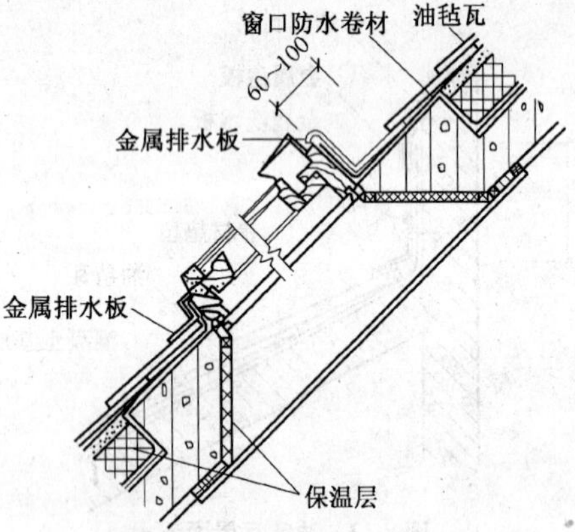

图 8-15 油毡瓦屋面屋顶窗

与第一层叠合，但切槽应向下指向檐口。第三层油毡瓦应压在第二层上，并露出切槽 125mm。相邻两层油毡瓦，其拼缝及瓦槽应均匀错开。上下层不应重合。油毡瓦铺设时，在基层上应先铺一层沥青防水卷材作为垫毡，从檐口往上用油毡钉铺钉，钉帽应盖在垫毡下面，垫毡搭接宽度应不小于 50mm。垫毡铺设方法见图 8-17。

②固定方法。油毡瓦铺设在木基层上时，可用油毡钉固定；油毡瓦铺设在混凝土基层上时，可用射钉与冷玛帝脂胶粘固定(图 8-18)。每片油毡瓦的固定应不少于 4 个油毡钉，油毡钉应垂直钉入，钉帽不得外露油毡瓦表面(图 8-19)。当屋面坡度大于 15%时，应增加油毡钉或采用沥青胶粘贴。

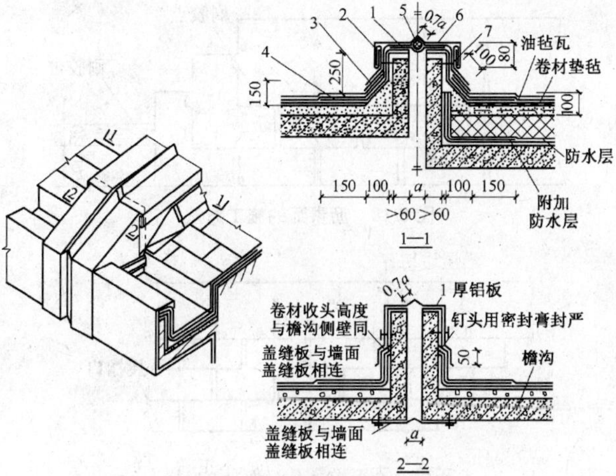

图 8-16 屋面变形缝

1、3、4. 厚高聚物改性沥青卷材(托棒用) 2. 密封膏封严
5. 聚乙烯泡沫塑料棒 6. 厚铝板 7. 水泥钉@500

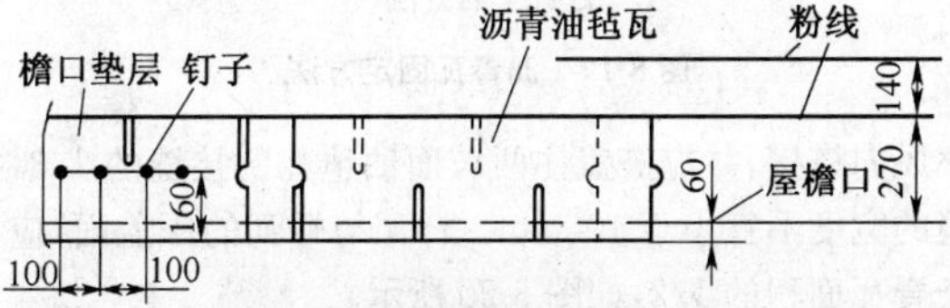

图 8-17 铺设檐口垫层的施工方法

③脊瓦的铺设。铺设脊瓦时,应将油毡瓦沿切槽剪开,分成四块做脊瓦,并用两个油毡钉固定。脊瓦应顺年最大

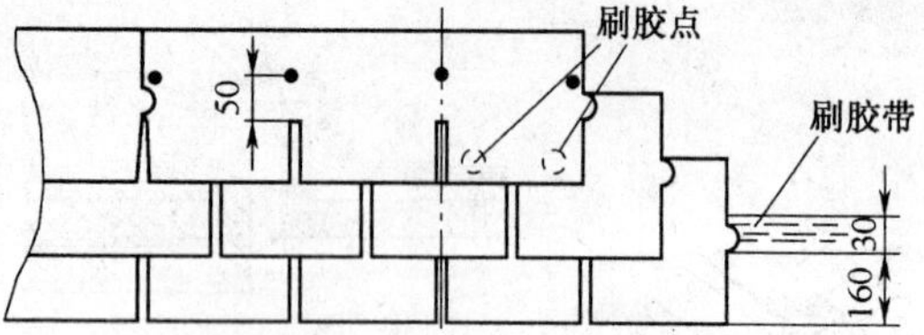

图 8-18　沥青瓦的施工方法

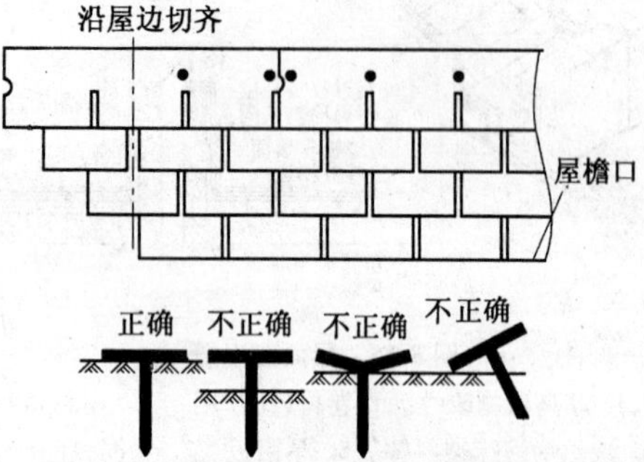

钉钉子的方法

图 8-19　沥青瓦固定方法

频率风向搭接，并应搭盖住两坡面油毡瓦的接缝的 1/3，搭接缝的宽度不宜小于 100mm。脊瓦与脊瓦的压盖面，应不小于脊瓦面积的 1/2，如图 8-20 所示。

④突出屋面结构的处理。屋面与突出屋面结构的连接处，油毡瓦应铺贴在立面上，其高度应不小于 250mm。突出屋面的烟囱、管道等处，应先做二毡三油垫层，待铺瓦后，

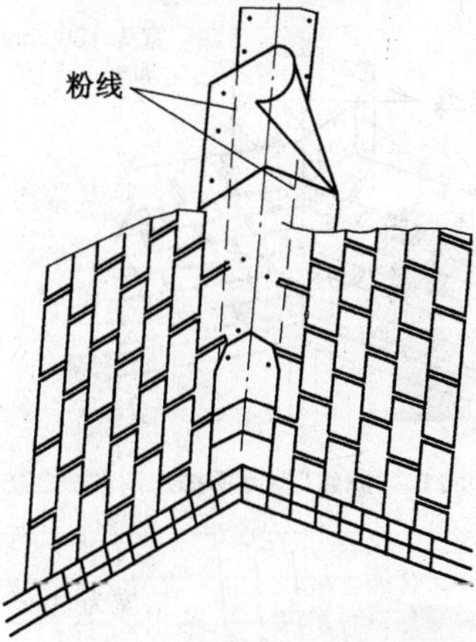

图 8-20 脊瓦的铺设方法

再用高聚物改性沥青防水卷材做单层防水。

女儿墙泛水处，油毡瓦可沿基层与女儿墙的八字坡铺贴，并用镀锌钢板覆盖，钉入墙内预埋木砖上；泛水上口与墙间的缝隙应用密封材料封严。

⑤排水沟处理。在排水沟处要首先铺设 1～2 层卷材做附加防水层，之上再安装油毡瓦。油毡瓦相互覆盖“编织”(图 8-21)。对于暴露的屋面排水沟处，沿屋面排水沟自下向上铺一层宽为 500mm 防水卷材，在卷材两边相距 25mm 处钉钉子进行固定，在屋檐口处切齐防水卷材，见图 8-22。

需要纵向搭接时，上面一层与下面一层的搭接宽度不

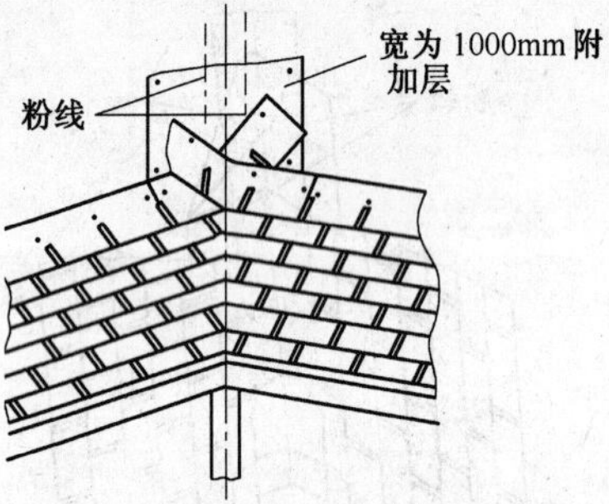

图 8-21 “编织”型屋面排水沟的施工方法

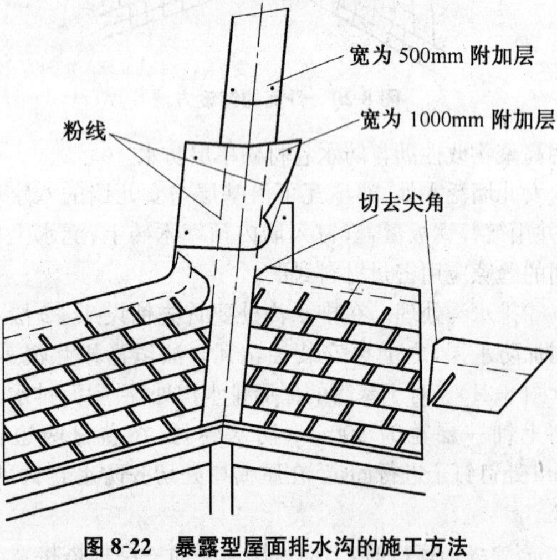

图 8-22 暴露型屋面排水沟的施工方法

小于 200mm,并在搭接处宜涂刷橡胶沥青冷胶粘剂。

还有一种如图 8-23 所示的搭接型排水沟处理方法。首先同样是铺卷材,随后在排水沟中心线两侧 150mm 处分别弹两条线,铺油毡瓦首先铺主部位,每一层油毡瓦都要铺过屋面排水沟中心线 300mm,钉子钉在线外侧 25mm 处,完成主屋面后再铺辅部位。

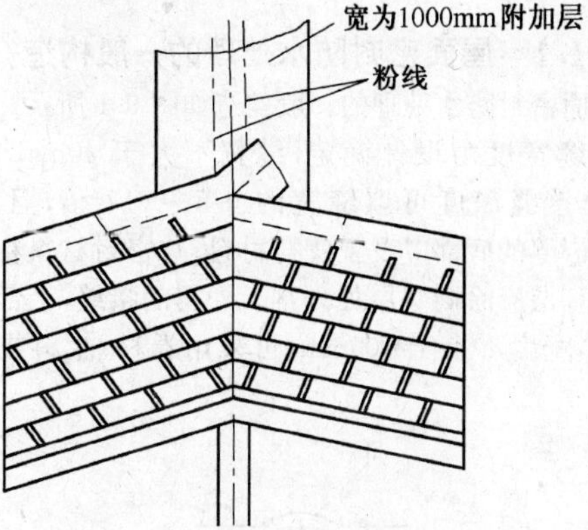

图 8-23 搭接型屋面排水沟的施工方法

9 密封与堵漏

9.1 屋面接缝密封

9.1.1 屋面密封防水处理的一般构造

屋面密封防水处理的一般构造如图 9-1 所示。密封防水的接缝宽度由设计确定，缝宽不大于 40mm，不小于 10mm。接缝深度可取缝宽的 0.5～0.7 倍，且不小于 5mm。嵌缝的底部应设置背衬材料；与密封材料粘结部位的接缝基层应涂刷基层处理剂。外露的接缝，上部宜设置保护层，宽度不小于 100mm，可采用卷材、涂料或水泥砂浆。

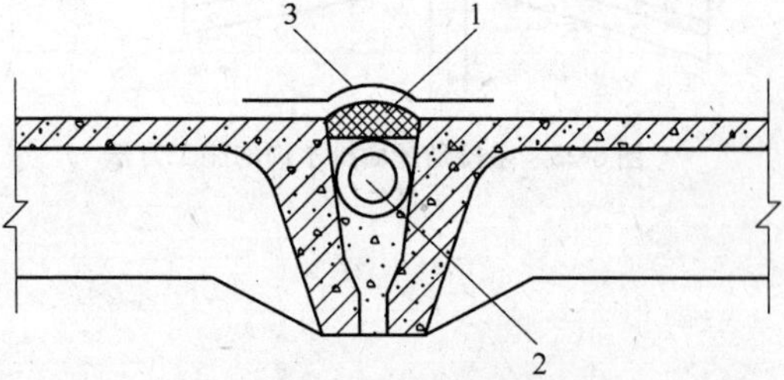

图 9-1 接缝密封防水处理

1. 密封材料 2. 背衬材料 3. 保护层

9.1.2 施工准备

9.1.2.1 屋面接缝密封材料选择

接缝种类	主要确定因素	密封材料
屋面板板缝	(1) 剪切位移 (2) 耐久性 (3) 耐热度	改性沥青、塑料油膏、聚氯乙烯胶泥
水落口杯节点	(1) 耐热度 (2) 拉伸-压缩循环性能	硅酮系
天沟、檐沟节点	同屋面板板缝	同屋面板板缝
檐口、泛水卷材收头节点	(1) 粘结性 (2) 流淌性	改性沥青、塑料油膏
刚性屋面分格缝节点	(1) 水平位移 (2) 耐热度	硅酮系、聚氨酯密封膏、水乳丙烯酸

9.1.2.2 嵌填密封材料的施工机具

机具名称	用途
钢丝刷、平铲、扫帚、毛刷、吹风机	清理接缝部位基层用
棕毛刷、容器桶	涂刷基层处理剂
铁锅、铁桶或塑化炉	加热塑化密封材料
刮刀、腻子刀	嵌填密封材料
鸭嘴壶、灌缝车	嵌填密封材料
手动或电动挤出枪	嵌填密封材料
搅拌筒、电动搅拌器	搅拌多组分密封材料
磅秤、台秤	配制时计量用

9.1.3　密封施工工艺

9.1.3.1　工艺流程

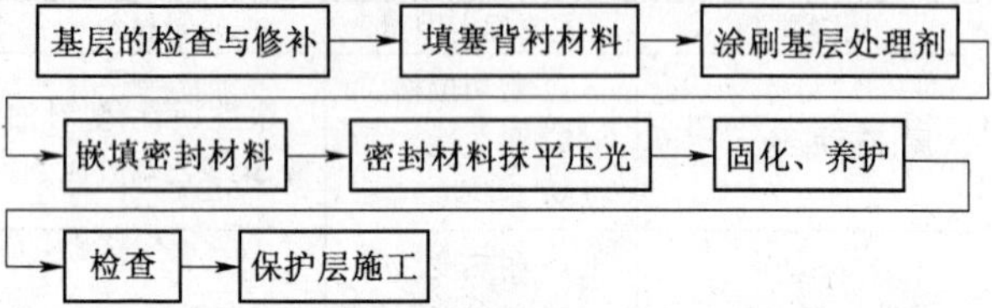

9.1.3.2　基层的检查和修补

密封防水施工前，应对基层进行检查，缝槽表面必须牢固、密实、平整，不得有蜂窝、麻面、起砂、起皮现象，否则应予清除。基层上的灰尘、砂粒、油污等均应清扫、擦拭干净。接缝处的浮浆可用钢丝刷刷除，然后用吹风机吹干净。

9.1.3.3　嵌塞背衬材料

常用背衬材料有聚乙烯泡沫塑料、沥青麻丝、油毡或其他卷材，形状有圆形、方形的棒状或片状。

填塞时，圆形的背衬材料其直径应大于接缝宽度1～2mm，如图9-2a所示。如用方形背衬材料，应与接缝宽度相同或略小于接缝宽度1～2mm；如果接缝较浅，可用扁平的隔离垫层隔离，见图9-2b。对于具有一定错动的三角形接缝，在三角形转角处，应粘贴密封背衬材料，见图9-3。

嵌塞背衬材料时，要在接缝边缘粘贴遮挡胶条，防止密封材料受到损坏或污染。遮挡胶条与接缝边缘的距离应适中，既不应贴到缝中去，也不要离接缝距离过大，详见图9-4。

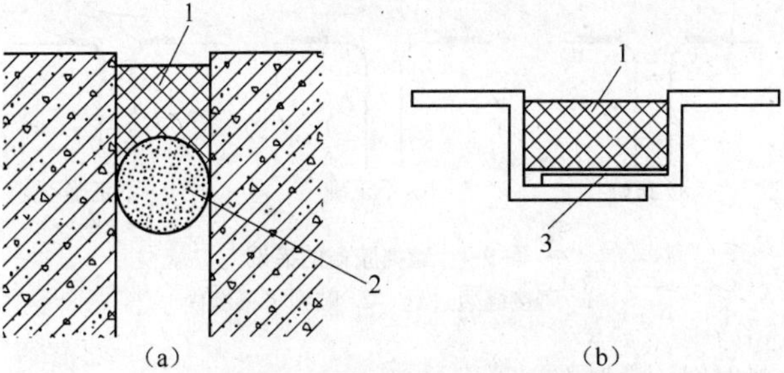

图 9-2 背衬材料和隔离垫层的嵌填

1. 密封材料 2. 背衬材料 3. 扁平隔离垫层

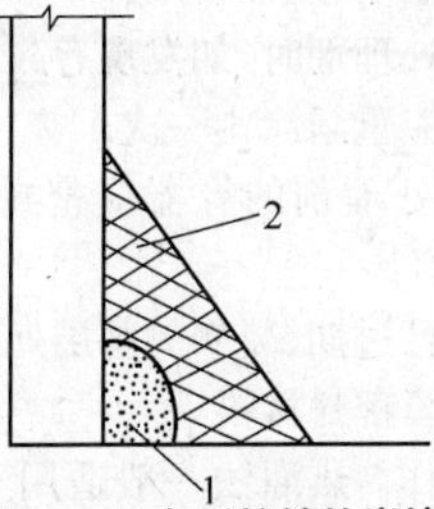

图 9-3 三角形接缝的嵌填

1. 背衬材料 2. 密封材料

9.1.3.4 涂刷基层处理剂

(1)基层处理剂有单组分和双组分两种。双组分的配合比,应按产品说明书中的规定执行。同时要考虑有效时间内的使用量,不得多配,以免浪费。单组分基层处理剂要摇匀后使用。基层处理剂干燥后应立即嵌填密封材料,干

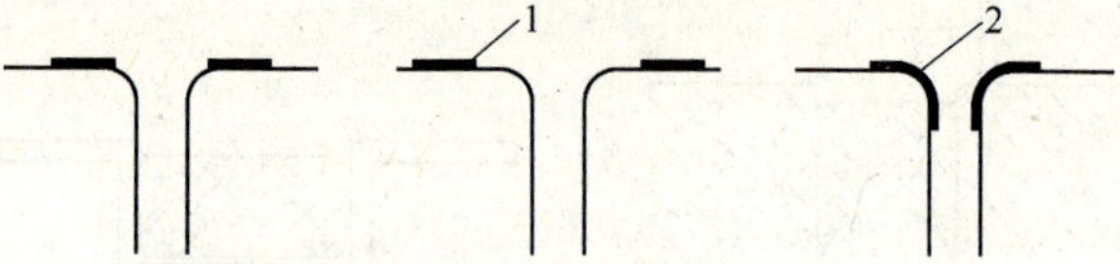

图 9-4 遮挡胶条的铺设

1. 离接缝边过远 2. 贴到了接缝内

燥时间一般为 20～60min。

(2)基层处理剂要选用大小合适的刷子涂刷，使用完后，应用溶剂洗净刷子，以便再用。

(3)涂刷基层处理剂时，如发现有露白或涂刷后间隔时间超过 24h 时，则应重新涂刷一次。

(4)贮存基层处理剂的容器应密封，用后即应加盖封严，防止溶剂挥发。

(5)不得使用已过期、凝聚的基层处理剂。

9.1.3.5 嵌填密封材料

(1)热灌法操作。热灌法一般适用于平面接缝的密封防水处理。采用热灌法工艺施工的密封材料，需在现场塑化或加热，加热时，先将热塑性密封材料装入锅中，装入量以锅容量的 2/3 为宜，然后用文火缓慢加热，使其熔化，并随时用棍棒进行搅拌，使锅内材料升温均匀，以免锅底材料温度过高而老化变质。

密封材料的熬制温度及浇灌温度应按不同类型材料的要求严格控制。在加热过程中，要注意温度变化，可用

200℃～300℃的棒式温度计测量温度。测温方法是:将温度计插入锅中心液面下 100mm 左右,并不断轻轻搅动,至温度计停止升温时,便测得锅内材料的温度。加热温度一般为 110℃～130℃,最高不得超过 140℃。加热到规定温度后,应立即运至现场进行浇灌,浇灌时的温度不宜低于 110℃,若运输距离过长时,应采用保温桶运输。

当屋面坡度较小时,可采用特制的灌缝车(图 9-5a)或塑化炉灌缝,以减轻劳动强度,提高工效。檐口、山墙等节点部位灌缝车无法使用或灌缝量不大时,宜采用鸭嘴壶(图 9-5b)浇灌。灌缝时应从最低标高处开始向上连续进行,尽量减少接头。一般先灌垂直于屋脊的板缝,后灌平行于屋脊的板缝。纵横交叉处,在灌垂直屋脊时,应向平行屋脊缝两侧延伸 150mm,并留成斜槎。灌缝应饱满,略高出板缝,并浇出板缝两侧各 20mm 左右。灌垂直于屋脊板缝时,应对准缝的中部浇灌;灌平行于屋脊板缝时,应靠近高侧浇灌,如图 9-6 所示。灌缝完毕后,应立即检查密封材料与接缝两侧面的粘结是否良好,有无气泡,若发现有脱开现象和气泡存在,应用喷灯或电烙铁烘烤后压实。

(2)冷嵌法操作。多组分密封材料现场配制时,要根据规定的配合比准确称量,拌合均匀。每次拌合量、拌合时间、拌合温度应按不同材料的规定执行。单组分密封材料在现场拌合均匀后,采用挤出枪施工的可直接使用。

冷嵌法施工大多采用手工操作,用腻子刀或刮刀嵌填,较先进的有采用电动或手动嵌缝枪进行嵌填的。

用腻子刀嵌填时,先用刀片将密封材料刮到接缝两侧

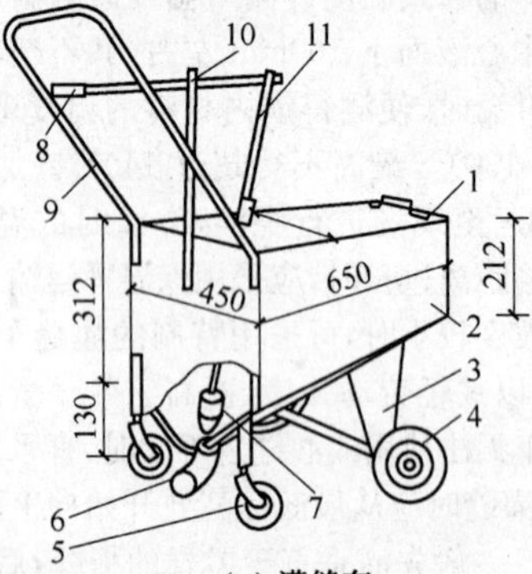

（a）灌缝车

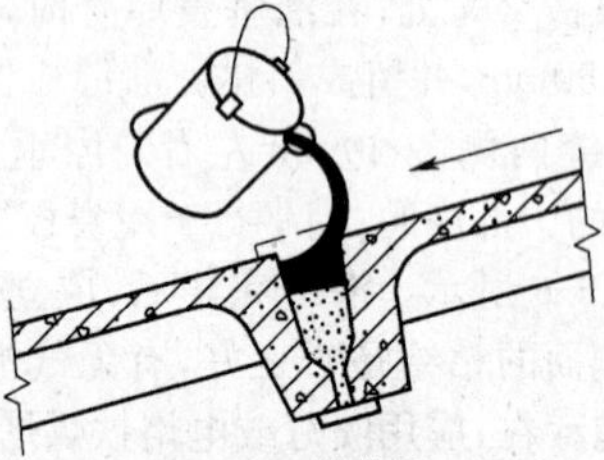

（b）鸭嘴桶

图 9-5　灌缝车与鸭嘴桶

1. 盖　2. 双层保温车身，间隙 25mm，内填保温材料，有效容积 50L　3. 支架　4. ϕ200 硬胶轮　5. ϕ75 硬胶轮　6. ϕ60 出料口　7. 柱塞　8. 操纵杆　9. 车把　10. 支柱　11. 柱塞杆

的粘结面，然后将密封材料填满整个接缝。嵌填时应注意

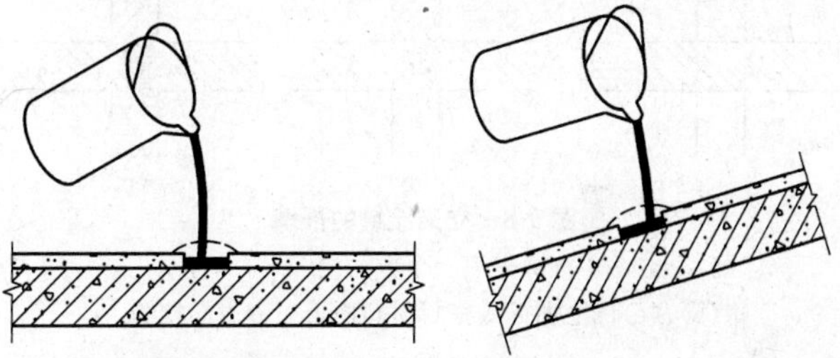

(a) 灌垂直屋脊板缝　　(b) 灌平行屋脊板缝

图 9-6　密封材料热灌法施工

不让空气混入密封材料中，并要嵌填密实饱满。采用挤出枪施工时，应根据接缝的宽度选用合适的枪嘴。若采用筒装密封材料，可把包装筒的塑料嘴斜切开作为枪嘴。嵌填时，把枪嘴贴近接缝底部，并朝移动方向倾斜一定角度，边挤边以缓慢均匀的速度使密封材料挤出从底部充满整个接缝，如图 9-7 所示。

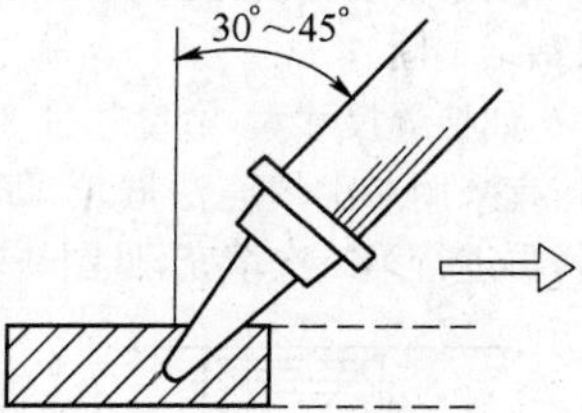

图 9-7　挤出枪嵌填

嵌填接缝的交叉部位时，先填充一个方向的接缝，然后把枪嘴插进交叉部位已填充的密封材料内，填好另一方向的接缝，见图 9-8。

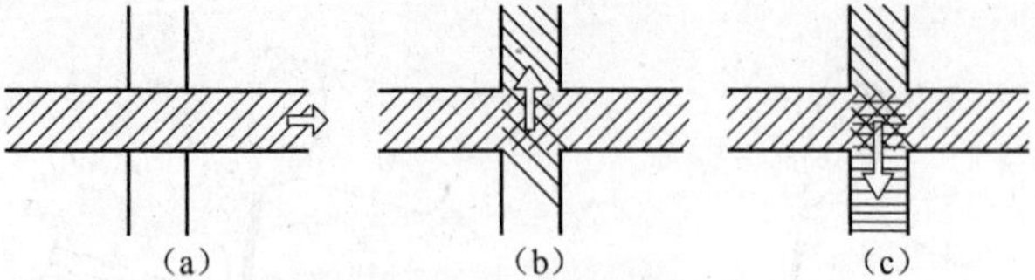

图 9-8　交叉接缝的嵌填

(a)先填一个方向接缝

(b)、(c)将枪嘴插入密封材料内填另一方向接缝

密封材料衔接部位的嵌填，应在已嵌好的密封材料固化前进行。嵌填时应将枪嘴移动到已嵌填好的密封材料内重复填充。以保证衔接部位的密实饱满。

填充接缝端部时，只需要填到离顶端 200mm 处，然后从顶端向已填好的方向填充，确保接缝端部密封材料与基层粘结牢固。

如接缝尺寸大，宽度超过 30mm，或接缝底部是圆弧形时，宜采用二次填充法嵌填，即待先填充的密封材料固化后，再进行第二次填充，见图 9-9。

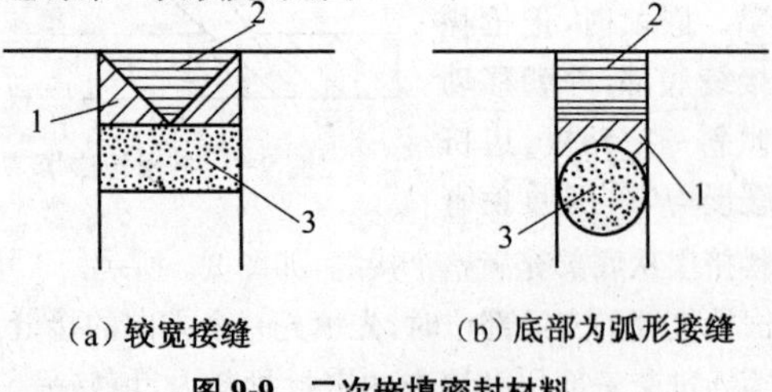

图 9-9　二次嵌填密封材料

1. 第一次嵌填　2. 第二次嵌填　3. 背衬材料

9.1.3.6 抹平压光、固化、养护

嵌填完的密封材料未干前，用刮刀压平与修整。压平时应稍用力，朝与嵌填时枪嘴移动相反的方向进行，不要来回揉压。压平一结束，即用刮刀朝压平的反方向缓慢刮压一遍，使密封材料表面平滑。压平整修完毕后，应立即揭除遮挡胶条。

嵌填完毕的密封材料应养护2～3d，在养护期内不得碰损或污染密封材料。在固化后的密封材料上，一般不宜做饰面。

最后应按设计要求做保护层，设计无要求时，可使用密封材料稀释剂作涂料，衬加一层胎体增强材料，做成宽度为200～300mm的一布二涂的涂膜保护层。

9.2 防 水 堵 漏

9.2.1 地下工程堵漏施工

地下工程出现渗漏水的主要原因是由于结构层存在孔洞、裂缝和毛细孔等造成孔洞漏水、裂缝漏水、防水面渗水或是上述几种渗漏水的综合。因此，堵漏前必须查明其原因，确定其位置，弄清水压大小，根据不同情况采取不同措施。堵漏的原则是先把大漏变成小漏、缝漏变成点漏、片漏变成孔漏，然后堵住漏水。

9.2.1.1 孔洞堵漏方法

(1)直接堵塞法。一般在水压不大、孔洞较小的情况

下，根据渗漏水量大小，以漏点为圆心剔成凹槽，凹槽壁尽量与基层垂直，并用水将凹槽冲洗干净。用配合比 1∶0.6 的水泥胶浆捻成与凹槽直径相接近的锥形体，待胶浆开始凝固时，迅速将胶浆用力堵塞于凹槽内，并向槽壁挤压严实，使胶浆立即与槽壁紧密结合，堵塞持续半分钟即可，随即按漏水检查方法进行检查，确认无渗漏后，再在胶浆表面抹素灰和水泥砂浆一层，最后进行防水层施工。

(2)下管堵漏法。水压较大，漏水孔洞也较大，可按下管堵漏法处理，如图 9-10 所示。先将漏水处剔成孔洞，深度视漏水情况决定，在孔洞底部铺碎石，碎石上面盖一层与孔洞面积大小相同的油毡或铁片，用一胶管穿透油毡到碎石中。若是地面孔洞漏水，则在漏水处四周砌筑挡水墙，用胶管将水引出墙外，然后用促凝剂水泥胶把胶管四周孔洞一次灌满。待胶浆开始凝固时，用力在孔洞四周压实，使胶浆表面低于地面约 10mm，表面撒干水泥粉检查无漏水时，拔出胶管，再用直接堵塞法将管孔堵塞。最后拆除挡水墙，表面刷洗干净，再按防水要求进行防水层施工。

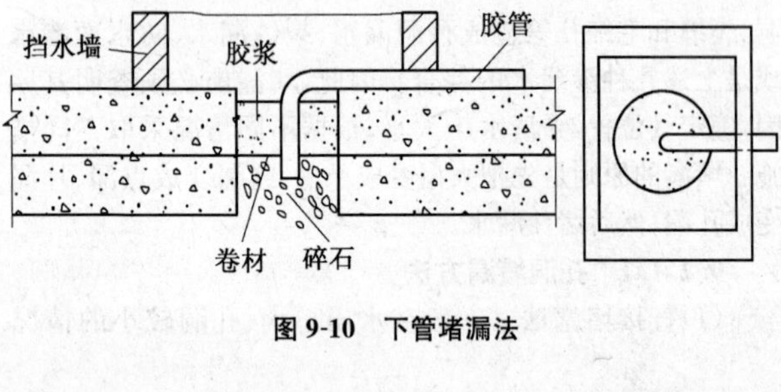

图 9-10 下管堵漏法

(3)木楔子堵塞法。适用于水压很大(水位在 5m 以上),漏水孔洞不大的情况,如图 9-11 所示。先将漏水处剔成孔洞,把孔洞四周松散石子剔除干净。用水泥胶浆把一铁管稳牢在漏水处剔成的孔洞内,根据漏水量大小决定铁管直径,铁管一端打成扁形,用水泥胶浆把铁管埋设在孔洞中心,使铁管顶端低于基层表面 30～50mm。按铁管内径制作一个木楔,木楔表面应平整,并涂刷冷底子油一道。待水泥胶浆凝固一段时间后(约 24h),将沥青浸渍过的木楔打入铁管内把水堵住,楔顶距铁管上端约 30mm。用促凝剂水泥砂浆(水灰比约为 0.3),把楔顶上部空隙填实。经检查无漏水现象后,随同其他部位一道做好防水层。

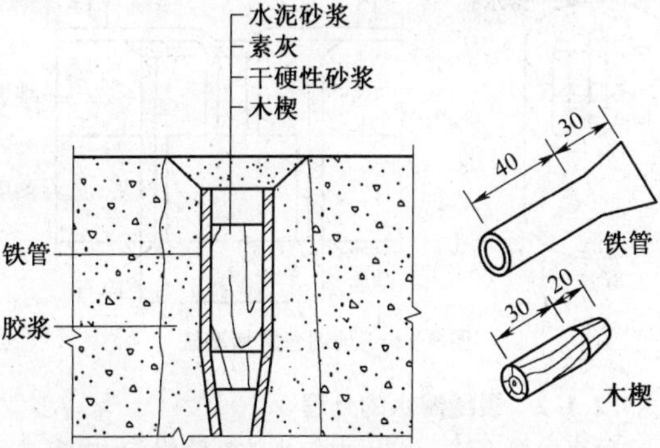

图 9-11 木楔堵塞法

(4)预制套盒堵漏法。在水压较大,漏水严重,孔洞较大时,可采用预制套盒堵漏法处理。将漏水处剔成圆形孔洞,在孔洞四周筑挡水墙。根据孔洞大小制作混凝土套盒,套盒外半径比孔洞半径小 30mm,套盒壁上留有数个进水孔及出水孔。套盒外壁做好防水层,表面做成麻面。在孔洞底部铺碎石及芦席,将套盒反扣在孔洞内。在套盒与孔壁的空隙中填入碎石及胶浆,并用胶管插入套盒的出水孔,将水引到挡水墙外。在套盒顶面抹好素灰、砂浆层,并将砂浆表面扫成毛纹。待砂浆凝固后拔出胶管,按“直接堵塞法”的要求将孔眼堵塞,最后随同其他部位按要求做防水层,如图 9-12 所示。

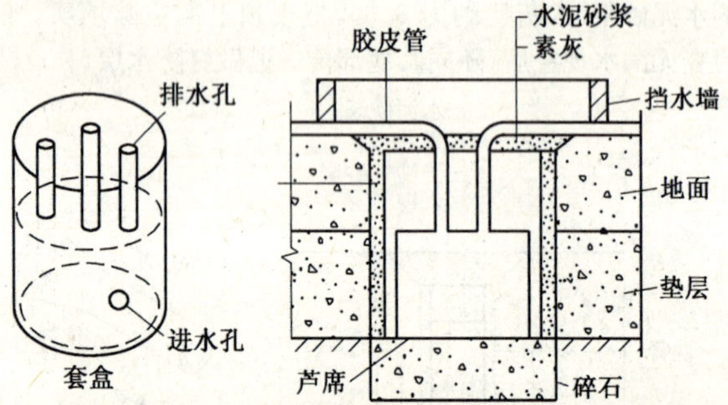

图 9-12 预制套盒堵塞法

9.2.1.2 裂缝渗水的处理

(1)直接堵塞法。水压力较小的裂缝慢渗、快渗或急流漏水,可采用直接堵塞法处理,如图 9-13 所示。先以裂缝为中心沿缝方向剔成八字形边坡沟槽,并清洗干净,把拌合好的水泥胶浆捻成条形,待胶浆快要凝固时,迅速填入沟槽中，向槽内或槽两侧用力挤压密实，使胶浆与槽壁紧密结合，若裂缝过长可分段进行堵塞。堵塞完毕经检查无渗现象，用素灰和砂浆把沟槽抹平并扫成毛面，凝固后(约 24h)随同其他部位一起做好防水层。

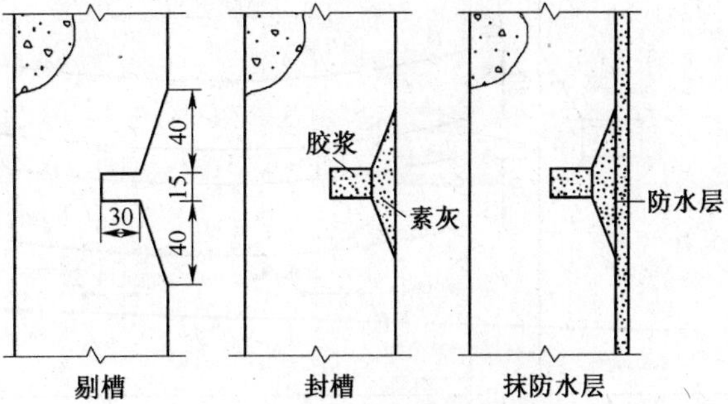

图 9-13 裂缝漏水直接堵塞法

(2)下线与下钉堵漏法。适用于水压较大的慢渗或快渗的裂缝漏水处理。先按裂缝漏水直接堵塞法剔好沟槽，在沟槽底部沿裂缝放置一根小绳(直径视漏水量确定)，长度为 200～300mm，将胶浆和绳子填塞于沟槽中，并迅速向两侧压密实。填塞后，立即把小绳抽出，使水顺绳孔流出。裂缝较长时可以分段逐次堵塞，每段间留 20mm 的空隙。根据漏水量的大小，在空隙处采用“下钉法”或“下管法”以缩小孔洞。下钉法是把胶浆包在钉杆上，如图 9-14 所示插于空隙中，迅速把胶浆往空隙四周压实，同时转动钉杆立即拔出，使水顺钉孔流出。漏水处缩小成绳孔或钉孔后，经检查除钉眼处外其他无渗水现象时，沿沟槽抹素灰、水泥砂浆各一层，待凝固后，再按“孔洞漏水直接堵塞法”将钉眼堵塞。随后可进行防水层施工。

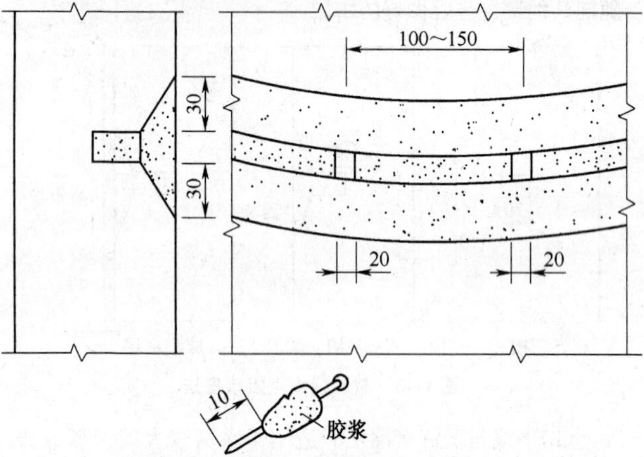

图 9-14　下钉堵塞法

(3)墙角压铁片堵漏法。此法适用于水压较大的裂缝急流漏水的情况。如图 9-15 所示，把漏水处剔成八字形边坡沟槽，尺寸可根据漏水量确定。在沟槽底部扣上半圆铁片，每隔 500～1000mm 放一个带圆孔的半圆铁片，将胶管插入铁片的孔内。按裂缝漏水直接堵塞法分段堵塞，漏水顺胶管流出。施工完后经检查无渗漏后，在裂缝处抹 1～2 层防水层，待防水层凝固后拔出胶管，按孔洞漏水直接堵塞法将管眼塞好即可。

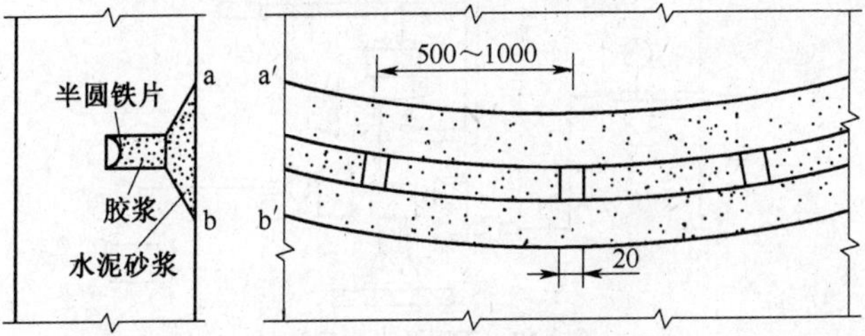

图 9-15 压铁片堵漏法

(4)氰凝(聚氨酯)类灌浆堵漏法。

①灌浆设备:分为风压灌浆和手压泵灌浆两类,图 9-16 所示,是风压灌浆示意图;手压泵灌浆示意图见图 9-17;注浆嘴形式见图 9-18。

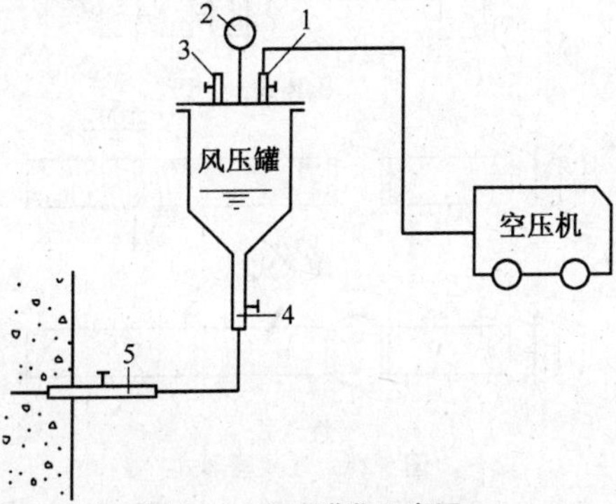

图 9-16 风压灌浆示意图

1. 进风口 2. 压力表 3. 进浆口 4. 出浆口 5. 注浆嘴

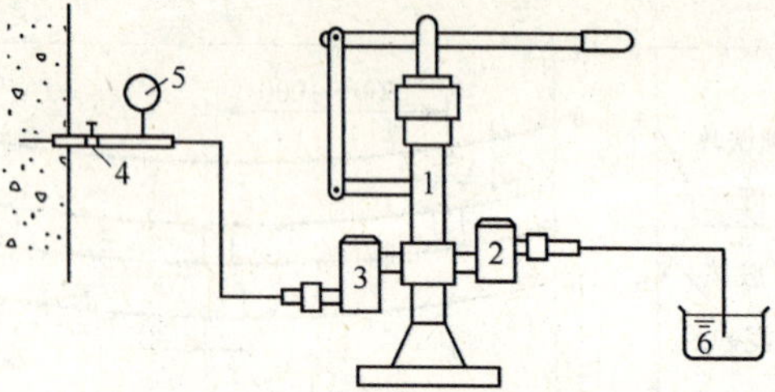

图 9-17　手压泵灌浆示意图

1. 手压泵　2. 吸浆阀　3. 出浆阀　4. 注浆嘴　5. 压力表　6. 贮浆器

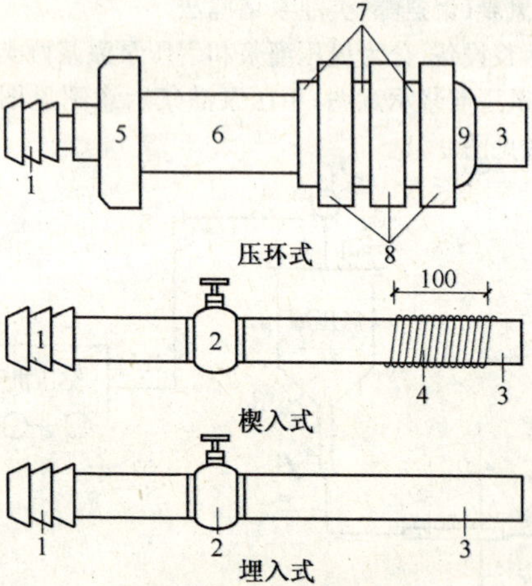

图 9-18　注浆嘴形式

1. 进浆口　2. 阀门　3. 出浆口　4. 缠麻处　5. 螺母
6. 活动套管　7. 活动压环　8. 橡胶圈　9. 固定垫圈

②灌浆堵漏施工工艺流程为：

混凝土表面处理→布置灌浆孔→埋设注浆嘴→封闭漏水部位→试灌→灌浆→检查验收

③灌浆操作要点。

a. 混凝土表面处理：将裂缝两侧混凝土剔成沟槽并清理干净，以便于封闭和观察水源，并记录裂缝大小及分布情况、漏水量与水质分析等。

b. 布置灌浆孔：灌浆孔要布置在水源和纵横裂缝交叉处，灌浆孔距离应根据裂缝大小、漏水量多少及浆液的扩散半径而定，一般为0.5～1m左右，并要交错布置，孔深不应穿透结构物。

c. 埋设注浆嘴：注浆嘴是输浆管与被灌浆部位相连接的部件。注浆嘴因埋设方法不同其构造形式有所不同。图9-19所示为埋入式注浆嘴埋设的一个实例，注浆嘴分两节，中间用阀门连接，管径视裂缝大小而定。注浆嘴埋设时，用风钻在埋设处钻出孔洞，其直径比注浆嘴的直径大30～50mm，深度不小于50mm，成孔后，用水冲洗干净，埋入半圆铁片和注浆嘴，并用快凝胶浆把注浆嘴稳固于孔洞内。

d. 封闭漏水部位：除注浆嘴内漏水外，其他凡有漏水现象或有可能漏水的部位都要采取封闭措施，以免出现漏浆、跑浆现象。各种形式的渗漏水的封堵方法，按前面所述方法处理。

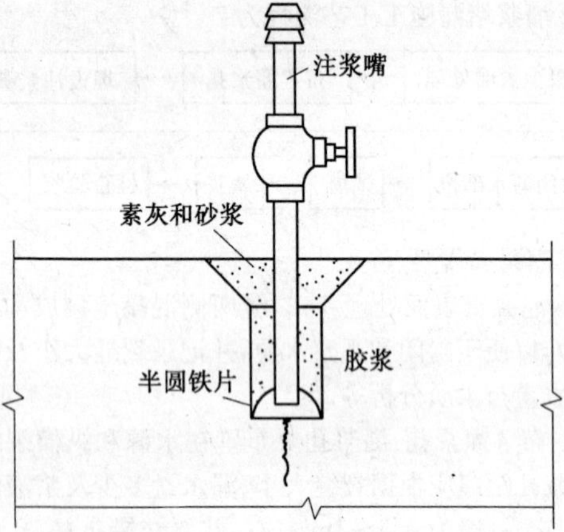

图 9-19　埋入式注浆嘴的埋设

e. 试灌：试灌应在漏水处封闭和埋设注浆嘴后并具有一定强度时进行。试灌时采用颜色水代替浆液试灌，以计算灌浆量、灌浆时间，为确定浆液配合比、灌浆压力等提供参考。同时观察封堵情况和各孔连通情况，确保灌浆正常进行。

f. 灌浆：灌浆是整个灌浆堵漏施工的重要环节。灌浆前应对灌浆系统进行全面检查，确认灌浆机具运转正常、管路畅通后方可进行灌浆。氰凝浆液采用单液灌浆形式。浆液仅需一套压泵系统，通过压力泵加压后直接压入漏水缝隙中，灌浆压力一般为 0.4～0.5MPa。灌到不再进浆时停止压浆。应先关闭注浆阀，再停止压浆，以防浆液回流堵塞管道。

g. 后期处理:灌浆结束,待浆液固结后,拔出注浆嘴并用水泥砂浆封固灌浆孔,观察灌浆堵漏效果,必要时可重复灌浆。

h. 丙凝粉剂与浆液均有一定的毒性,因此,接触粉剂的施工人员要戴好口罩及胶手套,配制浆液和灌浆时应穿工作服和胶靴,避免与皮肤接触。如已沾上粉末或浆液,应立即用肥皂水洗涤。进行灌浆施工时应通风。

灌浆材料大多易燃,施工现场要远离火源并严禁吸烟,严防火灾发生。

(5)环氧树脂类灌浆堵漏法。灌浆堵漏时应根据裂缝的宽度和深度选用灌浆设备。裂缝在 2mm 左右时,可用医用注射器灌注;细小裂缝则用毛笔涂刷;大于 2mm 的裂缝宜用刮刀满刮胶泥。当裂缝又深、又细属于贯穿裂缝时,结构需要进行补强处理,应用压力泵灌浆处理。灌浆的具体方法,与前述氰凝(聚氨酯)类灌浆堵漏法相同。

9.2.2 屋面卷材渗漏修补

9.2.2.1 探查渗漏位置

屋面卷材渗漏的通常原因是卷材防水层开裂、流淌、鼓泡、老化或构造节点损坏等,渗漏修补成功的关键是找准发生渗漏的位置。外露的防水层,渗漏的部位较易发现;当防水层上加设保护层或饰面层时,则难以查找。目前一般的方法是根据经验或在其上浇水观察,较先进的方法是采用专门仪器检查。

9.2.2.2　修复开裂的卷材

(1)沥青防水卷材破损修复。先将卷材两边各 500mm 左右宽度范围内的保护层材料铲除,用吹尘器将裂缝中的浮灰杂物吹干净,随即用快挥发性冷底子油涂刷一遍。待冷底子油干燥后,在缝中嵌填密封材料,并高出表面 1mm 左右,缝上干铺一层 300mm 宽的卷材条,其上再铺设同屋面一样的卷材防水层,如图 9-20 所示。

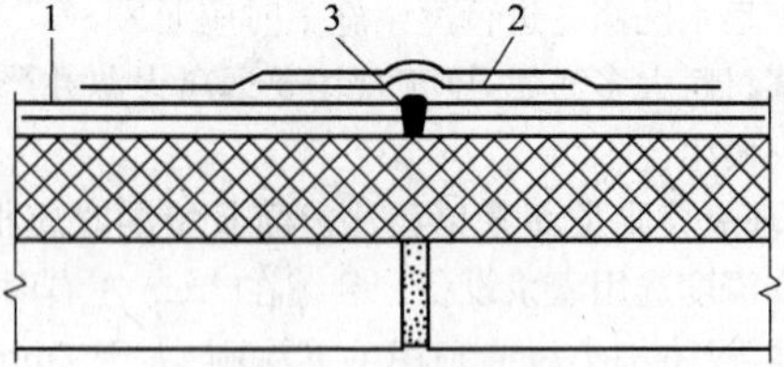

图 9-20　裂缝的维修

1. 卷材防水层　2. 干铺卷材条　3. 密封膏

当裂缝转弯时,干铺卷材应切断,再另搭接一条,搭接长度不小于 100mm。卷材铺贴时,应顺水搭接,其搭接长度不小于 150mm。卷材两边一定要封贴密实,不得有翘边。

(2)改性沥青卷材破损修复。先将破损部位展平,必要时可剪除破损的残边,采用与铺贴屋面相同的热熔法,在破损部位覆盖一块"补丁",周边一定要热熔粘贴严密。

9.2.2.3　沥青防水卷材防水层流淌的维修

先将局部因流淌而拉开脱空和皱褶严重的卷材切除,保留平整部分的卷材。把切除处的沥青玛帝脂铲除干净,并将切口周围150mm左右范围内的保护层材料铲除，再用熨烫加热法分层剥开铲除保护层下的卷材，尽量刮除剥开处的沥青玛帝脂，将待修基面清理干净。待修基面干燥后，即可涂刷冷底子油一遍，冷底子油干燥后铺贴卷材，并做保护层。铺贴时卷材应按流水方向进行搭接并封贴严密。

9.2.2.4 卷材鼓泡的维修

(1)小鼓泡的维修。先将鼓泡处及周围100mm见方的范围内的保护材料及其胶结料铲除，清扫干净后用小刀戳破鼓泡，将卷材下的空气赶出，使卷材复平。然后在铲除范围内上、左、右涂刷沥青玛帝脂(即洞口及其下方部位不粘结)，铺贴事先裁好的卷材一层，在新贴的卷材上再做保护层。维修过程中，要保证出气口及其下方不被粘结封死，使鼓泡处的水汽能自由排出，维修步骤如图9-21所示。

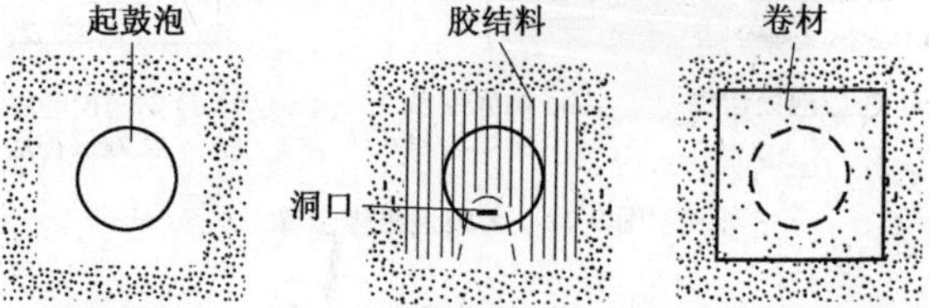

(a)清除鼓泡周围保护层材料　(b)在鼓泡处开洞口，并在上、左、右涂刷胶结料　(c)补贴卷材做保护层

图9-21　小鼓泡维修步骤

(2)大鼓泡的维修。先将鼓泡处及周围100mm见方的范围内的卷材层切除(一般切成方形或长方形)，再将切口

之外100mm范围内保留卷材上的保护层材料铲除，并尽量刮除其胶结料。然后将切口内基层面铲刮干净，待其干燥后，涂刷一道冷底子油，待冷底子油干燥后，在切口处铺贴卷材。底层卷材同切口大小相同，中层卷材比切口处卷材每边各大50mm，面层卷材同铲除保护层的范围一致。若屋面只铺两层卷材，则在切口处不铺中层卷材，只贴底层卷材和面层卷材，并在面层上做保护层。维修步骤如图9-22所示。

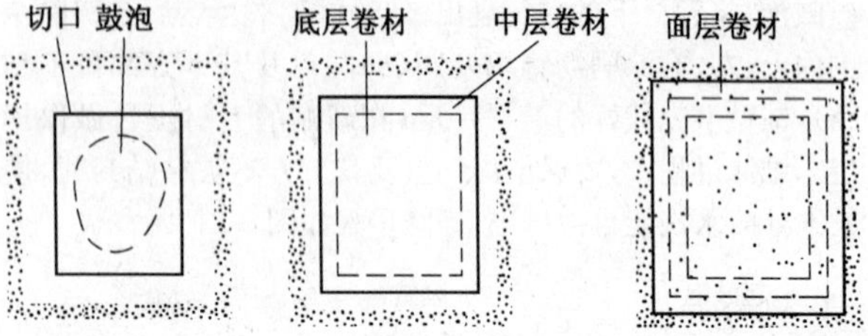

(a) 在鼓泡处切口　(b) 贴底层及中层卷材　(c) 贴面层卷材及做保护层

图9-22 大鼓泡维修步骤

9.2.3 涂膜防水层渗漏的维修

9.2.3.1 涂膜开裂维修

先将开裂处及其附近的涂膜防水层铲除，铲口周边留成斜槎，清理基层后用同样同质的防水涂料分遍涂抹，前一层涂膜干燥成膜后再涂下一遍涂料，涂到规定要求的涂膜厚度。

9.2.3.2 鼓泡维修

产生鼓泡的原因多为防水涂料质量不好，维修时，先将开裂处及其附近的涂膜防水层铲除，铲口周边留成斜槎，清理基层后用质量好的防水涂料分遍涂抹，前一层涂膜干燥成膜后再涂下一道涂料，涂到规定要求的涂膜厚度。

9.2.3.3 构造节点维修

构造节点渗漏的主要原因是胎体增强材料设置不当，密封处理不到位。维修时，应先将原处涂膜防水层铲除，清理基层，加铺胎体增强材料，再用新的防水涂料分层涂抹至要求的厚度。若密封材料开裂或剥落，应将其铲除干净，用新的密封材料嵌填。

9.2.4 刚性防水渗漏的修补

9.2.4.1 板面裂缝的修补

(1)灌缝法。一般可在缝中嵌灌低黏度环氧树脂、聚氨酯和丙烯酸树脂防水涂料，外面用水泥砂浆或聚合物防水砂浆抹平。其中嵌灌低黏度环氧树脂的操作工艺为：

①在裂缝处凿槽，槽宽 30mm，深 50mm，剔成上大下小的 V 形槽，如图 9-23 所示。

②用钢丝刷和吹风机将凿槽清理干净。

③将配备好的底胶均匀涂刷于整个槽面及两侧，并使其自然干燥。

④将配备好的胶料在槽内涂刷两遍，每遍间隔 24h。

⑤将配备好的胶泥嵌填于槽内，嵌填深度约 20mm。

⑥嵌缝经检查合格后，用 1∶2 水泥砂浆压缝，要求抹

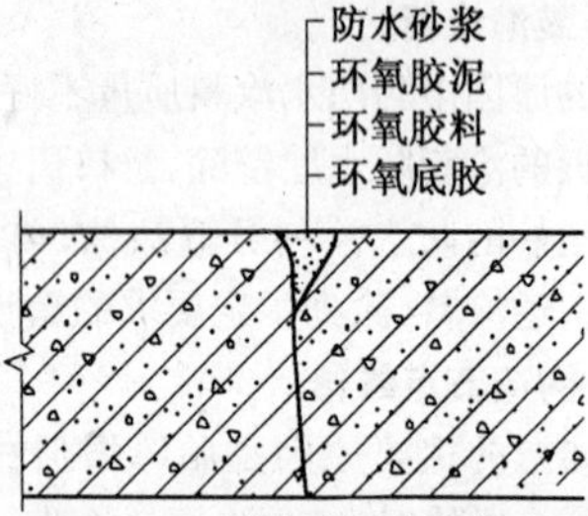

图 9-23 刚性裂缝修补方法

平压光；也可以用掺氯丁胶乳等聚合物水泥砂浆填平，胶乳量为水泥用量的 15%～20%。

(2)封闭法。可用玻璃丝布及粘结性能良好的防水涂料进行封闭贴缝，常用防水涂料有聚氨酯、氯丁胶乳、硅橡胶等，操作工艺为：

①在裂缝处凿槽，槽宽 15～30mm，深 20～25mm，剔成上大下小的 V 形槽，并清理干净。

②用钢丝刷和吹风机将凿槽清理干净。

③在剔凿好的槽内涂刷两遍防水涂料，每遍间隔 4～6h。

④用防水涂料与水泥配备成防水腻子，嵌填于槽内，用铲刀刮平。

⑤清理缝两侧各 50mm 的平面，做成一布三涂防水层覆盖修好裂缝。

⑥嵌缝经检查合格后，在防水层表面涂刷银粉涂料或 AAS 浅色涂料做保护层。

9.2.4.2 屋面板缝的维修

维修时，先将脱落或粘结不好的油膏或胶泥挖掉，把断面修成斜槎，将基层重新按要求处理好后，先涂一层底胶（密封胶＋稀释剂），再嵌入新油膏，要与缝壁粘结良好，并高出板缝10mm，缝两边各宽出20mm。

9.2.4.3 板面风化麻面的修补

板面风化麻面的修补可以采取涂刷防水涂料或刮涂聚合物水泥砂浆的方法进行修补。

9.2.5 厕浴间渗漏的修补

9.2.5.1 下水管接口处漏水的维修

下水管接口处漏水的多数原因是下水管接口处未用油麻丝或密封材料封严。修补时，应在立管一定范围内刨开地面，将接口处用油麻丝缠紧，随后用密封材料嵌严，外面用聚合物水泥砂浆抹面，最后将刨开的地面用水泥砂浆修补好，恢复地面。

9.2.5.2 管根处渗漏的维修

管根处漏水，可以将管根处凿开，沿管根周围凿成凹槽，最好凿至原防水层，找到破损处用防水涂料修补好，并用密封材料嵌严，最后用聚合物水泥砂浆抹面。

9.2.5.3 墙、地面渗漏的修补

厕、浴间墙、地面的渗漏处理时，使用的防水材料一定要与旧防水层材料相同，以利于新老防水层牢固地粘结在一起。厕、浴间墙、地面的渗漏的维修，首先要认真查明原因，然后用前述相应的方法进行根治。

10 厕浴间防水施工

10.1 厕浴间防水要求及施工准备

10.1.1 厕浴间防水等级与防水层构造

项　目	Ⅰ类 （重要的工业与民用公共建筑或民用高层建筑）	Ⅱ类 （一般的工业与民用公共建筑）
防水层选材	宜选用单组分聚氨酯防水涂料、聚合物水泥防水涂料（Ⅰ型）等材料	宜选用聚合物水泥防水涂料（Ⅱ型）等材料
防水层构造	单层柔性防水或采用刚柔复合防水	单层柔性防水
防水层厚度	≥1.5mm	

10.1.2 厕浴间防水涂料性能质量要求

序号	项　目	单组分聚氨酯防水涂料		聚合物水泥防水涂料	
		L	H	Ⅰ型	Ⅱ型
1	固体含量（%）≥	80		65	

续表

序号	项目		单组分聚氨酯防水涂料		聚合物水泥防水涂料	
			L	H	Ⅰ型	Ⅱ型
2	干燥时间	表干时间(h)≤	12		4	
3		实干时间(h)≤	24		8	
4	拉伸强度(无处理)(MPa)≥		1.9	2.45	1.2	1.8
5	断裂伸长率(无处理)(%)≥		350	450	200	80
6	低温柔性 ϕ10mm 棒		-40℃弯折无裂纹		-10℃无裂纹	—
7	不透水性,0.3MPa,30min		不透水		不透水	不透水
8	潮湿基面粘结强度(MPa)≥		—		0.5	1.0

注:L 指低强度高延伸率型,H 指高强度低延伸率型。

10.1.3 涂膜防水基层的要求

项次	项目	基本要求
1	坡度	按设计要求检查地面、地漏四周、立管周围的排水坡度。厕浴间地面排水坡度应控制在 2%～3%,地漏周围的排水坡度宜不小于 5%
2	平整度	不平整的找平层很容易造成防水涂膜的厚度不均匀和涂层表面积水,从而降低防水能力。涂膜施工前,用 2m 靠尺检查找平层,最大间隙不大于 3mm,但允许间隙平缓变化,且每 1m 长度范围内不得多于一处。平整度要求包括顺坡度方向和垂直坡度方向

续表

项次	项目	基本要求
3	强度	为保证涂膜与基层表面粘结牢固，要求找平层应有足够的强度，表面光滑，不起砂，不起皮。对于不满足强度要求的基层，应将低强度的表面凿除，用聚合物砂浆或其他高粘结性砂浆修补平整
4	含水率	基层含水率是影响涂膜质量的重要因素，在涂膜施工前必须检查基层含水率。由于各种涂料对含水率要求不同，因而应根据所选用防水涂料的品种和要求，确定基层含水率是否满足要求。一般情况下，溶剂型防水涂料比水乳型防水涂料的允许基层含水率要低一些，宜不大于6%
5	表面清洁	表面杂物、油污、灰尘、砂子、凸出表面的石子、砂浆疙瘩等应清除干净，清扫工作必须在施工中随时进行
6	修补	若找平层平整度超过规定要求，则应将凸起部位铲平，低凹处应用1∶2.5水泥砂浆掺15%（与水泥质量之比）的108胶补抹；较薄时，应用掺108胶的水泥浆涂刷；找平层为沥青砂浆时，则用热沥青胶结材料或沥青砂浆补抹 起砂、起皮处应将表面清除，用掺入15%的108胶的水泥砂浆涂刷，并抹平压光；对小于0.5mm的裂缝用密封材料刮封，其厚度为2mm，宽度为30mm，上铺一层隔离条；对宽度超过0.5mm的裂缝，应沿裂缝将找平层凿成V形缝，其上口宽20mm、深15～20mm，清扫干净，缝中嵌密封材料，再沿缝做100mm宽的涂料层

10.1.4　厕浴间防水施工准备

10.1.4.1　材料准备和机具准备

施工所使用的防水涂料、胎体增强材料及其他辅助材料均应按设备要求选购进场，进场防水涂料要按规定进行抽样复检，不合格的材料不能使用。

涂膜防水施工的机具准备参见 7.2.2.1。

10.1.4.2 做样板间

涂料施工前，应根据设计要求和操作工艺先试做样板间，用以确定涂膜实际厚度和实际涂刷遍数，经质检技术部门鉴定合格后，再进行大面积施工。

在施工过程中，涂料的黏度必须有专人负责，不得任意加入稀释剂或水。

10.1.4.3 作业条件

(1)防水层施工前，所有管件、卫生设备、地漏等必须安装牢固，接缝严密。上水管、热水管、暖气管应加套管，套管应高出基层 20～40mm，并在做防水层前于套管处用密封材料嵌严。管道根部应用水泥砂浆或豆石混凝土填实，并用密封材料嵌严。

(2)防水基层应严格按要求做，应仔细检查有无裂缝及其他质量缺陷，如有缺陷应采取切实措施进行修补。处理好的基层应干净、干燥，含水率不大于 9%(能在湿基面上固化的防水涂料除外)。

(3)地面坡度应符合防水构造要求。

(4)水泥砂浆找平层应做到平整、坚实，无麻面、起砂、起壳、松动及凹凸不平现象。

(5)自然光线较差的厕浴间，应准备足够的照明。通风较差时，应增设通风设备。

(6)涂膜防水层施工时，环境温度应在 5℃以上。

10.2 节点施工

10.2.1 工艺流程

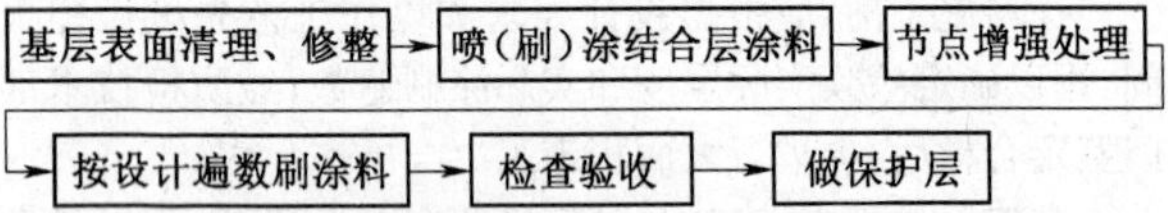

10.2.2 操作要点

10.2.2.1 立管

(1)立管定位后，楼板四周缝隙应用 1∶3 水泥砂浆堵严，缝大于 20mm 时宜用 C20 细石混凝土堵严。

(2)管根四周宜做成凹槽，其尺寸为 15mm×15mm，将管根周围及凹槽内清理干净，务必做到干净、干燥。

(3)将密封材料挤压在凹槽内，并用腻子刀用力刮压严实，使之饱满、密实、无气孔。为使密封材料与管根口四周混凝土粘结牢固，在凹槽两侧与管根口周围，应先涂刷基层处理剂，凹槽底部应垫以牛皮纸或其他背衬材料。

(4)将管道外壁 200mm 高的范围内，清除灰浆和油垢杂质，涂刷基层处理剂，并按设计规定涂刮防水涂料。

另外，立管如为热水管、暖气管时，则需加设套管。此时可根据立管的实际尺寸加钢套管，套管高 20～40mm，留管缝 2～5mm。上缝亦用建筑密封材料封严，套管高出地面约 20mm。

10.2.2.2 地漏

(1)立管定位后，楼板四周缝隙应用 1∶3 水泥砂浆堵严，缝隙大于 20mm 时宜用 C20 细石混凝土堵严。

(2)厕浴间找平层向地漏处找 2%坡度，找平层厚度小于 30mm 时用水泥混合砂浆找坡；大于 30mm 时用水泥炉渣材料找坡。

(3)地漏上口四周用 10mm×15mm 密封材料封严，上面做涂膜防水层。

10.2.2.3 大便器

(1)大便器立管定位后，楼板四周缝隙用 1∶3 水泥砂浆堵严，缝隙大于 20mm 时宜用 C20 细石混凝土堵严、抹平。

(2)立管接口处四周用密封材料封严，尺寸为 10mm×10mm。上面防水层做至管顶部。

(3)大便器尾部进水处与管接口用沥青麻丝及水泥砂浆封严，外做涂膜防水保护层。

10.3 地面防水施工

10.3.1 聚氨酯(非焦油)防水涂料地面防水施工

10.3.1.1 工艺流程

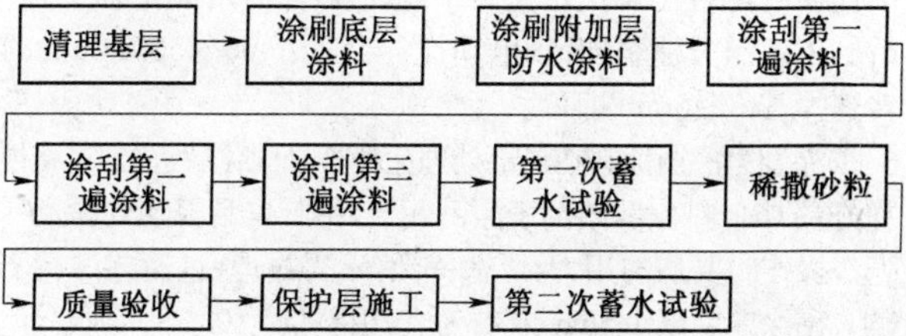

10.3.1.2 操作要点

(1)清理基层。将基层清扫干净;基层应做到找坡正确,排水顺畅,表面平整、坚实,无起灰、起砂、起壳及开裂等现象。涂刷基层处理剂前,基层表面应达到干燥状态。

(2)涂刷底层涂料。底层涂料为低黏度聚氨酯,可以起到隔离基层潮气,提高涂膜与基层粘结强度的作用。

底层涂料的配制:将聚氨酯甲料与乙料及二甲苯按1∶1.5∶1.5的比例配料,混合后用电动搅拌器搅拌均匀(也可直接将聚氨酯甲料与乙料按规定比例混合均匀稀释使用),即可涂刷于基层上。用油漆刷先在阴阳角、管道根部均匀涂刷一遍,然后用长柄辊刷进行大面积涂刷。涂刷时应满涂、薄涂,涂刷均匀,不得过厚或过薄,不得露白见底。一般底层涂料材料用量为0.15～0.20kg/m²。涂刷后应干燥24h以上,才能进行下道工序的施工。

(3)涂刷附加层防水涂料。在地漏、管道根部、阴阳角等容易渗漏部位,均匀涂刷一遍附加层防水涂料。配合比为甲料∶乙料=1∶1.5。

(4)涂刮第一遍涂料。将聚氨酯防水涂料按产品说明书提供的配合比调配。先将甲组分涂料倒入搅拌桶中,随后倒入乙组分涂料,开动电动搅拌器,用100～500r/min的转速搅拌3～5min即可。

涂刮第一遍涂料在局部处理涂料干燥固化后进行,可将搅拌好的拌合料分散倾倒于涂刮面上,用胶皮刮板均匀涂刮一遍。操作时要均匀用力,厚薄一致,不得过厚、过薄或厚薄不均。刮涂厚度以1.5mm左右为宜,用料量为0.8～1.0kg/m²。

立面涂刮高度应不小于100mm。应根据施工地点的面积大小、形状和工作环境，事先安排刮涂顺序和施工退路。

(5)涂刮第二遍涂料。待第一遍涂料固化干燥后（一般24h)，按上述方法在第一遍涂料上涂刮第二遍涂料。涂刮方向应与第一遍相垂直，用料量与第一遍相同。

(6)涂刮第三遍涂料。待第二遍涂料涂膜固化后，再按上述方法涂刮第三遍涂料，用料量为0.4～0.5 kg/m^2。

(7)第一次蓄水试验。待防水层完全干燥后，可进行第一次蓄水试验。蓄水试验24h后无渗漏为合格。

(8)稀撒砂粒。为了增加防水涂膜与粘结饰面层之间的粘结力，在最后一遍防水层表面需边涂刷涂料边稀撒砂粒（砂粒不得有棱角）。砂粒粘结固化后，即可进行保护层施工。

(9)保护层施工。防水层质量检查合格后，即可进行保护层施工或粘铺地面砖、陶瓷锦砖等饰面层。

(10)第二次蓄水试验。厕浴间装饰工程全部完成后，在工程竣工前还要进行第二次蓄水试验，以检验防水层完工后是否被水电或其他装饰工程损坏。

10.3.2 聚合物水泥防水涂料地面防水施工

10.3.2.1 工艺流程

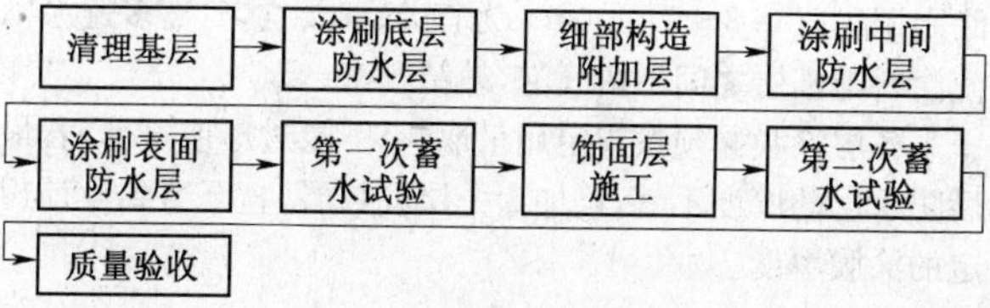

10.3.2.2　操作要点

(1)基层处理和清理。基面要求必须平整、牢固、干净、无明水、无渗漏，凹凸不平及裂缝处需先找平，渗漏处需先进行堵漏处理，阴阳角要做成圆弧形，表面必须清扫干净。不得有浮尘、杂物和积水等。

(2)涂刷底层防水层。按规定的配合比配涂料，然后用辊刷或油漆刷均匀地涂刷于基层表面，不得漏底，一般用量为 0.3～0.4kg/m^2。待涂层干固后，方可进行下一道工序。

(3)细部构造附加层施工。对地漏、管根、阴阳角等易发生漏水的部位，应先密封或做加强处理。此时可在这些薄弱的部位铺设一层胎体增强材料，附加层宽度应不小于300mm，搭接宽度应不小于 100mm。

施工时应在细部构造部位先涂一层聚合物水泥防水涂料，再铺胎体增强材料(应用聚酯长纤维无纺布或优质玻璃纤维网格布)，最后再涂一层聚合物水泥防水涂料。

(4)涂刷中间及表面防水层。按下表提供的防水涂料配合比配制拌合料，如需加水，先在液料中加水，用搅拌器边搅拌，边徐徐加入粉料，充分搅拌至不含粉料为止。将配制好的拌合料均匀地涂刷于已干固的底面防水层上。每遍涂刷用量以 0.8～1.0kg/m^2 为宜，涂覆要均匀，需多遍涂刷使涂料与基层之间不留气泡，粘结严密。

各层涂膜必须按规定用量取料，不能过厚或过薄，若最后防水层的厚度不够，可加涂一层或数层，直至达到设计规定的涂膜厚度。

涂料配合比

涂料型号		配合比(以重量计)
Ⅰ型	底层涂料	液料：粉料：水=10：(7～10)：14
	中、面层涂料	液料：粉料：水=10：(7～10)：(0～2)
Ⅱ型	底层涂料	液料：粉料：水=10：(10～20)：14
	中、面层涂料	液料：粉料：水=10：(10～20)：(0～2)

(5)第一次蓄水试验。在最后一遍防水层干固 48h 后进行蓄水试验，蓄水深度宜为 50～100mm，24h 后检查无渗漏为合格。

(6)饰面层施工。第一次蓄水试验合格后。即可做饰面层施工。

(7)第二次蓄水试验。在饰面层完工后应进行第二次蓄水试验，以确保厕浴间防水工程质量。

10.3.3 防水与堵漏复合施工工艺

这是一种将柔性防水涂料与刚性防水材料复合使用在一起的防水施工工艺。柔性防水涂料选用聚合物水泥防水涂料，刚性防水材料选用堵漏材料“水不漏”。

“水不漏”是吸收国内外先进技术开发的高效防潮、抗渗、堵漏材料，也是极好的粘结材料，该材料分速凝、缓凝型两种，均为单组分灰色粉料。

10.3.3.1 产品特性

(1)带水施工、防潮、抗渗、快速堵漏。

(2)迎水面、背水面均可使用，简单方便。

(3)无毒、无害、无污染，可用于饮水工程。

(4)凝固时间可任意调节。

(5)抗渗强度高、粘结能力强，防水、粘贴一次完成。

(6)与基层结合成整体，不老化、耐水性好。

10.3.3.2 工艺流程

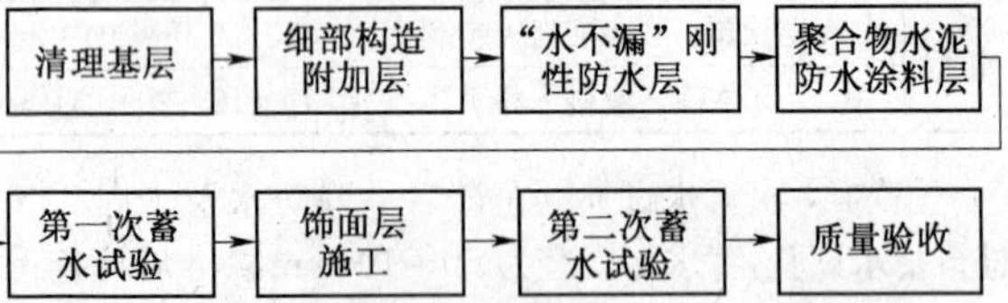

10.3.3.3 操作要点

(1)清理基层。基面应充分湿润至饱和(但无明水)，并要求牢固、干净、平整，不平处先用水泥砂浆或用“水不漏”补平。

(2)细部构造附加层施工要求同聚合物水泥防水涂料。

(3)刚性防水层施工。细部构造附加层干固后，将缓凝型“水不漏”按粉料∶水＝1∶(0.3～0.35)配料(重量比)，将“水不漏”慢慢加入到水中，并搅拌至均匀细腻。

然后用抹子或刮板分两次在基层上涂抹“水不漏”浆料，总厚度1.5mm，材料用量约2～3kg/m^2(指粉料)。要求表面抹压平整，阴阳角处抹成圆弧形。具体操作步骤为：

①先用抹子或刮板上第一遍料，每层材料参考用量为1～1.5kg/m^2(指粉料)。待涂层硬化后(手压不留纹即可)将其喷湿，但不能有积水。

②再用抹子或刮板上第二遍料，上料时要稍用力并来

回几次刮涂，使其密实，同时注意搭接。

③保湿养护。待涂层硬化后，马上进行保湿养护以防粉化，养护时间 2～3d。养护方式可用喷水、盖湿物或涂养护液。在特别潮湿处或涂层上做保护层或粘结块才可免养护。

(4)柔性防水层施工。刚性防水层到达规定的强度后，在其上涂刷聚合物水泥防水涂料。该涂料层分为底层、中层及面层。有关涂刷遍数、防水层厚度、材料用量等，参见前述聚合物水泥防水涂料地面防水施工。

10.3.4 成品保护

(1)涂膜防水层完成后应及时采用相应的保护措施，防止其他工种施工时损坏。施工中遗留的钉子、木棒、砂浆等杂物，应及时清理干净。

(2)涂膜防水层未干时无关人员不得进入施工现场。在第一次蓄水试验合格后应及时进行饰面层施工，以免损坏防水层。

(3)施工人员不得穿带钉子鞋作业，在涂膜干燥前应派人看管，不允许上人踏踩，也不准靠墙立放铁锹等工具。

(4)穿过墙体、楼板等处已稳固好的管道，应加以保护，施工过程不得碰撞、变位。

10.3.5 质量通病防治

10.3.5.1 确保地面不汇水倒坡

(1)地面坡度要距排水点最远距离处控制在 2%，且不大于 30mm，坡向正确。

(2)严格控制地漏标高,其标高应低于地面表面 5mm。

(3)厕浴间地面应比走廊及其他室内地面低 20～30mm。

(4)地漏处的汇水口应呈喇叭口形,确保集水好、排水顺畅。严禁地面有倒坡和积水现象。

10.3.5.2 防墙面返潮和地面渗漏

(1)墙面设有水器具时,其防水高度一般为 1500mm;淋浴间防水高度应大于 1800mm。

(2)墙体起部与地面的转角处找平层应做成钝角。

(3)预留孔洞、预埋件的位置要准确,其周围必须设有防渗漏的附加防水层。

(4)涂膜施工时,基层应干净、干燥,确保防水层与基层粘结牢固。

10.3.5.3 防治地漏周围渗漏

(1)安装地漏时严格控制其标高,应稍低于地面,决不能超高。

(2)以地漏为中心向四周辐射找好坡度,确保地面排水通畅。

(3)安装地漏时先将承口杯牢固地粘结在主体结构上,再将浸涂好防水涂料的胎体增强材料铺贴于承口杯内,随后仔细地再涂刷防水涂料,然后用插口压紧,最后在其四周再满涂防水涂料 1～2 遍,待涂膜干燥后,再将漏勺放入承插口内。

10.3.5.4 防立管四周渗漏

(1)穿楼板的立管应按规定预埋套管,并在套管的埋深处设置止水环。

(2)套管、立管的周围应用微膨胀细石混凝土堵塞严密;套管和立管的环隙应用密封材料堵塞严密。

(3)套管高度应比设计地面高出 80mm;套管周边应做同高度的细石混凝土防水护墩。

11 地下工程防水施工简介

11.1 防水等级标准及设防要求

11.1.1 地下工程的防水等级标准

防水等级	标准
1级	不允许渗水,结构表面无湿渍
2级	不允许湿渍,结构表面可有少量湿渍 工业与民用建筑:湿渍总面积不大于防水总面积的1‰,单个湿渍面积不大于0.1m^2,任意100m^2防水面积不超过一处 其他地下工程:湿渍总面积不大于防水总面积6‰,单个湿渍面积不大于0.2m^2,任意100m^2防水面积不超过4处
3级	有少量漏水点,不得有线流和漏泥砂 单个湿渍面积不大于0.3m^2,单个漏水点的漏水量不大于2.5L/d,任意100m^2防水面积不超过7处
4级	有漏水点,不得有线漏和流泥砂 整个工程平均漏水量不大于2L/(m^2·d),任意100m^2防水面积的平均漏水量不大于4L/(m^2·d)

11.1.2 地下工程防水设防

11.1.2.1 明挖法地下工程防水设防

工程部位		主体						施工缝					后浇带				变形缝、诱导缝						
防水措施		防水混凝土	防水砂浆	防水卷材	防水涂料	塑料防水板	金属板	遇水膨胀止水条	中埋式止水带	外贴式止水带	外抹防水砂浆	外涂防水涂料	膨胀混凝土	遇水膨胀止水条	外贴式止水带	防水嵌缝材料	中埋式止水带	外贴式止水带	可卸式止水带	防水嵌缝材料	外贴防水卷材	外涂防水涂料	遇水膨胀止水条
防水等级	1级	应选	应选一至二种					应选二种					应选	应选二种			应选	应选二种					
	2级	应选	应选一种					应选一至二种					应选	应选一至二种			应选	宜选一至二种					
	3级	应选	宜选一种					宜选一至二种					应选	宜选一至二种			应选	宜选一至二种					
	4级	应选	—					宜选一种					应选	宜选一种			应选	宜选一种					

11.1.2.2　暗挖法地下工程防水设防

<table>
<tr><td colspan="2">工程部位</td><td colspan="4">主　体</td><td colspan="5">内衬砌施工缝</td><td colspan="5">内衬砌变形缝、诱导缝</td></tr>
<tr><td colspan="2">防水措施</td><td>复合式衬砌</td><td>离壁式衬砌、衬套</td><td>贴壁式衬砌</td><td>喷射混凝土</td><td>外贴式止水带</td><td>遇水膨胀止水条</td><td>防水嵌缝材料</td><td>中埋式止水带</td><td>外涂防水涂料</td><td>中埋式止水带</td><td>外贴式止水带</td><td>可卸式止水带</td><td>防水嵌缝材料</td><td>遇水膨胀止水条</td></tr>
<tr><td rowspan="4">防水等级</td><td>1级</td><td colspan="3">应选一种</td><td>—</td><td colspan="5">应选二种</td><td>应选</td><td colspan="4">应选二种</td></tr>
<tr><td>2级</td><td colspan="3">应选一种</td><td>—</td><td colspan="5">应选一至二种</td><td>应选</td><td colspan="4">应选一至二种</td></tr>
<tr><td>3级</td><td>—</td><td colspan="3">应选一种</td><td colspan="5">宜选一至二种</td><td>应选</td><td colspan="4">宜选一种</td></tr>
<tr><td>4级</td><td>—</td><td colspan="3">应选一种</td><td colspan="5">宜选一种</td><td>应选</td><td colspan="4">宜选一种</td></tr>
</table>

11.1.3　地下工程防水方案的要求

项目	Ⅰ级	Ⅱ级	Ⅲ级	Ⅳ级
防水方案	混凝土自防水结构，根据需要可设附加防水层	混凝土自防水结构，根据需要可设附加防水层	混凝土自防水结构，根据需要可采取其他防水措施	混凝土自防水结构，或其他措施
设防要求	多道设防，其中必有一道结构自防水，并根据需要可设附加防水层或其他防水措施	二道或多道设防，其中必有一道结构自防水，并根据需要可设附加防水层	一道或二道设防，其中必有一道结构自防水，并根据需要可采取其他防水措施	一道设防，可采用结构自防水或其他防水措施

续表

项目	Ⅰ级	Ⅱ级	Ⅲ级	Ⅳ级
选材要求	优先选用补偿收缩防水混凝土、厚质高聚物改性沥青防水卷材。也可用合成高分子防水卷材、合成高分子涂料、防水砂浆	优先选用补偿收缩防水混凝土、厚质高聚物改性沥青防水卷材。也可用合成高分子防水卷材、合成高分子涂料	宜选用结构自防水、高聚物改性沥青防水卷材、合成高分子防水卷材	结构自防水、防水砂浆或高聚物改性沥青防水卷材

11.2 防水混凝土施工要点

11.2.1 防水混凝土种类

防水混凝土分为普通防水混凝土、外加剂防水混凝土和膨胀水泥防水混凝土三大类。各大类中还分较多品种。防水混凝土是在混凝土骨料级配的基础上，以调整和控制配合比或掺外加剂的方法，来提高混凝土自身的密实性和抗渗性，它不仅要满足结构的强度要求，而且还应满足结构的抗渗要求。

11.2.2 防水混凝土的适用范围

种 类	最高抗渗压力(MPa)	特 点	适用范围
普通防水混凝土	＞3.0	施工简便，材料来源广	适用于一般工业与民用建筑及公共建筑的地下防水工程

续表

种类		最高抗渗压力(MPa)	特点	适用范围
外加剂防水混凝土	引气剂防水混凝土	>2.2	抗冻性好	适用于北方高寒地区抗冻性要求较高的防水工程及一般防水工程，不适用于抗压强度等级>20MPa或耐磨性要求较高的防水工程
	减水剂防水混凝土	>2.2	拌合物流动性好	适用于钢筋密集或捣固困难的薄壁型防水构筑物，也适用于对混凝土凝结时间(促凝或缓凝)和流动性有特殊要求的防水工程(如泵送混凝土工程)
	三乙醇胺防水混凝土	>3.8	早期强度高、抗渗等级高	适用于工期紧迫，要求早强及抗渗性较高的防水工程及一般防水工程
	氯化铁防水混凝土	>3.8		适用于水中结构的无筋少筋厚大防水混凝土工程及一般地下防水工程、砂浆修补抹面工程 在接触直流电源或预应力混凝土及重要的薄壁结构上不宜使用
膨胀水泥防水混凝土		3.6	密实性好，抗裂性好	适用于地下工程、地上防水构筑物、山洞、非金属油罐和主要工程的后浇缝

11.2.3　操作要点

11.2.3.1　混凝土配制与运输

混凝土配料必须按质量配合比准确称量，搅拌时间不少于 2min，掺外加剂时应根据掺物品种适当延长 1～2min。

防水混凝土在运输过程中，应防止漏浆、离析和坍落度损失。运输过程如出现离析，必须进行二次搅拌。当坍落度损失后不能满足施工要求时，应加入原水灰比的水泥浆或二次掺加减水剂进行搅拌，严禁直接加水。

11.2.3.2　模板施工和钢筋绑扎

(1)模板施工。防水混凝土所用的模板应具有足够的强度、刚度、吸水性要小，且拼缝严密不漏浆。一般不宜用螺栓或铁丝贯穿混凝土，以避免水沿缝隙渗入，影响防水效果。当采用对拉螺栓加固模板时，应采用图 11-1 所示的止水措施。拆模后将对拉螺栓抽出，套管内以膨胀水泥封堵严密。

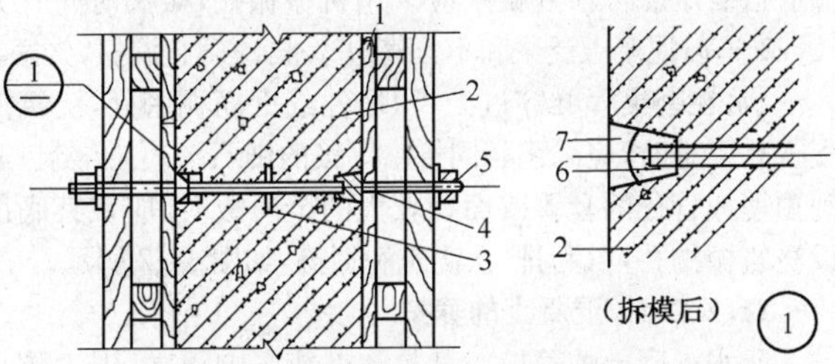

图 11-1　固定模板用螺栓的防水做法

1. 模板　2. 结构混凝土　3. 止水环　4. 工具式螺栓
5. 固定模板用螺栓　6. 嵌缝材料　7. 聚合物水泥砂浆

(2)钢筋绑扎。钢筋相互间应绑扎牢固,以防浇筑混凝土时因碰撞、振动使绑扣松散、钢筋位移造成露筋。应按设计规定留足保护层,留设保护层应以相同配合比的细石混凝土或水泥砂浆制成垫块,将钢筋垫起。严禁以钢筋垫钢筋或用铁丝直接固定在模板上。钢筋及铁丝均不得接触模板,防止水沿钢筋或铁丝渗入混凝土结构。

11.2.3.3 混凝土浇筑、振捣

(1)浇筑前,应清除模板内的积水、木屑、钢丝、铁钉等杂物,并用水湿润模板。使用钢模应保持其表面清洁无浮浆。

(2)浇筑混凝土的自由下落高度不得超过 1.5m,否则应使用串筒、溜槽等工具进行浇筑。

(3)浇筑应严格做到分层连续进行,每层厚度不宜超过 300～400mm,上下层浇筑的间隔时间一般不得超过 2h,夏季应适当缩短。防水混凝土应采用机械振捣,振捣时间宜为 10～30s,以混凝土泛浆和不冒气泡为准,应防止漏振、欠振。

(4)在密集管群穿过处、预埋件或钢筋稠密处,浇筑混凝土有困难时,应采用相同抗渗等级的细石混凝土浇筑;遇到预埋大管径的套管或面积较大的金属板时,应在其底部设浇筑振捣孔,以利排气、浇筑和振捣,如图 11-2 所示。

11.2.3.4 混凝土的养护

防水混凝土的养护对其抗渗性能影响很大,因为防水混凝土中胶合材料用量多,收缩性大,如养护不良,易使混凝土表面产生裂缝而导致抗渗性能降低。因此,在常温下,混凝土进入终凝(浇筑后 4～6h)即应覆盖,并经常浇水养

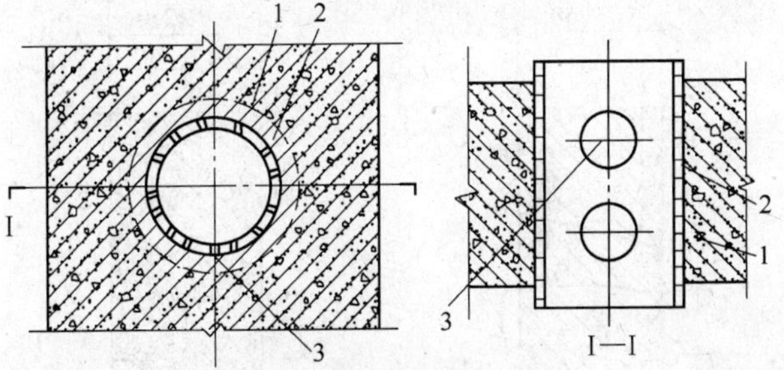

图 11-2 浇筑振捣孔示意图

1. 止水环 2. 预埋套管 3. 浇筑振捣孔

护，保持湿润不少于14d。防水混凝土不宜用电热养护和蒸汽养护。这种养护对水泥水化极其不利，使混凝土产生干缩裂缝或毛细管扩张，内部形成网络，从而降低混凝土的抗渗能力。

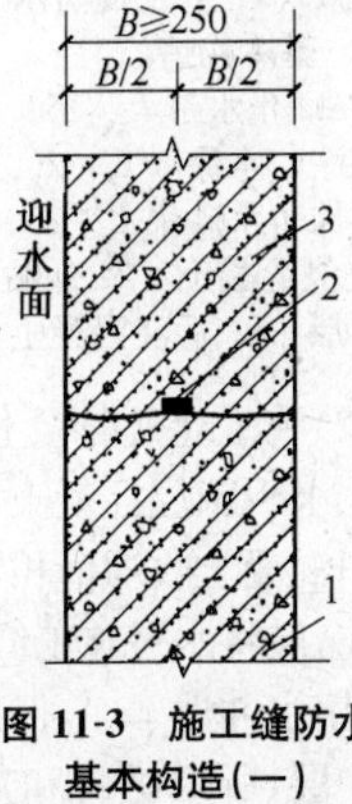

图 11-3 施工缝防水基本构造(一)

1. 先浇混凝土 2. 遇水膨胀止水条 3. 后浇混凝土

11.2.3.5 施工缝的处理

(1)施工缝的防水构造。施工缝是防水结构容易发生渗漏的薄弱部位，应连续浇筑少留施工缝。确需留施工缝时，应遵守有关规定。施工缝的防水构造如图11-3～图11-5所示。

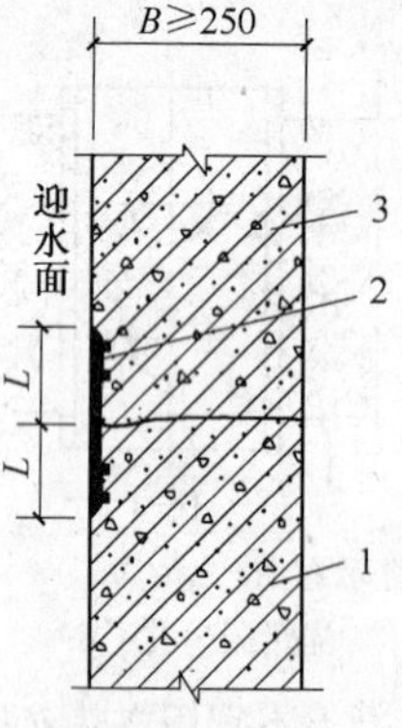

图 11-4　施工缝防水基本构造(二)

外贴止水带 $L \geqslant 150$
外涂防水涂料 $L = 200$
外抹防水砂浆 $L = 200$
1. 先浇混凝土　2. 外贴防水层　3. 后浇混凝土

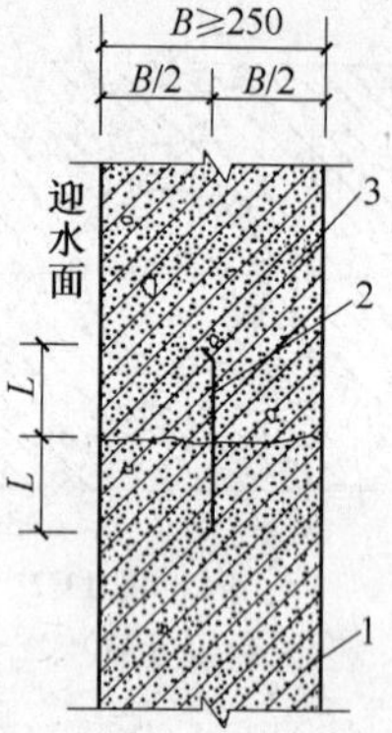

图 11-5　施工缝防水基本构造(三)

钢板止水带 $L \geqslant 100$
橡胶止水带 $L \geqslant 200$
钢边橡胶止水带 $L \geqslant 200$
1. 先浇混凝土　2. 中埋止水带　3. 后浇混凝土

(2)施工缝处混凝土施工要点。

①上下两层混凝土浇筑时间间隔不宜太长，以免接缝处新旧混凝土收缩值相差过大而产生裂缝。在继续浇筑混凝土前，应将水平施工缝处松散的混凝土凿除，清理浮渣和杂物，用水冲洗干净，保持湿润，再铺 30mm 厚 1∶1 的水泥砂浆一层，所用材料和灰砂比应与混凝土中的砂浆相同。垂直施工缝浇筑混凝土前，应将其表面清理干净，并涂刷水

泥净浆或混凝土界面处理剂后及时浇筑混凝土。

②遇水膨胀止水带应牢固地安装在缝表面或预留槽内。

③采用中埋式止水带时，应确保位置正确，固定牢靠。

11.2.3.6　特殊部位的细部做法

(1)预埋件的防水做法。预埋件端部或预留孔(槽)底部的混凝土厚度不得小于250mm，当厚度小于250mm时，应采取图11-6所示的局部加厚或其他防水措施。预埋铁件用加焊止水钢板的方法既简便又可获得一定防水效果。在预埋铁件较多较密的情况下，可采用许多预埋件共用一

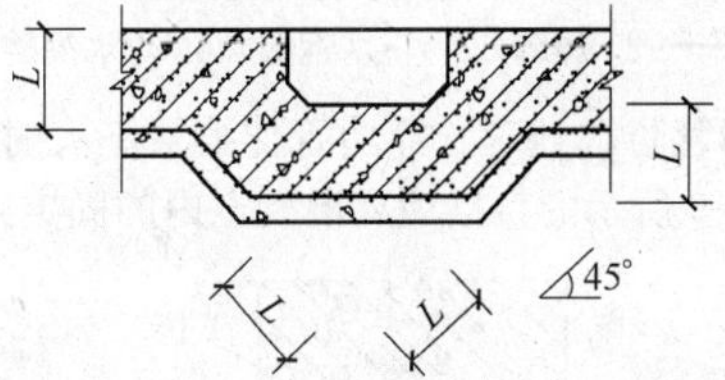

(a) 预留槽

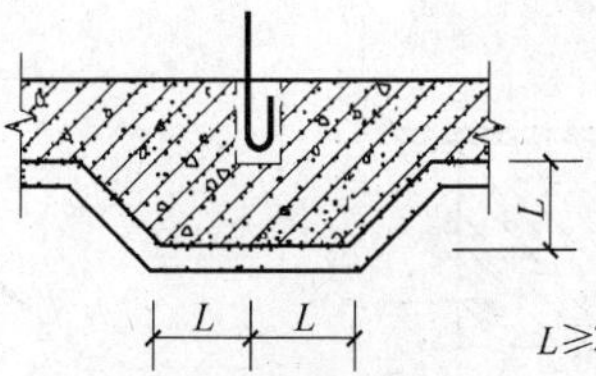

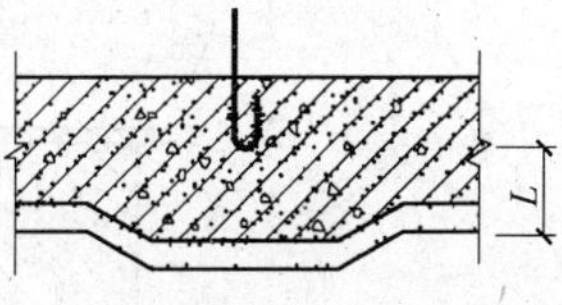

L≥250

(b) 预留孔　　　　(c) 预埋件

图11-6　预埋件或预留孔(槽)处理示意图

块止水钢板的做法。施工时应注意将铁件及止水钢板周围的混凝土浇捣密实，如图 11-7 所示。

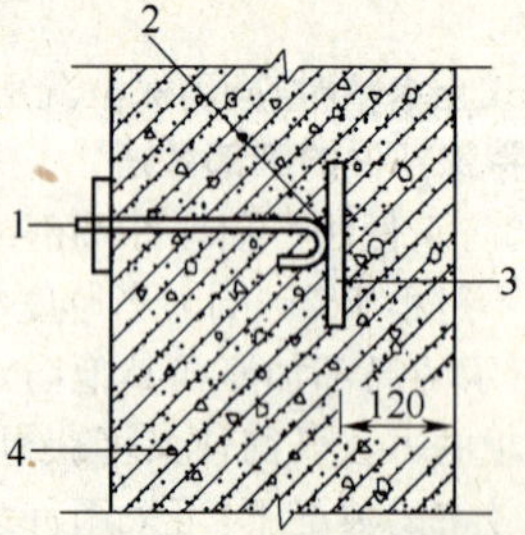

图 11-7　预埋件防水处理

1. 预埋螺栓　2. 焊缝　3. 止水钢板　4. 防水混凝土结构

(2)穿墙管防水处理。穿墙管伸缩量不大时可采用图 11-8 和图 11-9 所示的直接埋入混凝土内的固定式防水，这

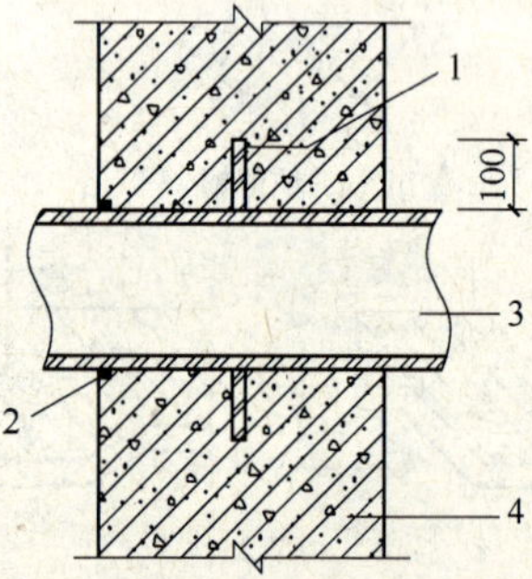

图 11-8　固定式穿墙管防水构造(一)

1. 止水环　2. 嵌缝材料　3. 主管　4. 混凝土结构

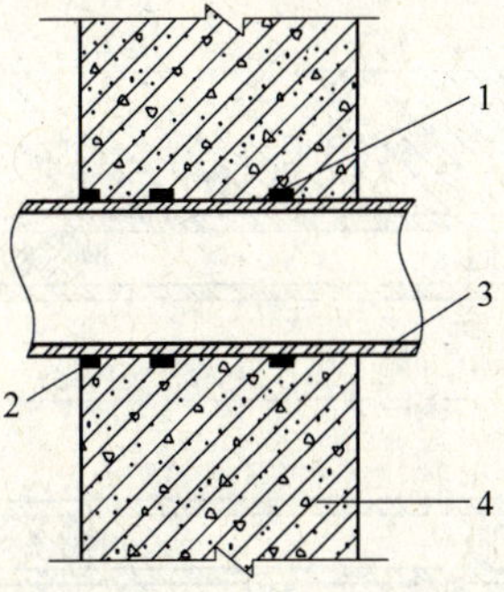

图 11-9 固定式穿墙管防水构造(二)

1. 遇水膨胀橡胶圈 2. 嵌缝材料
3. 主管 4. 混凝土结构

时应预留凹槽,槽内用嵌缝材料嵌填密实。伸缩量大或结构变形大时应采用套管加焊止水环的做法(见图 11-10)。施工时,此处的混凝土振捣要格外小心,保证振捣密实,且不损坏穿墙管。当穿墙管较多时,宜采用图 11-11 所示的穿墙群管构造做法。穿墙盒的封口钢板应与墙上的预埋角钢焊严,并从钢板上的预留浇注孔注入改性沥青柔性密封材料或细石混凝土。

(3)后浇带的防水处理。防水混凝土自防水结构在大面积浇筑时,应考虑防水混凝土凝固时由于收缩和温差而出现开裂造成渗漏,为此应在受力和变形较小的部位设置后浇带,宽度可为 1m,缝内的钢筋不断开。后浇带的防水

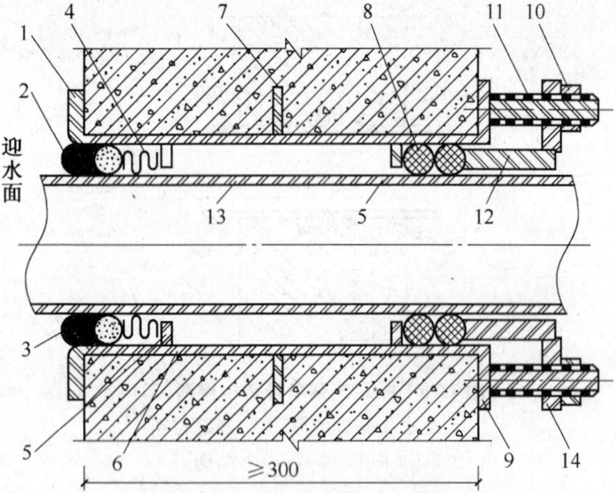

图 11-10 套管式穿墙管防水构造

1. 翼环 2. 嵌缝材料 3. 背衬材料 4. 填缝材料 5、6. 挡圈 7. 止水环 8. 橡胶圈 9. 翼盘 10. 螺母 11. 双头螺栓 12. 短管 13. 主管 14. 法兰盘

构造如图 11-12～图 11-14 所示。后浇带需超前止水时，后浇带部位混凝土应局部加厚，并增设外贴式或中埋式止水带，如图 11-15 所示。

后浇带应在其两侧混凝土达 42d 后再施工，高层建筑应在结构顶板浇筑混凝土后 14d 再浇筑后浇带混凝土。施工前，应将接缝处的混凝土凿毛，清洗干净，保持湿润，并刷水泥净浆，而后用不低于两侧混凝土强度等级的补偿收缩混凝土浇筑，振捣密实，后浇带混凝土养护时间不得少于 28 天。

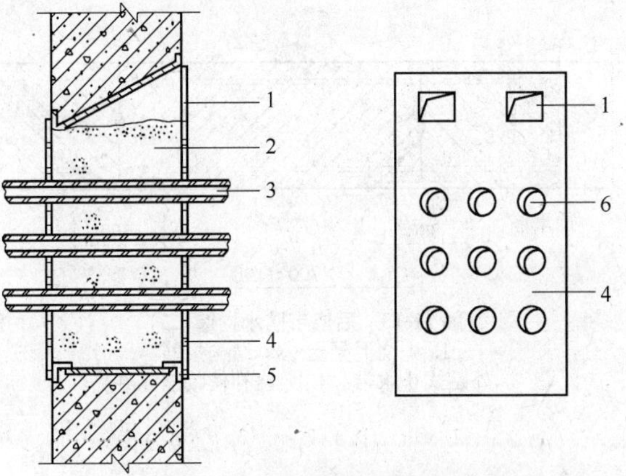

图 11-11 穿墙群管防水构造

1. 浇注孔 2. 柔性材料或细石混凝土 3. 穿墙管
4. 封口钢板 5. 固定角钢 6. 预留孔

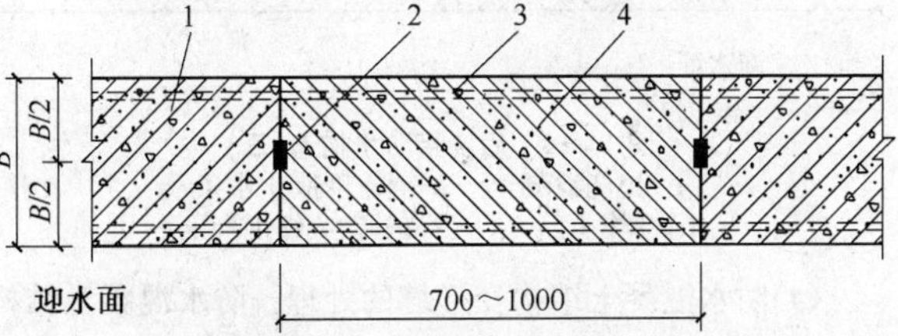

图 11-12 后浇带防水构造(一)

1. 先浇混凝土 2. 遇水膨胀止水条
3. 结构主筋 4. 后浇补偿收缩混凝土

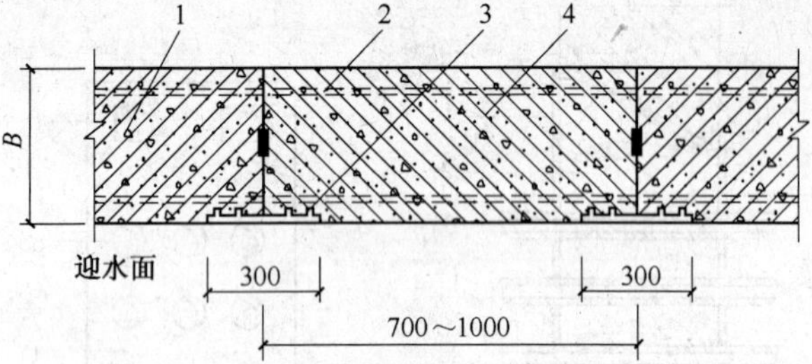

图 11-13 后浇带防水构造(二)

1. 先浇混凝土 2. 结构主筋
3. 外贴式止水带 4. 后浇补偿收缩混凝土

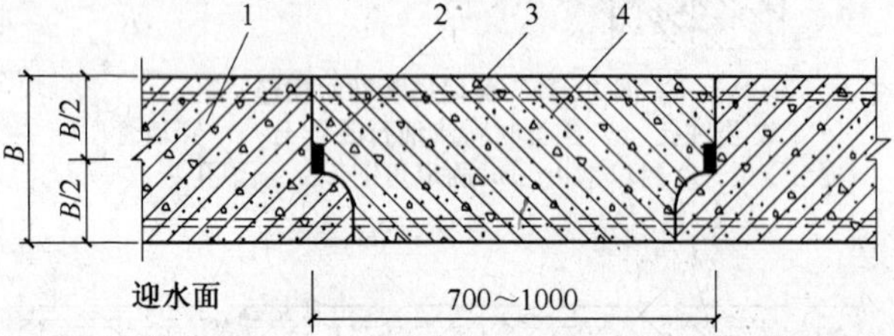

图 11-14 后浇带防水构造(三)

1. 先浇混凝土 2. 遇水膨胀止水条
3. 结构主筋 4. 后浇补偿收缩混凝土

(4)防水混凝土结构变形缝的处理。防水混凝土结构内的变形缝应满足密封防水、适应变形、施工方便、检查容易等要求。变形缝通常做成平缝，缝内填塞用沥青浸渍的毛毡、麻丝或聚苯乙烯泡沫、纤维板、塑料、浸泡过沥青的木丝板等材料，并嵌填油膏或密封材料。

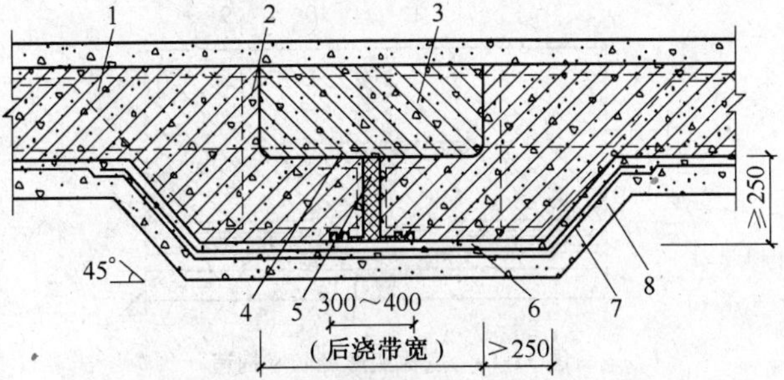

图 11-15 后浇带超前止水构造

1. 混凝土结构 2. 钢丝网片 3. 后浇带 4. 填缝材料
5. 外贴式止水带 6. 细石混凝土保护层 7. 卷材防水层
8. 垫层混凝土

底板表面的找平层应用补偿收缩水泥砂浆抹平压光；附加卷材宽度为 300～500mm；卷材防水层采用合成高分子防水卷材或高聚物改性沥青防水卷材；细石混凝土保温层厚度为 40～50mm；背衬材料采用聚乙烯泡沫塑料棒材；隔离条采用与密封材料粘结力差的材料。

底板变形缝的宽度一般为 20～30mm，其构造如图 11-16 所示。墙体变形缝的宽度一般大于或等于 30mm，其构造如图 11-17 所示。

变形缝处的防水措施是埋设橡胶或塑料止水带，止水带的埋入位置要正确，圆环中心线应与变形缝中心线重合。止水带的固定方法一般用细铁丝将其拉紧后绑在钢筋上(图 11-18)。浇筑混凝土时，要随时防止止水带偏离变形缝中心位置。

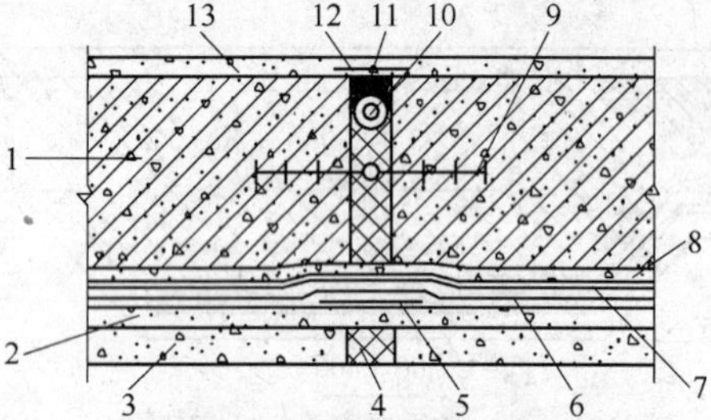

图 11-16 底板变形缝防水构造

1. 底板 2. 10%UEA 水泥砂浆找平层 3. 混凝土垫层
4. 填缝材料 5. 附加卷材 6. 卷材防水层 7. 纸胎油毡保护层
8. 细石混凝土保护层 9. 橡胶或塑料止水带 10. 背衬材料
11. 密封材料 12. 隔离条 13. 水泥砂浆面层

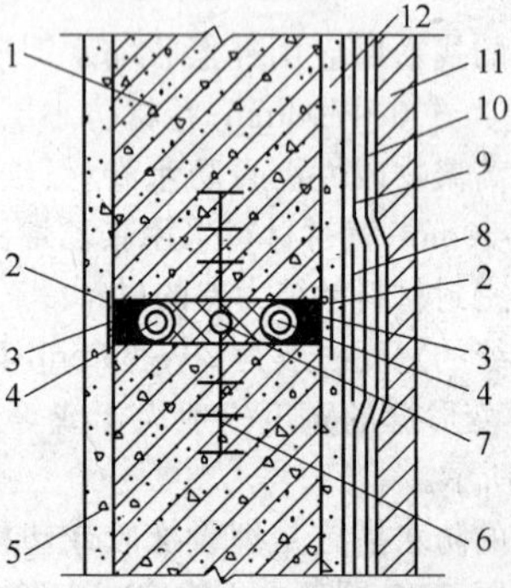

图 11-17 墙体变形缝防水构造

1. 结构墙体 2. 隔离条 3. 密封材料 4. 背衬材料
5. 水泥砂浆面层 6. 橡胶型或塑料型止水带 7. 填缝材料
8. 附加卷材 9. 卷材防水层 10. 石油沥青纸胎油毡保护层
11. 有机软保护层 12. 水泥砂浆找平层

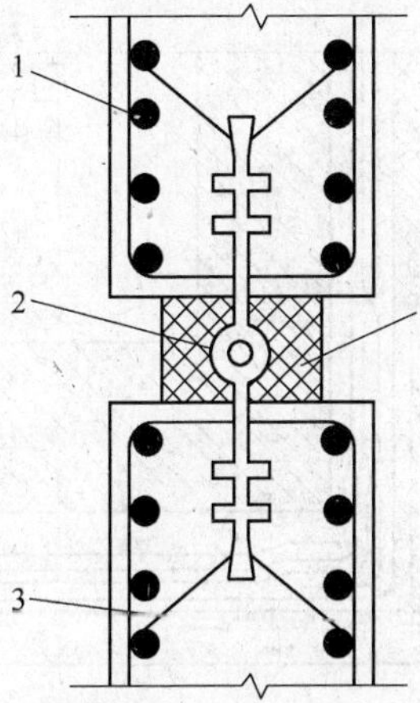

图 11-18 止水带固定方法

1. 结构钢筋 2. 止水带 3. 细铁丝
4. 聚苯乙烯泡沫塑料板或沥青木丝板

11.3 卷材防水层施工要点

11.3.1 卷材防水层做法种类

卷材防水层做法按其与地下围护结构施工的先后顺序分外防外贴法和外防内贴法两种。外防外贴法如图 11-19 所示，先铺贴底层卷材，四周留出卷材接头，然后浇筑构筑物底板和墙身混凝土，待侧模拆除后，再铺设四周防水层，最后砌保护墙。

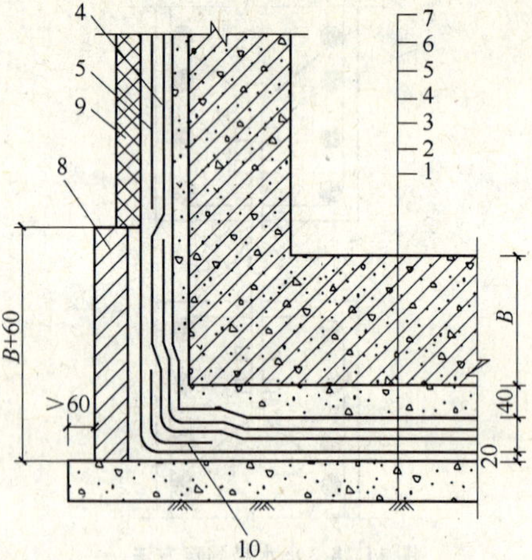

图 11-19　卷材防水层外防外贴法

1. 素土夯实　2. 混凝土垫层　3. 20 厚 1∶2.5 补偿收缩水泥砂浆找平层　4. 卷材防水层　5. 油毡保护层　6. 40 厚 C20 细石混凝土保护层　7. 钢筋混凝土结构层　8. 永久性保护墙抹 20 厚 1∶3 防水砂浆找平层　9. 5～6mm 厚聚乙烯泡沫塑料片材或 40mm 厚聚苯乙烯泡沫塑料保护层　10. 附加防水层

外防内贴法如图 11-20 所示，先在结构四周砌好保护墙，然后在墙面与底层铺贴防水层，再浇筑主体结构的混凝土。

由于外防外贴法的防水效果优于外防内贴法，所以在施工场地和条件不受限制时一般均采用外防外贴法。

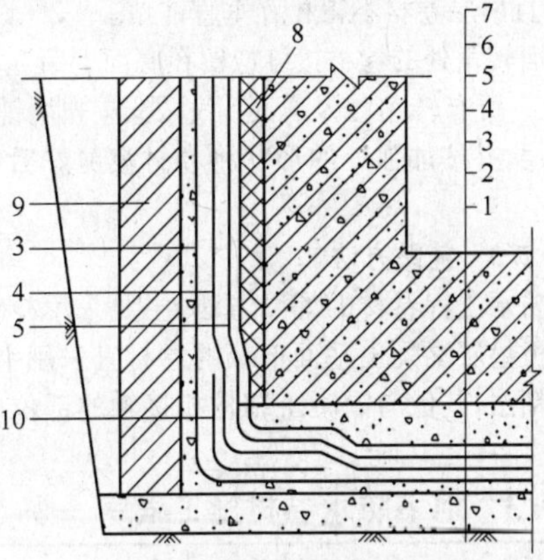

图 11-20　卷材防水层外防内贴法

1. 素土夯实　2. 混凝土垫层　3. 20 厚 1∶2.5 补偿收缩水泥砂浆找平层　4. 卷材防水层　5. 油毡保护层　6. 40 厚 C20 细石混凝土保护层　7. 钢筋混凝土结构层　8. 5～6mm 厚聚乙烯泡沫塑料保护层　9. 永久性保护墙体　10. 附加防水层

11.3.2　卷材防水层铺贴的施工要求

11.3.2.1　铺贴顺序

外贴法应先贴平面后贴立面，平立面交接处应交叉搭接；内贴法应先贴立面后贴平面。铺贴立面时应先贴转角，后贴大面。

11.3.2.2　接缝与附加增强

两幅卷材短边和长边的搭接宽度均不小于 100mm。采用多层卷材时，上下两层和相邻两幅卷材的接缝应错开

1/3 幅宽，且两层卷材不得相互垂直铺贴。

平立面转角处的卷材接缝应留在底面上距立面不小于600mm 处。所有转角处及管道穿过处，应先增铺 1～2 层附加增强层，并按加强处的形状将卷材裁剪好后仔细粘贴紧密。

11.3.2.3　铺贴方法

地下防水工程卷材的铺贴方法，主要采用冷粘法和热熔法。底板垫层混凝土平面部位的卷材宜采用空铺法、点粘法或条粘法，其他与混凝土结构相接触的部位应采用满铺法。

11.3.3　地下防水卷材施工程序

序号	程序名称	做法及技术要求
1	找平层	20mm 厚 1∶2.5 水泥砂浆找平压光
2	基层处理	彻底清扫施工面
3	涂刷基层处理剂	全面涂刷基层处理剂，按不同产品要求的干燥时间养护，干燥后方可铺贴卷材
4	卷材与基层粘贴	卷材与基层分别涂刷基层胶粘剂，按纵向铺贴卷材，应提前铺贴附加层，卷材长边与短边预留 100mm 宽纵横搭接长度
5	卷材间接缝粘接	用卷材间胶粘剂进行纵、横搭接，100mm 宽处的粘结要严密
6	卷材接缝加盖条	卷材搭接缝加盖条粘接严密，并进行嵌缝处理

11.3.4 外防外贴法操作要点

11.3.4.1 工艺流程

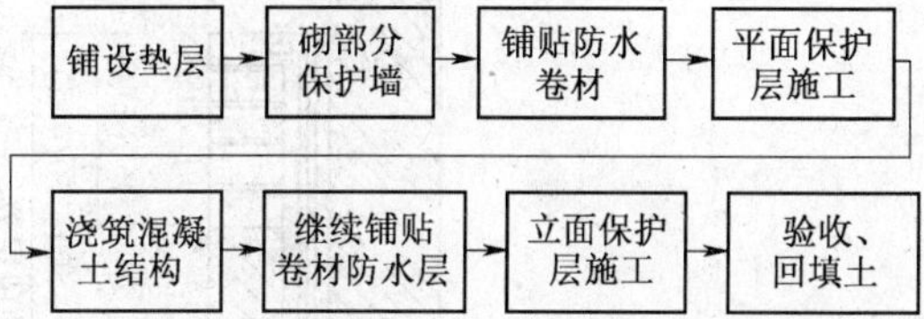

11.3.4.2 操作要点

(1)铺设垫层。按设计要求浇筑混凝土垫层，然后在垫层上抹 1∶3 水泥砂浆找平层。找平层要求抹平、压光。

(2)砌部分保护墙。保护墙由两部分组成，下部为永久性保护墙，用水泥砂浆砌筑，高度不小于底板厚度的 200～500mm，内表面抹水泥砂浆找平层；上部为临时性保护墙，用石灰砂浆砌筑，高度为 150(n+1)(n 为油毡层数)，内侧抹 20mm 厚 1∶3 石灰砂浆找平层，在与平面交接处应抹成圆弧或钝角。临时保护墙上铺设卷材如图 11-21 所示。找平层要坚固、平整、清洁。待找平层干燥后，刷基层处理剂。

(3)铺贴防水卷材。在铺贴卷材前，对找平层的阴阳角、转角、变形缝等部位，应增设附加防水层，以加强防水效果。

铺贴高聚物改性沥青防水卷材应采用热熔法施工；铺贴合成高分子防水卷材采用冷粘法施工。

在铺贴卷材时，应先贴底面，后贴立面，交接处应交叉

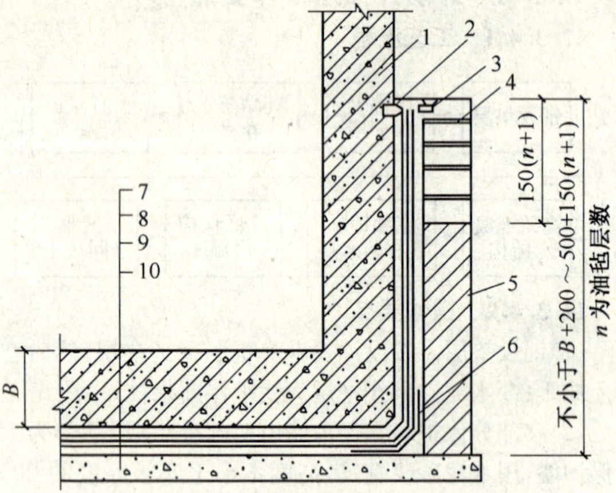

图 11-21　临时性保护墙铺设卷材示意

1. 围护结构　2. 永久性木条　3. 临时性木条　4. 临时保护墙　5. 永久性保护墙　6. 卷材加强层　7. 保护层　8. 卷材防水层　9. 找平层　10. 混凝土垫层

搭接。第一块卷材应铺贴在平面和立面保护墙相交的阴角处，平面和立面各占1/2。待铺完第一块卷材后，以后的卷材按卷材的搭接宽度要求（长边为100mm，短边为150mm），在已铺卷材的搭接边上弹出基准线，铺贴底板卷材防水层并折向立面与墙身卷材搭接。卷材防水层牢固粘贴在永久性保护墙上和底板垫层上；在临时保护墙上将卷材临时粘附，并将接头分层临时固定在保护墙最上端。

(4)平面保护层施工。底板和立面上的卷材铺贴完成后，为了防止绑扎钢筋、浇筑混凝土时撞坏或穿破防水层，可在底平面做30～50mm厚的C20细石混凝土保护层，而在立面防水层表面抹1∶3水泥砂浆保护层加以保护。

(5)浇筑混凝土结构。利用临时保护墙做外侧模板，浇筑结构底板及墙体混凝土。

(6)继续铺贴卷材防水层。结构底板及墙体混凝土施工完毕，做防水层前，将临时保护墙拆除，清除砂浆，并将卷材剥出，用喷灯微热烘烤，逐层揭开，清除卷材表面浮灰、污物和泡沫塑料，再在围护结构外表面上抹水泥砂将找平层，刷基层处理剂后，将卷材分层错槎搭接向上铺贴。上层卷材盖过下层卷材应不小于150mm(图11-22)，卷材的甩槎、接槎做法如图11-23所示。

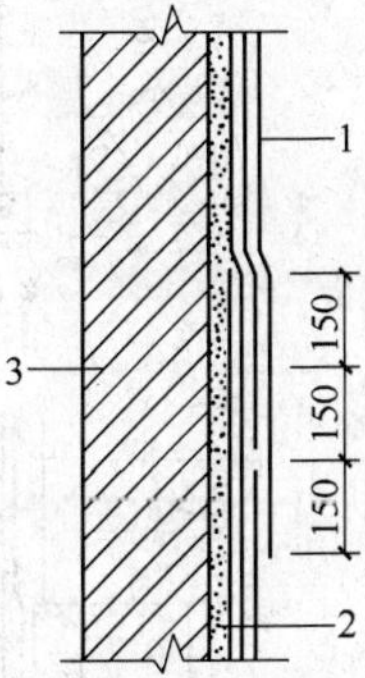

图11-22 阶梯形接槎

1. 卷材防水层 2. 找平层 3. 墙体结构

(7)立面保护层施工。防水层经验收合格后，继续向上砌筑永久性保护墙。

(8)回填土。在完成外墙卷材防水保护层施工之后，可根据施工要求，在基坑内分步回填2∶8灰土，并按要求厚度，采用机械或人工方法，分层分步回填夯实。为保证回填土质量，土中不得夹有石块、碎砖、灰渣及有机杂物。

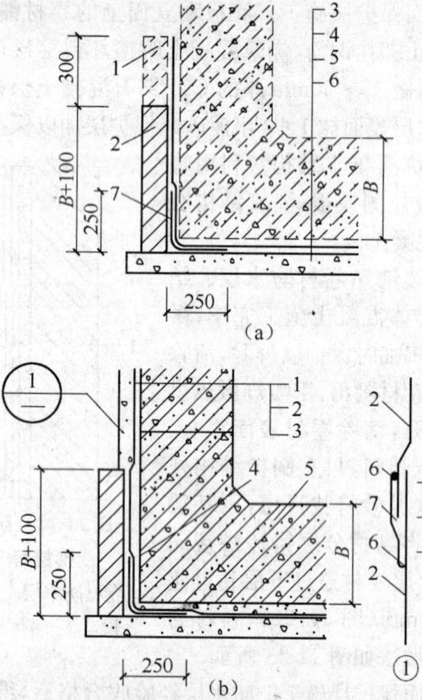

图 11-23　卷材防水层甩槎、接槎做法

(a)甩槎

1. 临时保护墙　2. 永久保护墙　3. 细石混凝土保护层　4. 卷材防水层　5. 水泥砂浆找平层　6. 混凝土垫层　7. 卷材加强层

(b)接槎

1. 结构墙体　2. 卷材防水层　3. 卷材保护层　4. 卷材加强层　5. 结构底板　6. 密封材料　7. 盖缝条

11.3.5 外防内贴法操作要点

11.3.5.1 工艺流程

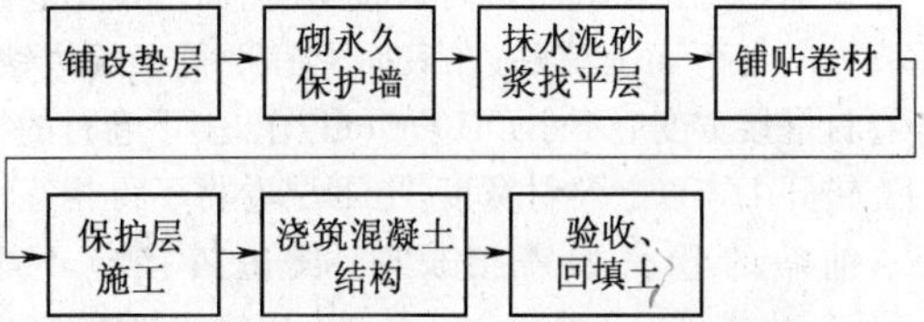

11.3.5.2 操作要点

(1)铺设垫层。按设计要求铺设底板垫层。

(2)砌筑永久保护墙。在已施工好的混凝土垫层上砌筑永久性保护墙,一般为240mm厚砖墙,或按设计要求的厚度砌筑。

(3)抹水泥砂浆找平层。在垫层和保护墙表面抹1∶(2.5～3)水泥砂浆找平层,要求抹光压平,阴阳角处应抹成圆弧形。

(4)涂布基层处理剂以及复杂部位增强处理。待找平层干燥后即涂刷基层处理剂,并与外防外贴法相同,对复杂部位铺贴附加增强防水层。

(5)铺贴卷材。先贴立面,后贴平面。贴立面卷材时,应先贴转角后贴大面。铺贴完毕,再做卷材防水层的保护层。立面可按外贴法抹水泥砂浆,平面亦可抹水泥砂浆或浇筑一层厚30～50mm的细石混凝土。保护层做完后,再进行围护结构和底板的施工。

铺贴中要求冷底子油涂刷于基层表面,并满铺而不留空隙，涂得薄而均匀，对表面较粗糙的基层可涂两道冷底子油。大面积可采用喷涂方法。

卷材铺贴时要按规定进行搭接，在墙面上铺贴卷材应按垂直方向自下而上铺贴；在底面上宜平行于长边铺贴。相邻卷材搭接宽度应不小于100mm以上，上下卷材的接缝应相互错开1/3以上卷材宽度，上下层卷材不得相互垂直铺贴。铺贴的卷材如需接长时，长边搭接应不小于100mm，短边搭接应不小于150mm，应用错槎接缝连接，上层卷材盖过下层卷材。

(6)保护层施工。铺贴的卷材经检查验收，确认无渗漏隐患后，先在平面防水层上点粘石油沥青纸胎卷材保护隔离层，立面墙体防水层上粘贴5～6mm厚聚乙烯泡沫塑料片材保护层。最后在隔离层上浇筑厚50mm的C20细石混凝土保护层。

(7)浇筑混凝土结构。按设计要求绑扎钢筋和浇筑主体结构混凝土。如利用永久保护墙作为模板使用，则应对其进行适当的加固。

11.3.6 特殊部位的防水处理

11.3.6.1 转角部位的加固

平面的交角处，包括阳角、阴角及三面角，是防水层的薄弱部位，应加强防水处理。转角部位找平层应做成圆弧形。在立面与底面的转角处，卷材的接缝应留在底面上，距墙根不小于600mm。转角处的卷材铺贴法如图11-24所示。

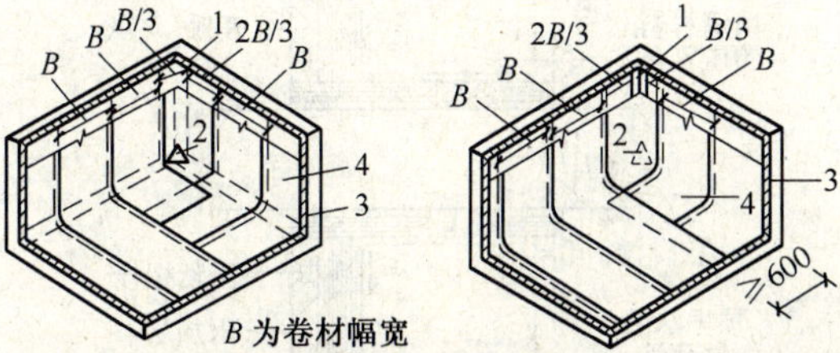

B 为卷材幅宽

(a) 阴角的第一层卷材铺贴法　(b) 阴角的第二层卷材铺贴法

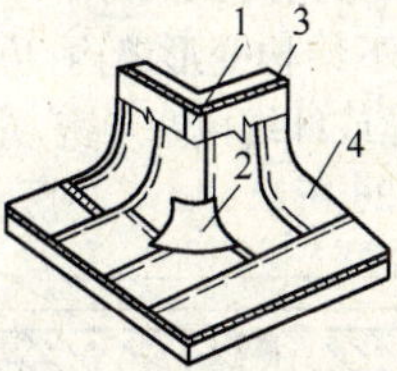

(c) 阳角的第一层卷材铺贴法

图 11-24　转角处的卷材铺贴法

1. 转折处卷材附加层　2. 角部附加层　3. 找平层　4. 卷材

11.3.6.2　管道埋设处的防水处理

管材埋设件与卷材防水层连接处的做法可做成活动式穿墙管，如图 11-25 所示。卷材防水层应粘贴在套管的法兰盘上，粘贴宽度至少为 100mm，并用夹板将卷材压紧。

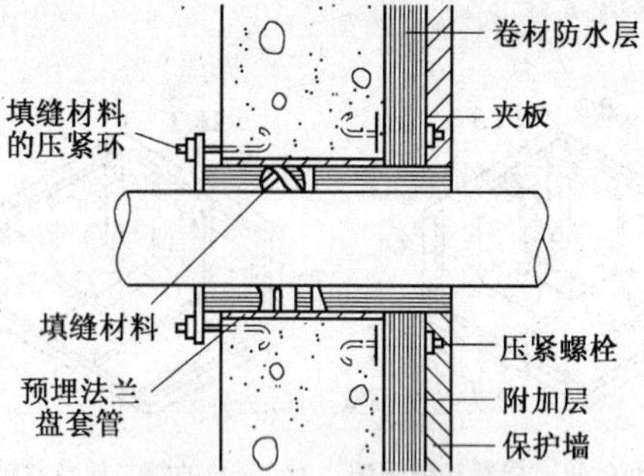

图 11-25　活动式穿墙管

11.3.6.3　变形缝的防水处理

不承受水压的地下结构变形缝内，应用加防腐填料的沥青浸过的毛毡、麻丝或纤维填塞严密，并用防水性能优良的油膏封缝，如图 11-26 所示。

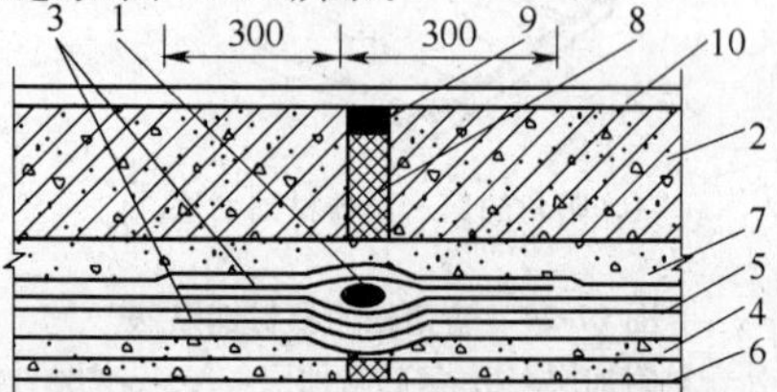

图 11-26　不受水压的结构的变形缝做法

1. 浸过沥青的垫圈　2. 底板　3. 加铺的油毡　4. 砂浆找平层　5. 油毡防水层　6. 混凝土垫层　7. 砂浆结合层　8. 填缝材料　9. 油膏封缝　10. 砂浆面层

承受水压的地下结构变形缝处除填塞防水材料外，还应装入止水带，以保证结构变形时保持良好的防水能力。

止水带有金属止水带和橡胶、塑料止水带。变形缝的几种复合防水构造形式见图 11-27～图 11-29 所示。对环境

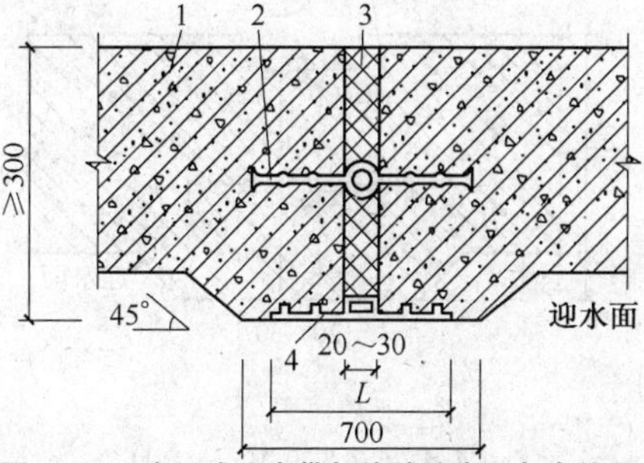

图 11-27　中埋式止水带与外贴防水层复合使用

外贴式止水带 $L\geqslant300$　外贴防水卷材 $L\geqslant400$

外涂防水涂层 $L\geqslant400$

1. 混凝土结构　2. 中埋式止水带　3. 填缝材料　4. 外贴防水层

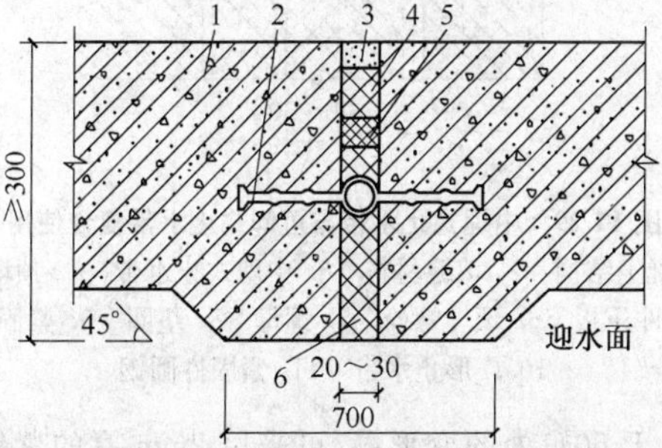

图 11-28　中埋式止水带与遇水膨胀橡胶条、嵌缝材料复合使用

1. 混凝土结构　2. 中埋式止水带　3. 嵌缝材料

4. 背衬材料　5. 遇水膨胀橡胶条　6. 填缝材料

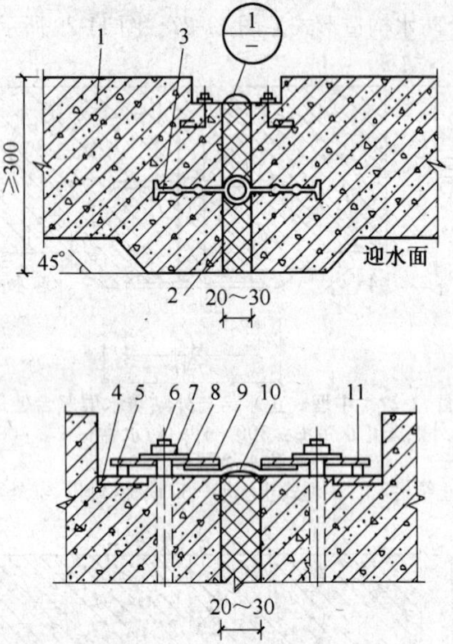

图 11-29　中埋式止水带与可卸式止水带复合使用

1. 混凝土结构　2. 填缝材料　3. 中埋式止水带　4. 预埋钢板
5. 紧固件压板　6. 预埋螺栓　7. 螺母　8. 垫圈　9. 紧固件压块
10. Ω 形止水带　11. 紧固件圆钢

温度高于 50℃ 处的变形缝，可采用 2mm 厚的紫铜片或 3mm 厚的不锈钢板等金属止水带，其中间呈圆弧形，如图 11-30 所示。

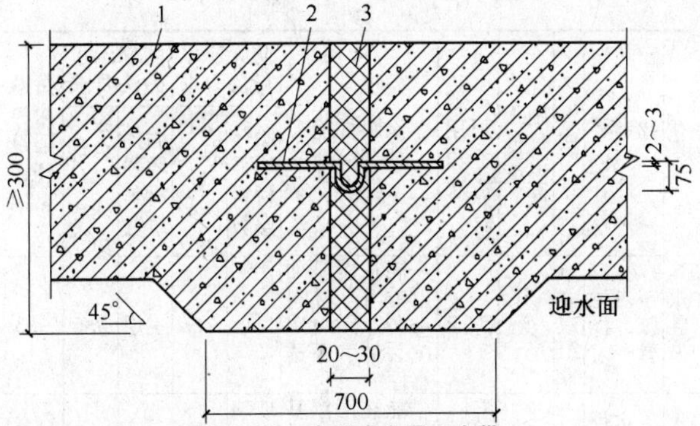

图 11-30 中埋式金属止水带

1. 混凝土结构 2. 金属止水带 3. 填缝材料

11.4 聚氨酯涂膜防水施工

11.4.1 常用涂膜防水层参考做法

工艺类型	涂料名称	成品组分	允许施工最低温度(℃)	一般可用涂覆方法	涂料性能摘要简介	防无压水做法要求		防静压水做法要求		每遍涂料限量(kg/m²)
						胎体增强材料层数	涂料总耗量(kg/m²)	胎体增强材料层数	涂料总耗量(kg/m²)	
水乳型	普通乳化沥青	单	5	刷、刮、喷	价廉、材料易得,可在潮湿基面施工,但延伸性差,不抗裂	二层	2.5			0.4~0.5

续表

工艺类型	涂料名称	成品组分	允许施工最低温度(℃)	一般可用涂覆方法	涂料性能摘要简介	防无压水做法要求		防静压水做法要求		每遍涂料限量(kg/m²)
						胎体增强材料层数	涂料总耗量(kg/m²)	胎体增强材料层数	涂料总耗量(kg/m²)	
水乳型	再生胶、沥青	单或双组分	5	刷、刮	能在湿基面上施工、材料易得，有一定抗裂性和不透水性	二层	2.5	三层	3.5	0.5
水乳型	水性石棉厚质沥青	单	10	刷、刮	能在潮湿基层上施工，价廉但耗量较大，耐热性好	玻璃网格布一层	8.0			4.0
水乳型	阴离子合成胶乳化沥青	单	5	刷、刮、喷、滚	可在湿基面上施工，抗裂性和不透水性优于再生胶乳沥青	一层	2.0	二层	3.5	0.5
水乳型	阳离子氯丁胶乳沥青	单	5	刷、刮、喷	可在湿基面上施工，抗裂性和不透水性优于再生胶乳沥青	一层	2.0	二层	3.5	0.5
溶剂型	再生胶沥青	单	−3～−5	刷、刮	施工温度允许在0℃以下，价格高于水性再生胶乳沥青	二层	3.0	三层	4.5	1.0
反应型	聚氨酯涂膜	双	0	刷、刮、滚	可在较低温度的干基层上施工，防水抗裂性好于一般涂料		2.0		2.5	1.5

11.4.2 聚氨酯涂膜防水施工

聚氨酯防水涂料是地下防水工程中防水效果比较好的材料。它是双组分化学反应固化型的高弹性防水涂料，使用时要将甲、乙组分按一定比例均匀拌合，方可涂刷。

聚氨酯防水涂料做地下工程防水层一般采用“外防外涂法”，其构造如图 11-31 所示。

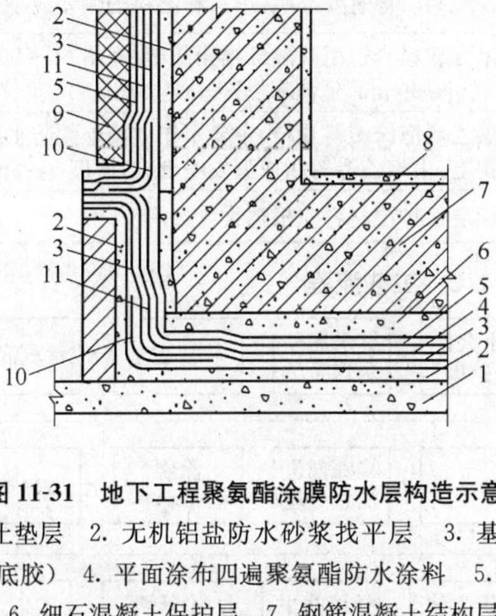

图 11-31 地下工程聚氨酯涂膜防水层构造示意图

1. 混凝土垫层 2. 无机铝盐防水砂浆找平层 3. 基层处理剂（聚氨酯底胶） 4. 平面涂布四遍聚氨酯防水涂料 5. 油毡保护隔离层 6. 细石混凝土保护层 7. 钢筋混凝土结构层 8. 水泥砂浆面层 9. 40mm 厚聚苯乙烯泡沫塑料保护层 10. 胎体增强材料 11. 立面涂布五遍聚氨酯

11.4.2.1　材料准备

序号	要　　求
1	聚氨酯涂膜防水材料应随配随用，配制好的混合料宜在2h内用完。配制方法是将聚氨酯甲、乙组分和二甲苯按1∶1.5∶0.2的比例（质量比）配合，先将甲料放入拌料桶中，然后注入乙料，立即用电动搅拌器搅拌，搅拌时间一般需要3～5min，一定要搅拌均匀，涂料一般由稠变稀，色泽由深蓝、深绿变黑变亮，以黑亮为准，搅拌容器应为圆底容器。配料时称量要准确，甲料和乙料的偏差应小于±5%
2	增强材料宜选用聚酯纤维无纺布，规格60～80g/m^2，拉力100N/50mm，延伸率≥20%（均为横向）
3	聚乙烯泡沫塑料片材，主要用作立墙外侧防水涂膜的软保护层，由聚乙烯树脂成型发泡制成，厚度5～6mm
4	面层保护层材料应根据设计选用

11.4.2.2　工艺流程

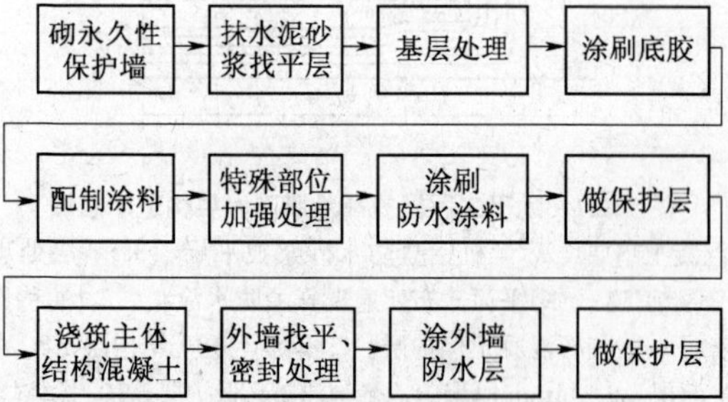

11.4.2.3　操作要点

（1）砌永久性保护墙。在混凝土垫层上用水泥砂浆砌筑约 1m 高、24cm 厚的砖墙，作为永久性保护墙。

(2)抹水泥砂浆找平层。在保护墙上抹防水砂浆找平层，要求平整，干燥。

(3)配料搅拌。聚氨酯防水涂料应现用现配，配好后在 2h 内用完，避免涂料搁置过久，固化成块。先将甲乙组分涂料各自预先搅拌均匀，然后按生产厂家提供的配合比现场配制，要求计量准确，主剂和固化剂的混合偏差不得大于 5%。

配料时先将涂料放入搅拌容器或电动搅拌筒，然后放入固化剂，并立即搅拌。搅拌时间一般为 3～5min。

(4)涂布操作要求

①特殊部位加强处理。基层处理剂(又称底胶)固化后，在阴阳角、变形缝等复杂部位先涂布防水涂料，涂料固化后，铺贴聚酯无纺布、化纤无纺布或玻纤布等胎体增强材料。增强材料应紧贴基层，不得有空鼓、皱褶、曲叠等缺陷，其表面还要涂布一层涂料，自然固化。为防止收头部位出现翘边现象，所有收头均应用密封材料压边，压边宽度不得小于 10mm。收头处的胎体增强材料应裁剪整齐，如有凹槽时应压入凹槽内，不得出现翘边、皱褶、露白等现象，否则应先进行处理后再涂刷密封材料。

②涂刷涂料。基层处理剂均匀涂刷 4～24 小时后(视气候情况而定)，以手感不粘手时，即可进行涂膜层施工。可用涂刷法或喷涂法涂布涂料，并应分层分遍涂刷，涂喷后一层的涂料必须待前一层涂料结膜后方可进行，涂刷或喷涂必须均匀。

涂刷顺序应先垂直面、后水平面，先阴阳角及细部节点、后大面。每层涂膜不宜过厚，在平面基层上，一般涂布4遍聚氨酯防水涂料，每遍涂层厚度用量约为0.6～0.8kg/m²；在立面基层上，一般涂布5遍，为避免防水涂料流淌，每遍涂层的用量为0.5～0.6 kg/m²。

涂完第一遍涂膜后，一般需固化5h以上，以手感不粘手时，再进行第二遍至第五遍涂膜层施工。第二层的涂刷方向，应与第一层垂直。同层涂膜宜一次连续涂刷完成，同层涂膜的先后搭接宽度宜为30～50mm。施工需留施工缝时，对施工缝要注意保护，搭接缝宽度应大于100mm，涂前应将施工缝表面清理干净。

每层涂膜固化干燥后，应进行检查，如有缺陷应及时修补，经修补合格后方可进行下一遍涂膜施工。

防水层中按设计需铺贴胎体增强材料时，一般应在第二遍涂层刮涂后，立即铺贴胎体增强材料，长短边的搭接宽度应大于100mm，在胎体增强材料上再滚涂混合料，滚压密实，经5h以上固化后，方可涂刷第三遍涂层。

(5)铺贴油毡保护层。最后一层涂膜固化成膜，经检验合格后，在平面和立面可虚铺一层石油沥青纸胎油毡做保护隔离层。铺设时可用少许胶粘剂点粘固定，以防在浇筑细石混凝土时发生位移。

(6)做刚性保护层。平面部位防水层应在隔离层上做40～50mm厚细石混凝土刚性保护层，浇筑时必须防止油毡隔离层和涂膜防水层损坏。立面部位在围护结构上涂布最后一道防水涂料后，可随即直接粘贴5～6mm厚的聚乙烯泡沫塑料片材做软保护层，也可在立面层涂膜固化后用点粘固定，粘贴时泡沫塑料片材拼缝要严密。最后在立墙油毡保护层表面抹 20～25mm 厚 1∶2～2.5 水泥砂浆保护层。

(7)浇筑主体结构混凝土。刚性保护层施工和养护好后，按设计和施工要求绑扎钢筋、支立模板，浇筑混凝土结构。

(8)外墙找平、密封处理。结构外墙施工完毕，拆模后要对表面找平处理，根据不同情况可分别采用抹水泥砂浆和嵌填密封材料的方法进行处理。

(9)涂外墙防水层。先在处理好的外墙上涂布基层处理剂，待其固化后，由上至下涂刷 5 遍聚氨酯防水涂料，要求每遍涂布均匀，厚薄一致。

(10)做保护层。待结构外墙的聚氨酯防水涂料固化成膜，经验收合格后，用氯丁橡胶系胶粘剂点粘油毡保护层，随后在其上铺贴聚苯乙烯泡沫塑料软保护层。

最后拆除底板的临时保护墙，将永久性保护墙往上砌至结构顶部，保护做好的涂膜防水层，并根据施工安排，尽早进行保护墙外的土方回填。

金盾出版社
JINDUN CHUBANSHE

ISBN 978-7-5082-6049-5

9 787508 260495 >